U0067691

CHOCOLATE DESSERTS BY

# PIERRE HERMÉ

超完美巧克力

ALSO BY DORIE GREENSPAN
朵莉格琳史班的其它著作

Desserts by Pierre Hermé 獨創糕點

Baking with Julia 和茱莉亞一起烘焙

The Café Boulud Cookbook (with Daniel Boulud)
布魯小館食譜（丹尼爾布魯合著）

# CHOCOLATE DESSERTS BY

# PIERRE HERMÉ

## 超完美巧克力

DORIE GREENSPAN

朵莉格林史班 撰稿

Photography by **Jean-Louis Bloch-Lainé**

尚 - 路易 布許 - 林內 攝影

**TK**

系列名稱 / PIERRE HERMÉ

書　名 / PIERRE HERMÉ 超完美巧克力

作　者 / Pierre Hermé 皮耶艾曼 ● Dorie Greenspan 朵莉格琳史班

出版者 / 大境文化事業有限公司

發行人 / 趙天德

總編輯 / 車東蔚

文　編 / 編輯部

美　編 / R.C. Work Shop

翻　譯 / SunnyPie

地址 / 台北市雨聲街77號1樓

TEL / (02)2838-7996

FAX / (02)2836-0028

初版日期 / 2014年1月

定　價 / 新台幣980元

ISBN / 9789868952768

書　號 / PH 05


讀者專線 / (02)2836-0069

www.ecook.com.tw

E-mail / service@ecook.com.tw

劃撥帳號 / 19260956大境文化事業有限公司


原著作名 CHOCOLATE DESSERTS BY Pierre Hermé

作者　Pierre Hermé ● Dorie Greenspan

原出版者　Little, Brown and Company


CHOCOLATE DESSERTS BY PIERRE HERMÉ

Copyright ©2001 by SOCREPA and Doris Greenspan

I.S.B.N: 978-0-316-35741-8


This edition published by arrangement with Little, Brown and Company,
New York, New York, USA. All rights reserved.

國家圖書館出版品預行編目資料

PIERRE HERMÉ 超完美巧克力

Pierre Hermé 皮耶艾曼 ● Dorie Greenspan 朵莉格琳史班　著；--初版.--臺北市
大境文化，2014[民103] 304面；22×28公分.
（PIERRE HERMÉ；PH 05）
ISBN 9789868952768　（精裝）
1.點心食譜　2.巧克力　　　427.16　　　102023511

尊重著作權與版權，禁止擅自影印、轉載或以電子檔案傳播本書的全部或部分。

獻給我既是作家
又是廚師的妻子 Frédérick,
　　　ＰＨ


獻給我的家人
　　　ＤＧ

# CONTENTS

**我** 們認為自己非常幸運，不只因為之間的合作至今已要邁入第六個年頭，也因為我們的合作關係裡，持續地得到來自朋友和同事的諸多協助。我們的合作案在 Little, Brown 出版社，率先得到來自朋友同時也是同事的 Jennifer Josephy 的支持，一路更受到編輯 Deborah Baker 和發行人 Michael Pietsch 的照顧。相較於我們的第一本書「Desserts by Pierre Hermé 獨創糕點」，這本經過 Judith Sutton 明智的文字編輯，真的好太多。

很難用言語道盡的是－不管是用法文或英文－ Jean-Louis Bloch-Lainé 尚-路易布許-林內的照片。能夠將他的攝影作品收錄在這本書裡是個榮耀，也是無比的欣喜。

這本書裡的食譜在一位多才多藝的糕點廚師 Rica Buxbaum Allanic 的協助下完成了實際測試，他的知識、耐心和動人的良好幽默，令整個合作加倍愉快。並且，如同以往，Nick Malgieri 扮演了這本書的教父角色，他是我們在烹飪以及 Doris 朵莉"親愛的日記"專欄的最佳顧問。

法國方面，我們要感謝 Charles Znaty，我們的朋友和好夥伴，感謝他明智的商業建議。Anne Roche-Noël，感謝她具有傳染性的好幽默，以及她那令人激賞的組織技巧。Pierre 皮耶還要向 Eric Rogard 和 Colette Petremant 這兩位主廚致謝，兩位任職於 Pierre Hermé Paris shop 皮耶艾曼巴黎糕點坊的主廚們，對於皮耶工作上的支援。

照慣例，最多的感謝要保留給我們的家人。謝謝你們，Frédérick Grasser-Hermé 以及 Michael 和 Joshua Greenspan。

PIERRE HERMÉ AND DORIS GREENSPAN
皮耶艾曼和朵莉格琳史班

打 從Pierre 皮耶和我剛開始著手進行我們的第一本書時，已經在討論有關巧克力的事。對任何喜愛甜點的人來說，不談論巧克力幾乎是件不可能的事－真的，夢想著，追逐著，並且熱衷－巧克力。它是一項界於神話般的食材，而且已經如此存在超過兩千年。

可可種（genus of cacao）被稱為「眾神的果實」－是古希臘文 theobroma的意思，巧克力就是由可可種製成－它一直是四個南美印地安部落（奧爾梅克人Olmecs、瑪雅人Mayans、托爾特克人Toltecs 和阿茲特克人Aztecs）傳奇裡引人垂涎的食物；巧克力更是皇室專屬的美味，最先出現在西班牙宮廷，之後在義大利，法國和英格蘭的皇宮；接著，西元1766年，當即食的巧克力棒問世至今，巧克力已經成為擄獲所有人想像力的食材，從巧克力製造商到糕點師傅，自鑑賞行家到逸樂風雅人士，還有一代又一代的小朋友們所渴望的課後零食。

而且它是一個神秘的食材。只是看著一條巧克力棒，完全沒有透露出它所擁有的無限可能。你無法手拿一條巧克力棒，就知道它會變成迷人的慕斯、被豪華的冰凍成冰淇淋和雪酪，或者它會融在醬汁裡，和鮮奶油混合成甘那許，亦或是和奶油拌在一起，變成蛋糕表面柔滑光亮的鏡面巧克力。

如果我們說，一位大師手裡的巧克力具有魔法並不算誇張。而皮耶正是一位大師。

現年五十二歲，皮耶已經成為糕點主廚超過三十六年，雖然他聲稱自己與生俱來就是。從童年早期開始，皮耶已經知道他會成為一位糕點主廚，就像他的父親、祖父，還有他的曾祖父一樣。皮耶成為法國最受關注與矚目（也是最廣為仿傚的）首席糕點主廚，在於他對這個行業、對藝術和對這門工藝的熱情，所有的這一切會讓你瞭解並玩味不已，尤其當你在家裡製作著皮耶書中的巧克力甜點時。

在這本書中彙集了皮耶所創作出，超過一百道的食譜配方，提供了無以計數在滋味（Taste）、質地（Texture）和溫度（Temperature）上的變化，皮耶將這"三個T"平衡地如此微妙。如果說皮耶糕點裡的感性含有什麼秘密，很可能正是他對這些錯綜複雜元素的精益求精。這絕對是讓所有皮耶的糕點，嚐起來令人如此歡愉的原因。

無論你做的是最簡單的松露巧克力，黑上加黑松露巧克力Black-on-Black（159頁），苦甜甘那許裹上可可粉而成的適口大小圓球；同樣簡單的杏桃薑汁巧克力長條蛋糕Ginger Chocolate Loaf Cake（第3頁），這是一款甜中帶酸的濃郁巧克力蛋糕；別緻小糕點，像是三重美味Tripe Crème（140頁），個別的烤盅裡舖以義式濃縮咖啡奶油布蕾、濃郁的巧克力奶油霜，再加上單純不加糖的打發鮮奶油；一杯法式熱巧克力Frence-style hot chocolate（203頁），或者令人無法抗拒的奶油蛋糕，像是甜美的歡愉Plaisir Sucré（53頁），如同享受牛奶巧克力所帶來五種不同的甜美愉悅；你也會在品嚐各種不同面貌、狀態的巧克力時，得到許多不同的樂趣－溫熱和冰涼，軟滑和酥脆，柔順和黏稠，濃厚和嚼勁，苦甜和甜、純黑、牛奶巧克力和白巧克力。

有了這些食譜，你將沈浸在全然濃烈的巧克力糕點創作裡，像是皮耶的頂級巧克力塔Pierre's Grand Chocolate（109頁），來自它的巧克力塔皮，巧克力甘那許內餡和隱藏在其中的巧克力蛋糕夾層。你會在糕點裡找到巧克力所創造出來，如寶石般的外貌，經常是在結尾時如此神來一筆，賦予了一些特色和一點額外的刺激，一如在柔軟的泡芙profiteroles（135頁）上，加了結晶般的砂糖和杏仁粒，裡面填了絕妙的新鮮薄荷冰淇淋，再淋上熱巧克力醬。

不論你是一位糕點廚房裡的專家，或對美味帶著熱情的初學者，書中彙集的食譜，將引領你進入皮耶包羅萬象的糕點世界，他同時使用一些不常見的食材，如魔術師般幻化質地口感，完美的掌握巧克力在甜度、酸味上的平衡。

即使你的糕點經驗僅止於製作布朗尼，也可以從本書中找到，讓你簡單且充滿信心地製作出非常棒的美味糕點，包括皮耶取材自我們美國人的美式布朗尼American browine（史上最溼潤布朗尼；第61頁）；他如奶油般的閃耀巧克力Chocolate Sparklers（67頁），一種在你舌尖融化的餅乾；蘇西的蛋糕Suzy's Cake（第5頁），一個質地介於舒芙蕾（soufflé）和布丁之間，濃郁且絲緞般柔軟細緻的圓形蛋糕；松露巧克力和牛奶糖（柔軟的巧克力與檸檬牛奶糖Chocolate and Lemon Caramels，169頁，非比尋常的美味）；細膩奶滑的米布丁rice pudding（125頁）；長條蛋糕loaf cake；一等一的優質派塔（從97頁溫熱的覆盆子巧克力塔Warm Chocolate and Raspberry Tart開始，直到這個章節結束）；還有更多更多其它的，你可製作的糕點，它的美味與品質會令你躍躍欲試，想嚐試更多。如果，你在操作時需要一些忠告，關於某項食材，關於特定技巧的進一步解釋，烤盤的資訊，或者一個專有名詞的定義，你可以在「專有名詞、技巧、設備和材料字典」這個章節裡，找到所有你需要的的資訊，這個章節既是詞彙表，又可算是糕點入門。

　　當然，如果你只有一些些的糕點經驗，這本書甚至會帶給你更多的驚喜。對那些珍愛經典糕點的人來說，本書有著皮耶最為人所熟悉，獨創的頂級經典：他的閃電泡芙éclairs（第9頁），內餡填以巧克力甜點奶油霜，並以光滑的鏡面巧克力完成表面裝飾；他的黑森林蛋糕Black Forest Cake（第11頁），同時潤以櫻桃酒調味的香草和巧克力打發鮮奶油，並綴以辛香波特酒浸泡過的櫻桃；還有他的千層派mille-feuilles－一個以上了焦糖的原味酥皮做成（47頁），另一個則是以上了焦糖的巧克力酥皮為基底（50頁）－這些都無與倫比。

　　本書也有全新的糕點，精選來自一年兩次，皮耶如同服裝設計師般，推出具季節特色的糕點。如果想品嚐令Vogue雜誌封皮耶為「甜點界的畢卡索」的點心，那就來道榛果巧克力塔Nutella Tart（119頁）吧，那絲滑的巧克力內餡就加入了，直接從超市買來的榛果巧克力醬（Nutella），一種榛果醬與牛奶巧克力混合的抹醬。從小朋友到大人都愛極了的滋味。或者考慮試試巧克力咖啡威士忌卡布奇諾Chocolate,Coffee,and Whiskey Cappuccino（146頁），一道結合了純黑且從你齒間立即滑過的巧克力布丁，和以濃縮咖啡與單一純麥威士忌，冰凍再刮出來的冰砂，佐上一球打發鮮奶油，這是一道可以視為「皮耶如何掌握3T教戰手冊」的糕點。並且不要輕忽了皮耶的牛軋糖nougatines（82頁），那道因為添加了細小碎咖啡豆，而有了額外酥脆，甚至更多滋味的巧克力蕾絲脆餅。最棒的是，你的自家烘焙將可以和皮耶的媲美，因為書裡的每一道糕點，也正是皮耶為他在巴黎和東京的糕點專賣店，歐洲的知名餐廳，美國的商店，此地和國外重大慶典所設計的糕點，並且已針對家庭廚房重新詮釋、測試後而寫成。這意味著每次你做其中的一道食譜，可以確信它完全的傳遞了皮耶的天份，和他全心全意所傳達的巧克力魔法。

書中所有的食譜，全都沒有超出熱衷烘焙業餘愛好者的能力範圍，雖然有些比較複雜，要花比其它食譜多點時間。無論你選擇哪一道，我們建議你在動工前先至少澈底讀過一遍(兩遍更好)，並且和專業人士一樣，把所有所需的材料先秤量，準備好在手邊。如果你要製作一道，以好幾項元素組合在一起的糕點，檢查一下其中有沒有一、兩項是你可以提早事先完成的－所有的食譜裡都囊括了事先準備和保存方法需知。並且，如果你有任何疑問，翻到「專有名詞、技巧、設備和材料字典」或查閱一下「基礎食譜」，所有你需要的成功秘訣都在這兩個章節裡。你需要做的只是遵循指示，接著享受你的美味成果。

等同於無比的歡愉，皮耶和我把這些食譜獻給你。衷心希望這些糕點配方可以帶給你，和你與之分享的人們，如同我們為你們創作這些食譜時所得到的，同等的喜悅。

DORIS GREENSPAN
New York City

朵莉格琳史班
寫於紐約市

# CHOCOLATE CAKES

## PLAIN AND GRAND
平凡而偉大的巧克力蛋糕

這 是一個具有濃郁巧克力味，來自可可粉和頂級苦甜巧克力小碎塊（你所能想像，最好的巧克力豆），如午夜般漆黑的巧克力蛋糕。這蛋糕的質地柔軟而溼潤，並且，如果你將一小塊輕抵在嘴裡的上顎，它會立即融化。如果沒有添加完全出人意表的小塊小塊杏桃乾，和濃郁辛辣薑塊，它只會成為這類蛋糕中的經典作品。甜美而有嚼勁，濃郁而辛辣，正是這些額外添加的元素，讓這款蛋糕如此卓越不凡。

不要把軟質薑塊（soft stem ginger），有時也稱為糖漬甜薑（preserved ginger），和硬的、像糖果一樣的薑糖（crystallized ginger）混為一談。軟質薑塊，小塊的糖漬甜薑，浸泡在高濃度的糖漿裡，是在中國市場、專賣店和大超市可以找到的珍品。這種薑很貴，但密封包好放在冰箱裡可保存數月之久。

■ 我愛這個蛋糕裡的對比質地，柔軟的蛋糕裡塞滿了果乾和入口即化的巧克力碎片。為了充份享受到這樣的質地，務必把這蛋糕切成厚厚的片狀－這不是一個適合切成薄片的甜點。 ■ PH

- 1⅓杯（180克）中筋麵粉
- ⅓杯（40克）荷式處理可可粉，偏好法芙娜（Valrhona）
- ½小匙雙效泡打粉（double-acting baking powder）
- 4½盎司（125克）潤澤、飽滿的杏桃果乾，切成小塊
- ¾杯（165克）砂糖
- 5盎司（140克）杏仁膏，剝成小塊
- 4枚大顆雞蛋，室溫
- ⅔杯（150克）全脂牛奶，室溫
- 2½盎司（70克）苦甜巧克力，偏好法芙娜瓜納拉（Valrhona Guanaja），切到細碎

- 1¾盎司(55克)瀝乾的糖漬甜薑,切成小碎塊
- 1½小條外加1大匙(6½盎司;180克)無鹽奶油,融化後放涼備用

1. 在烤箱中央放一張網架並且預熱烤箱至華氏350度(攝氏180度)。把9×5×3吋(28公分)的條狀蛋糕模塗上奶油後,放在一張隔熱烤盤上(或者把兩張一般的烤盤疊在一起);置旁備用。

2. 把麵粉、可可粉和泡打粉一起過篩,置旁備用。

3. 把約1杯(250克)的水加熱到沸騰。加入杏桃,把鍋子自爐上移開,讓杏桃浸泡1分鐘,足夠讓杏桃軟化並膨脹的時間。瀝乾並用廚房紙巾把杏桃輕拍擦乾,置旁備用。

4. 把砂糖和杏仁膏放進一只裝了槳狀攪拌棒的攪拌缸裡,並且以中速攪打到杏仁膏碎開、和砂糖混在一起,呈現砂粒狀。(如果你的杏仁膏質地很硬-顯示它有點舊了-在缸裡不呈現砂狀,你可以先用一台食物調理機以瞬間的功能(pluse鍵)把它打散,再移到攪拌缸裡操作。)雞蛋以一次一枚的方式加入,每加一枚就攪打約2分鐘。把槳狀攪拌棒換成網狀攪拌棒,轉高速,攪打8~10分鐘,直到所有材料混合在一起形成乳霜狀-這麵糊會看起來很像美乃滋,攪拌棒在旋轉時會留下痕跡。

5. 攪拌機轉成低速後加入牛奶拌到混合在一起,接著拌入過篩好的粉類材料。繼續以低速攪拌直到麵糊質地均勻,把攪拌缸自攪拌機上取下。用一把大的橡皮刮刀,拌入先前準備好的杏桃、碎塊巧克力,和薑塊,接著將融化了的奶油輕輕拌入。

6. 把麵糊裝進之前準備好的蛋糕模裡,並且把表面抹平。烤焙60~70分鐘,或直到以一把細長的刀子插入蛋糕的中央,拔出來後刀子上很乾淨,沒有沾黏麵糊。(這蛋糕烤了會裂開。如果你想幫助它裂得更平均,而不是隨機裂成不規則狀,待蛋糕烤到表面剛剛好要結皮時,拿一把切麵刀dough scraper在融化的奶油裡浸過,在蛋糕的中央縱向劃過一刀。)如果蛋糕顯示烤焙太快-巧克力蛋糕會有一種邊緣上色太深的傾向-用張錫箔紙輕輕蓋著蛋糕,續烤至少20~30分鐘。

7. 把蛋糕自烤箱裡取出,放在冷卻架上冷卻10分鐘再脫模,並且倒過來正放。讓蛋糕保持在冷卻架上冷卻至室溫。

可供8~10人享用

KEEPING 保存:用保鮮膜包好,保存在室溫下可維持溼潤狀態至少五天;密封包好,可在冷凍庫裡保存一個月。

**P**ierre 皮耶和費德莉克 Frédérick 的朋友－
蘇西普拉當 Suzy Palatin 是位伸展台上
的時裝模特兒、食譜書作者，同時也是這個極盡柔軟、濃郁，在美國被稱作是「巧克力的
沈淪 Chocolate Decadence」蛋糕的創造者。這蛋糕驚人的美味，非常好製作。真的，
它用到的材料都是最基本的（全是烘焙者最基礎的材料），而且方法簡單（它是一個混合了
糖與奶油爲乳霜狀麵糊的蛋糕），簡單到你會懷疑爲什麼它可以如此美味。它的優勢來自
半磅左右的最優質巧克力（不要吝嗇於用料），以及烘焙得恰到好處－蛋糕的中心因此保持
微微的溼潤。

■　　妻子費德莉克 Frédérick 和我在家用薑汁冰淇淋、微甜的打發鮮奶油，或香草
安格列斯奶油醬（第217頁）來搭配這個蛋糕。有時候我們在配方裡加些覆盆子，
在蛋糕模的底部先倒入一層薄薄的麵糊、撒上新鮮的覆盆子，再舖上麵糊把覆盆
子蓋起來。　　■　　PH

- 8¾盎司（250克）切細碎的苦甜巧克力，偏好法芙娜瓜納拉（Valrhona Guanaja）
- 2¼條（9盎司；250克）無鹽奶油，室溫
- 1杯（200克）砂糖
- 4枚大顆雞蛋，室溫
- ½杯外加1大匙（70克）中筋麵粉

1. 在烤箱中間放一張網架，並且預熱烤箱到華氏350度（攝氏180度）。替直徑9吋（24
公分）、高至少2吋（5公分）的蛋糕模塗上奶油，底部舖張烤焙紙，烤焙紙上也塗上奶
油，烤模邊緣輕撒麵粉；輕拍掉多餘的麵粉，置旁備用。

2. 把巧克力放在一只耐熱的碗裡，隔著微滾的熱水－碗底不碰到水－加熱到巧克力融化；
或者用微波爐融化巧克力。把巧克力放置一旁冷卻；在你要把它和其它材料混合時，
巧克力應該摸起來只有微溫的程度。

3. 把奶油和砂糖放在一只裝了槳狀攪拌棒的攪拌缸裡，以中速攪拌約4分鐘，不時地將
沾附在缸邊的奶油刮下來，直到奶油變成乳霜狀，砂糖和奶油完全拌合。雞蛋一次

**KEEPING** 保存：用保鮮膜包好，可在室溫或冰箱冷藏保存 3～4 天，或者冷凍保存長達一個月。

1 枚的加入，每加 1 枚攪打約 1 分鐘。轉成低速，倒入冷卻了的融化巧克力，拌到剛好混合在一起就好。攪拌機維持低速，加入麵粉拌到麵糊裡看不到麵粉即可。或者你也可以用橡皮刮刀取代攪拌機來拌入麵粉。你會得到一份濃稠、柔順、光滑的麵糊，看起來就像老式的巧克力糖霜（frosting）。

4. 把麵糊刮到蛋糕模裡，表面抹平，送入烤箱。烤焙 26～29 分鐘，或者直到蛋糕輕微膨起，表面已經失去光澤。蛋糕表面可能稍稍裂開，中間可能看起來還沒完全定型；當你以一把薄刀插入蛋糕中心做測試時，刀子拔出來會稍微沾附一些麵糊在上面，這正是你想要的。把蛋糕移到冷卻架上放涼。

5. 待蛋糕冷卻後，放入冰箱冷藏 1~2 小時好讓它容易脫模。自冰箱取出蛋糕，拿掉烤焙紙，把蛋糕倒扣在一只盤子上好讓蛋糕正面朝上。待蛋糕回溫到室溫再分切享用。

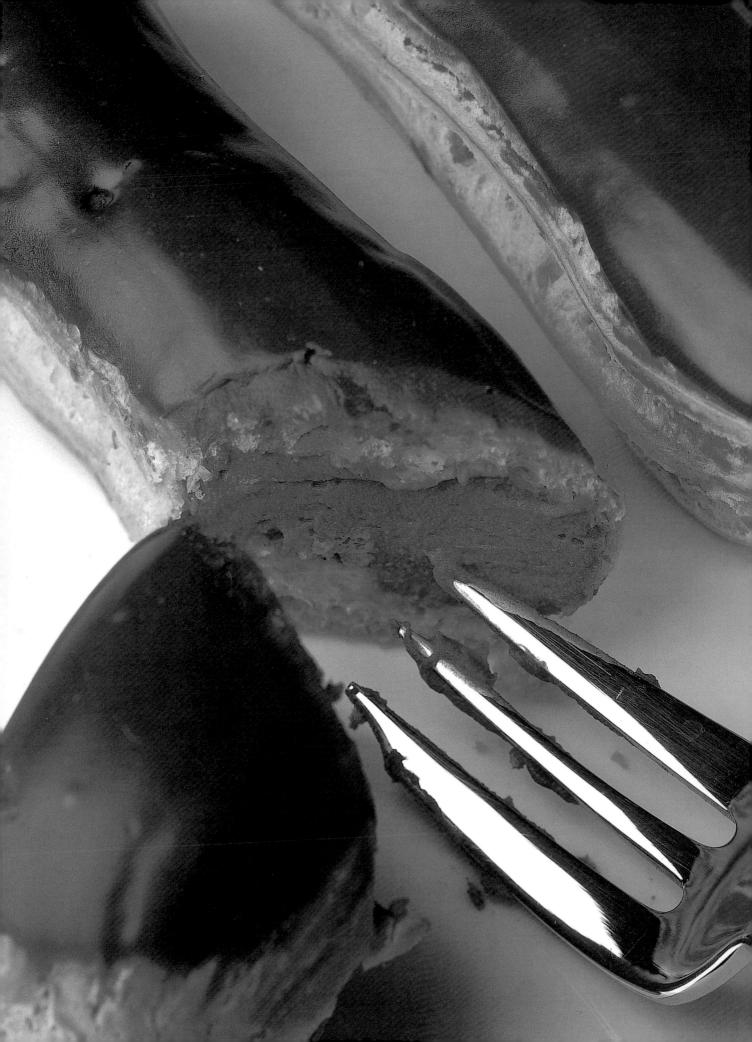

# CHOCOLATE
# ÉCLAIRS
## 巧克力閃電泡芙

<big>這</big>和你在全法國糕餅店的展示櫥窗裡都會看
到的閃電泡芙一樣－它們是經典之作。
以柔軟的奶油泡芙麵團(cream puff dough)製成，填入巧克力甜點奶油霜(chocolate
pastry cream)－這倒是不那麼傳統的經典之作(原始版本用的是香草奶油霜vanilla
cream)－再覆以光滑的鏡面巧克力(chocolat glaze)，變成一道老少咸宜的好滋味。

■　變化款：中間填入打發的巧克力鮮奶油Chocolate Whipped Cream(第223頁)並且
添加上一些烤過的細碎堅果顆粒－杏仁或夏威夷豆(macadamias)都可以－以增添
酥脆口感。你會得到非常不傳統但非常美味的閃電泡芙。　■　PH

## THE ÉCLAIRS 閃電泡芙

- 奶油泡芙麵團(第233頁)剛完成且仍溫熱

1. 用兩張網架將烤箱均分成上中下三層，並且預熱烤箱到華氏375度(攝氏190度)。兩
   張烤盤舖上烤盤紙備用。

2. 將溫熱的奶油泡芙麵團填入裝了直徑⅔吋(2公分)的圓孔擠花嘴的擠花袋裡。將泡芙
   麵團擠到烤盤上，擠成長約4至4½吋(11公分)的粗手指狀，麵團和麵團間務必保留
   2吋(5公分)的間隔。你的麵團應該可以擠出20到24條的閃電泡芙。

3. 將烤盤送入烤箱烤焙7分鐘，之後在烤箱和烤箱門間以一根木匙的把手卡住，好讓烤
   箱門微微開啓。烤到12分鐘時，將分置上下層的烤盤交換，並且前後對調，再繼續
   烤約8分鐘左右，直到閃電泡芙膨脹、呈金黃色、並且形狀固定。(總烤焙時間20分
   鐘。)取出烤盤，置於冷卻架上，放涼到室溫。(還沒填餡的閃電泡芙可以在涼爽乾燥
   的室內保存幾個小時。)

## TO ASSEMBLE 組合

- 鏡面巧克力（第254頁）
- 巧克力甜點奶油霜（第221頁），放涼

可作20～24個閃電泡芙

KEEPING 保存：一旦填好餡的閃電泡芙應該越早享用越好。

1. 用一把鋸齒刀以輕鋸的動作，把閃電泡芙水平橫切成上下兩半。把下半層暫時放置一旁備用，並且把上半層放在一個架子上，用張烤焙紙或蠟紙墊在下面。

2. 如果鏡面巧克力已經冷卻，隔著微滾的熱水（底部不接觸到熱水）隔水加熱，用一把木匙加以攪拌。（動作要輕柔，你不想製造出氣泡）無論這鏡面巧克力是剛煮好或再加熱的，你應該在它差不多可以摸的程度（以立即感應溫度計測量，溫度顯示在華氏95到104度、攝氏35到40度之間）的時候使用它。當鏡面巧克力剛剛好可以用時，以一把抹刀把它塗在上半層閃電泡芙的表面。趁這上半層泡芙在靜置固定的時間裡，你替下半層泡芙填餡。

3. 你可以用擠的或用舀的，把甜點奶油霜填到下半層的泡芙上。不管用哪個方法，替下半層泡芙填上滿滿的奶油霜。把覆好鏡面巧克力的上半層泡芙，蓋在填了餡的下半層泡芙上，輕壓上半層泡芙好固定它，並且越快上桌享用越好。

# BLACK FOREST CAKE

## 黑森林蛋糕

是什麼讓巧克力蛋糕搖身成為黑森林蛋糕。就是打發鮮奶油、櫻桃和櫻桃酒（kirsch）－這是種在德國和某些法國地區受到珍視，以櫻桃為基底製成的白蘭地，特別是在阿爾薩斯（Alsace），Pierre皮耶的出生地，也是法國最德國化的區域。這個黑森林蛋糕有著經典做法所應齊備的，但是，一如你對皮耶的期待，經典的素材經過重新考量，並加進了一些不那麼傳統的元素。以深色、柔軟易碎的可可蛋糕做成的三層蛋糕（和第17頁用來做法布石板路Faubourg Pavé的底層蛋糕相同），在櫻桃酒裡充份浸泡過，並使用兩種不同的打發鮮奶油，高高地堆疊起來。底層塗了以櫻桃酒調味，加了點具有足夠支撐力撐起上面幾層蛋糕，並且讓這蛋糕在分切成楔形時，可以維持住形狀的吉利丁打發鮮奶油。在擺入下一層蛋糕前，這打發鮮奶油上舖滿了浸泡過香料波特酒的飽滿酸櫻桃。再下一層和最頂層的蛋糕，則是舖了濃稠的打發巧克力鮮奶油。表面裝飾很簡單：以微甜的打發鮮奶油覆蓋包圍著蛋糕的側邊，頂層則堆滿了苦黑巧克力捲。令人難以理解的是，這個濃郁且令人萬分期待的精心之作，口感竟如同雲朵般的輕盈。

在結構上還有個特點：這個蛋糕的高度，約2½吋（6公分），比大多數使用直徑8¾吋（22公分）蛋糕圈模（cake ring）做出來的蛋糕來得高。如果你沒有這樣的蛋糕圈模，你可以把一個標準蛋糕圈模疊在另一個的上面，或者使用一個活動蛋糕模（springform pan）的外圈。

■ 黑森林蛋糕曾是我父親在阿爾薩斯的糕點店裡最暢銷的產品。事實上，他的黑森林蛋糕，和這個一樣，以兩種不同打發鮮奶油做成，正是我這個蛋糕靈感的來源。我所加入且最引人注目的部份，是用來浸泡櫻桃的波特酒和香料。 ■ PH

## THE CHERRIES 櫻桃

- ½杯（125克）波特酒（port）
- 2大匙新鮮現榨的柳橙汁
- 4顆磨碎的黑胡椒

- 1小根肉桂棒
- 1條檸檬皮（以蔬果削皮刀削下）
- 6盎司（約1杯的量；170克）瓶裝去核的櫻桃（griottes進口的小顆深色酸櫻桃）或酸的櫻桃（sour cherries），瀝乾並且沖洗過

把除了櫻桃以外的所有材料放在一只小型無反應鍋*裡以中火加熱。把這混合物加熱到沸騰，加入櫻桃，降低溫度到維持小滾的狀態，煮2分鐘。把鍋子自爐上移開，讓櫻桃在這特別的汁液裡浸泡個3~4小時。（你也可以蓋上蓋子，放入冰箱冷藏室，讓櫻桃泡在汁液裡一個晚上，如果這樣對你比較方便。）當你準備好要用這櫻桃時，把它澈底瀝乾，丟掉檸檬皮、香料和汁液，並且用廚房紙巾把櫻桃輕拍拭乾。

## THE CHOCOLATE WHIPPING CREAM 巧克力鮮奶油

- 1½杯（375克）高脂鮮奶油
- 1大匙的砂糖
- 2¼盎司（65克）切細碎的苦甜巧克力，偏好法芙娜的加勒比（Valrhona Caraïbes）

1. 將鮮奶油和砂糖放在一只中型厚底湯鍋裡加熱到完全沸騰。把鍋子自爐上移開並且拌入巧克力，以一支橡皮刮刀充分攪拌，好讓巧克力完全融入鮮奶油裡。倒入一只用來攪拌的碗裡（選用一個大到足以打發鮮奶油的碗），蓋上蓋子，冰涼至少5小時或是整夜。

2. 在你準備要用這個鮮奶油前，把裝鮮奶油的碗放到另一只較大、裝滿冰塊和冷水的碗裡，並且使用一把直型打蛋器（網狀打蛋器whisk）將鮮奶油打到剛好堅挺（firm）的程度。輕鬆的打－這個鮮奶油很快就可以打發。你追求的質地是剛好可以抹開來，但嚐起來仍然保有輕盈和奶滑的口感。

## THE SOAKING SYRUP 浸泡用糖漿

- 簡易糖漿（第252頁），冷卻的
- 2大匙的水
- 2大匙的櫻桃酒（kirsch），最好是進口的

*譯註：無反應鍋指的是以不鏽鋼、玻璃、陶磁等材料製成的鍋子，甚至表面塗了不沾塗層的鍋子也算無反應鍋。這類材料製成的鍋子和食物接觸時不會對食物的酸性成份產生反應，相對於銅和鋁則會，所以稱為無反應鍋。

把所有的材料拌在一起。這款糖漿一做好，你可以立刻使用，或者留待需要時再使用。（糖漿可以在三天前先做好，蓋好冰箱冷藏保存。）

## THE KIRSCH-FLAVORED CREAM 櫻桃酒調味鮮奶油

- 1½杯（375克）高脂鮮奶油
- 從¼條飽滿潤澤的香草豆莢裡刮出來的香草籽（第279頁）
- 2½小匙吉利丁粉（或者3克的吉利丁片）
- 1大匙冷開水
- 1大匙的櫻桃酒（kirsch），最好是進口的

1. 在你要使用前才製作這個調味鮮奶油。使用一只適用於微波爐的碗或小型湯鍋，把¼杯（60克）的鮮奶油和香草籽拌在一起。以微波爐或直接加熱的方式煮到大滾，自熱源上移開後，讓它浸泡10分鐘。

2. 趁鮮奶油在浸泡的同時，把吉利丁粉撒在一只裝了冷開水的小杯裡，讓它靜置約1分鐘左右，直到吉利丁粉軟化並呈海綿狀。微波15秒或倒至一只小湯鍋，以小火加熱到吉利丁粉融化。把融化了的吉利丁液倒進一只碗裡，再倒入泡過香草籽的鮮奶油，接著拌入櫻桃酒（kirsch）。整碗放在一旁冷卻到室溫。你可以藉由下墊一碗冰塊和冰水，隔水降溫攪拌以加快這個過程，只是要小心－你想要讓吉利丁液降溫，好在下個步驟把它加進其他的鮮奶油裡，但你並不想讓它涼到凝固定型。

3. 在一只中型缽盆裡將剩下的1¼杯的鮮奶油打到五分發（medium peaks微微下垂）。將¼打發的鮮奶油拌入裝了吉利丁液的碗裡，接著再把這吉利丁液拌入打發鮮奶油裡。打發的調味鮮奶油現在就可以使用了，而且，事實上，應該在15分鐘內用掉。

## TO ASSEMBLE 組合

- 1個直徑8¾吋（22公分）的可可蛋糕（第228頁）

1. 把一張厚紙板材質的蛋糕圓盤，修剪成符合巧克力蛋糕直徑的大小，並且把這圓盤裝進一只直徑8¾吋（22公分）、高約2½吋（6公分）的蛋糕圈模裡。（如果你沒有足夠高的蛋糕圈模，把兩個標準蛋糕圈模疊在一起，或者使用一個直徑9吋（24公分）的活動蛋糕烤模－拿掉底盤，只使用烤模的側邊圈模）組合好後放在一張小的烤盤上。

2. 如果有需要，把蛋糕的頂層修掉一些，好讓它是平整的。使用一把薄刀並以輕鋸的方式把蛋糕分切成3層。把蛋糕底層，切面朝上的裝進蛋糕圈模裡。在這層蛋糕上塗刷，或舀上大量的浸泡用糖漿，好讓這層蛋糕澈底浸潤。使用一把金屬抹刀，最好是蛋糕裝飾用的抹刀，在這層蛋糕上塗上一半份量的櫻桃酒調味鮮奶油。先把櫻桃澈底瀝乾、拍乾，再平均地撒在調味鮮奶油上。把剩下的調味鮮奶油塗抹在櫻桃上以完成這一層。這會是一層很高的夾層－這正是它應有的模樣。

3. 把中間層的蛋糕放進圈環裡，輕輕搖晃移動，好讓它平均地就位。一樣先用浸泡用糖漿浸潤這層蛋糕，再填入大約⅔份量的打發巧克力鮮奶油。蓋上最後一層蛋糕，最平坦的一面朝上，一樣用糖漿浸溼這層蛋糕。以剩下的打發巧克力鮮奶油填在這頂層上，儘可能地把這層抹平一點。（如果你的蛋糕圈模高2½吋（6公分），你可能只能填至碰到頂部，在這情況下你可以利用圈模的邊緣當作參考依據把頂層抹平。）把蛋糕連同烤盤送入冰箱冷藏2~3小時。（蛋糕可以完成到這個階段，放進冰箱冷藏保存－要遠離帶有強烈異味的食物－長達8小時。）

## TO FINISH 完成

- ½杯（125克）冰涼的高脂鮮奶油
- 2大匙白糖粉（confectioners'sugar），過篩
- 10顆深色酸櫻桃（griottes）或酸的櫻桃（可省略）
- 巧克力捲或碎屑（第258頁）

1. 使用一台吹風機，以熱風加熱蛋糕圈模後，將圈模自蛋糕上取下（第273頁）。如果你喜歡，可以把蛋糕連同盛裝的厚紙板圓盤一起放到蛋糕裝飾用的轉檯上。

2. 把鮮奶油打到七分發（medium-firm微微尖挺）後拌入白糖粉。使用一把金屬抹刀，在蛋糕側邊塗上一層打發鮮奶油，把蛋糕側邊覆蓋。這裡你有兩個選擇－你可以把所有的鮮奶油都塗在蛋糕側邊，頂層留白呈黑色。或者你可以保留一些打發鮮奶油，用一個裝了星形擠花嘴的擠花袋，將這些鮮奶油繞著蛋糕一圈擠上10朵擠花。如果你這麼做，在每一朵擠花上擺上一顆櫻桃作裝飾。用巧克力捲或巧克力碎屑填滿蛋糕頂層中間的部份。現在這蛋糕可以上桌享用了，或者在享用前冷藏保存最多4小時。

可供10人享用

KEEPING 保存：所有組成這個蛋糕的元素，包括蛋糕體、櫻桃、和糖漿都可以事先做好。打發的巧克力鮮奶油需要在冰箱冷藏幾個小時，完成的整個作品，填好餡、霜飾完畢並且擺上擺飾後，可以冷藏保存幾個小時。然而，這並不是一個可以存起來慢慢吃的蛋糕，應該在完成當天立即享用。

# FAUBOURG PAVÉ

## 法布石板路

**這**是Pierre皮耶接管巴黎最古老的糕餅舖
和茶沙龍－傳奇名店拉杜耶（Ladurée）

的廚房後，所創造出的第一個蛋糕。它的命名來自法布聖多諾黑（Faubourg Saint-Honoré），那個環繞拉杜耶創始店的獨特街道，而且它的形狀就是塊石板路，或者說是塊舖路石的樣子。以小的長條模（loaf pan）烤成，蛋糕本身是簡單的可可基底，但是基底上面的層層滋味和質地，替這塊石板贏得傳奇的獨特地位。法布石板路是以巧克力和焦糖組合而成的奇妙管弦樂。巧克力蛋糕浸泡在焦糖糖漿裡，一個帶有些許鹹味奶油的糖漿－你很難找到皮耶的焦糖是不摻鹽的。接著蛋糕的夾層裡抹了絕對高明的焦糖巧克力甘那許。甘那許裡的焦糖當然含鹹味奶油，以鮮奶油稀釋過，再倒在混合了苦甜巧克力和牛奶巧克力的碎片上。最後，它既濃稠又絲滑的口感來自足量的香甜奶油。藉由使用混合的巧克力，皮耶在砂糖經焦糖化後，帶來既柔軟又尖銳的苦味，和巧克力、奶油和鮮奶油的甜味間取得了剛剛好的平衡。為了增加一個出乎預料，而且在樂章尾聲完美的句點，皮耶在甘那許上綴以拌過檸檬汁，並以黑胡椒調味的小塊杏桃，以一種皮耶的典型風格，完成這個看似簡樸的甜點。

這個配方可以做出兩個蛋糕——一個現在吃，另一個可以存放在冰箱冷凍庫裡改天再享用。

---

■　這蛋糕一旦塗上甘那許後，就可以撒上可可粉並且上桌享用。然而，你也可以用另一種方式來完成最後裝飾：先替它上一層鏡面巧克力（第254頁），接著在上面加上先前你製作內餡時，預留下來的一顆杏桃。　■　PH

---

## THE SOAKING SYRUP 浸泡用糖漿

- ¼杯（50克）砂糖
- 2小匙（10克）含鹽奶油（或者無鹽奶油再加1小搓鹽）
- 6大匙（100克）溫水

將砂糖放在一只中型湯鍋或一只帶柄小煎鍋裡，並且放在爐子上開小火。只要糖一開始融化，用木匙開始攪拌。邊煮邊攪拌直到轉成深棕色－你可以滴個一滴在一只白色盤子上來檢查顏色。站離鍋子遠一點，把奶油加進鍋裡，然後，等它一融化，把它和焦糖拌在一起。再度站遠些，把溫水加進去。當整鍋一沸騰，把鍋子自爐上移開。讓糖漿冷卻到室溫。（糖漿可以在三天前先做好，蓋好放冰箱冷藏保存。）

## THE APRICOTS 杏桃

- 6盎司（170克）潤澤，飽滿的杏桃乾
- 1杯（250克）水
- ½顆檸檬榨出來的檸檬原汁
- 1小搓現磨的黑胡椒粉

1. 將杏桃和水一起裝在一只中型湯鍋裡，並且煮到微滾。轉到最小火並且以文火煮3~4分鐘。瀝乾杏桃、放涼。

2. 待杏桃降溫後，將之切成小塊小塊。（如果你想要，可以保留兩個杏桃用來裝飾蛋糕表面。）拌以檸檬汁和黑胡椒粉，置旁備用。（杏桃可以在一天前先做好，裝在容器裡，蓋好蓋子室溫保存。）

## THE GANACHE 甘那許

- 6½盎司（185克）苦甜巧克力，偏好法芙娜的孟加里（Valrhona Manjari），切到細碎
- 4¼盎司（120克）牛奶巧克力，偏好法芙娜吉瓦哈（Valrhona Jivara），切到細碎
- ⅔杯（140克）砂糖
- 1½大匙（¾盎司；20克）有鹽奶油（或者無鹽奶油再加1小搓鹽）
- 1杯外加2大匙（275克）高脂鮮奶油
- 3條（12盎司；335克）的無鹽奶油，室溫

1. 在一只耐熱的大碗裡混合苦甜巧克力和牛奶巧克力碎，置旁備用。

**2.** 準備一只厚底中型湯鍋，開中大火，撒入約⅓的砂糖至鍋裡。一旦砂糖開始融化並且變色，以木匙加以攪拌，直到完全融化變成焦糖。將剩餘的砂糖撒入一半，一旦開始融化，將它拌入焦糖中。以相同的手法處理剩下的砂糖並且煮到呈現深棕色，加入含鹽奶油，等到奶油和焦糖混合均勻後，再加入鮮奶油。不要擔心，如果焦糖成團或結塊－持續攪拌和加熱會把它煮到光滑均勻。整鍋煮滾後，將鍋子從爐上移開。

**3.** 將一半的熱焦糖倒在切成細碎的巧克力上，以一把橡皮刮刀輕柔地攪拌，從碗的中央開始，以畫同心圓的方式，由裡向外攪拌。待巧克力變滑順後，加入剩下的焦糖，以同樣的方式加以攪拌。將這甘那許放置一旁讓它冷卻約十分鐘，或者摸起來只剩下微溫的程度。

**4.** 等待甘那許冷卻的同時，開始打奶油，以裝了槳狀攪拌棒的攪拌機或一支木匙：把奶油打軟成像美乃滋一樣的質地，但你並不想把空氣打進去。記得這點，如果你用攪拌機來打，不要用高速打；或者，如果你徒手打，不要用打蛋器（whisk）。

**5.** 以一把橡皮刮刀或打蛋器，輕輕地把奶油拌進甘那許裡（拌就好，不要打）。（甘那許現在就可以用了，或者你可以把它放在冰箱冷藏室裡，最多可保存兩天，要確定的是等它冷卻後一定要緊密蓋好蓋子。當你準備要用它時，要先讓它回溫到室溫，再輕輕加以攪拌使之滑順。）

**6.** 操作甘那許時，它必須呈現非常柔滑的霜狀，但又有足以塑形的質地－因為你要在蛋糕和蛋糕之間塗上厚厚的甘那許夾層。為了達到這樣的質地，你可以把裝甘那許的碗放在另一只更大、裝了大半碗冰塊和水的大碗裡，或者放進冰箱冷藏室裡冰一下，間隔每五分鐘檢查一下。不管用哪一種方法，不時的把甘那許攪一攪是很重要的（但動作要輕柔），如此甘那許的表層就不會變得太硬。

## TO ASSEMBLE 組合

- 2個7½吋 × 3½吋（18公分）的可可蛋糕（228頁）
- 無糖可可粉，撒在表面裝飾用

**1.** 以一把長而薄的鋸齒刀，把蛋糕隴起的部份切掉好使表面平坦。接著把蛋糕以橫切方式平分成三分。把底部那片蛋糕單獨放在一張厚紙板的蛋糕圓盤上，其它的暫時置旁備用。

可製作2個蛋糕，
每個蛋糕約8人享用

**KEEPING** 保存：所有
組成這個蛋糕的個別元
素，都可以事先做好。
蛋糕體可以密封包好室
溫保存約二天，或者冷
凍保存一個月；糖漿可
以三天前先做好；杏桃
可以在前一天先準備；
甘那許可以二天前先做
好冰起來。此外，蛋糕
除了撒上可可粉的部
份，可以事先組合起
來，冷凍保存長達一個
月，以冰箱冷藏隔夜解
凍，取出回復到室溫，
再上桌享用。

2. 使用一把糕點專用毛刷，替底部這層蛋糕刷上足量的焦糖糖漿，使它溼潤並且帶有焦糖味。改換一把金屬抹刀－你可能會覺得一把裝飾用抹刀最好用－在每層溼潤的蛋糕上抹上一層甘那許。目標在抹出一層厚度略少於½吋（1½公分），並且儘可能抹得越平均越好。永遠會有一種可能，就是邊邊的甘那許會比中間來得少－試著避免這種情形。在甘那許上綴以小塊小塊的杏桃，非常輕地把這些杏桃壓進甘那許裡。不要擔心如果有些甘那許從蛋糕的邊緣滲出來－把它在抹在蛋糕邊，並且繼續下去。把第二層疊上去放正，以糖漿潤澤它。再度抹上一層甘那許，並且以剩下的杏桃點綴其上。疊上最後一層蛋糕，並且潤澤它。現在瞧一下這個蛋糕，趁甘那許還很柔軟，並且，如果蛋糕會從一邊傾斜，用你的橡皮刮刀輕輕把它們弄正。在蛋糕側邊和上面都抹上一層非常薄的甘那許－稍後你會抹上更多－把蛋糕放進冰箱冷藏約30分鐘。蛋糕冷藏冰涼時，甘那許保留在室溫下。

3. 將蛋糕自冰箱裡取出，接著再次使用金屬抹刀，以剩下的甘那許塗滿整個蛋糕。頂層塗得越平越好，但你也不必花太多心力在這上面。使用一支裝飾用的齒梳或叉子的尖端，在蛋糕的側邊劃出水平的紋路，每使用一次後要確實把齒梳或叉子的齒刷擦乾淨，再劃下一次。如果你發現劃出來的線條不是那麼乾淨俐落，把蛋糕放進冰箱冷藏5~10分鐘，只是要讓甘那許稍微定型，接著再試一次。（到這個階段，蛋糕可以冷凍到定型，密封包好，冷凍保存一個月。）

4. 如果甘那許不是那麼柔軟，你現在就可以享用它了，或者你可以冷藏保存12個小時。（如果蛋糕冰過幾個小時，要吃之前請以室溫解凍一小時－如果蛋糕太冰涼，甘那許的非凡質地會突顯不出來。）到快要享用前，在表面輕輕且平均地撒上可可粉－為求最佳效果，可使用網篩或有孔洞調味罐－然後，如果你想要，在每份蛋糕上綴以1顆先前保留下來的完整杏桃。

# GÂTEAU
## SAINT-HONORÉ
### 聖多諾黑蛋糕

**聖**多諾黑蛋糕Gâteau Saint-Honoré是一款源自巴黎的糕點，1863年首次出現於吉布斯特糕餅舖（Ghiboust's pastry shop），接著在聖多諾黑街（Rue Saint-Honoré）。如果吉布斯特這名字聽起來很熟悉，那是因為他創造出吉布斯特奶油霜（crème Chiboust），一種混合了香草奶油霜和蛋白霜的奶油霜，做為傳統的（如果難執行）聖多諾黑蛋糕填入的內餡。相對於原始配方以皮力歐許（brioche）為基底，時下多半使用塔皮麵團或酥皮麵團（Pierre皮耶選用這個），鑲以上了焦糖的奶油泡芙。現今的聖多諾黑蛋糕，絕大多數的版本，內餡是打發鮮奶油。不用說，皮耶做這個經典作品時有他自己的一套。

皮耶的聖多諾黑有著近乎傳統的酥皮底，和奶油泡芙的皇冠裝飾，但泡芙填的是巧克力奶油霜，而且整個作品的中央填滿了打發的巧克力鮮奶油。藉由同時動用了奶油霜和打發鮮奶油，皮耶微妙地玩出了濃郁的巧克力風味，更掌握了恰到好處的細膩質地。蛋糕再以一非常與眾不同的一香草味西洋梨和巧克力碎片加冕。

■ 不使用西洋梨、濃郁巧克力風味的版本：在酥皮麵團基底上填滿濃郁巧克力奶油霜（第224頁），並且以相同的方式，在蛋糕表面覆以螺旋狀打發巧克力鮮奶油。 ■ PH

## THE PEARS 西洋梨

- 29盎司（825克）浸泡在糖漿裡剖半的西洋梨罐頭，1罐
- 1杯（250克）的水
- ½杯（100克）的砂糖
- 1大匙新鮮現榨檸檬原汁
- 從½條飽滿潤澤的香草豆莢裡刮出來的香草籽（第279頁）

I. 瀝乾西洋梨並置於一只大碗（深型碗尤佳）；暫時放在一旁備用。

2. 以一只中型湯鍋將水、砂糖、檸檬汁和香草籽一起煮滾，或者裝在碗裡以微波爐加熱。將這糖漿自爐上移開並且倒在西洋梨上。將一張蠟紙緊貼蓋在西洋梨上，如果這張蠟紙不足以讓所有的西洋梨浸泡在糖漿裡，在上面再加一只盤子。將這整個組合覆以保鮮膜放進冰箱冷藏隔夜。（西洋梨可以在三天前事先製作完成，包起來置冰箱冷藏儲存。）

## THE PUFF PASTRY DISK 酥皮底盤

- 6盎司（170克）自製（第241頁），或者購自商店的純奶油製酥皮麵團，冰涼成可擀開狀態。

在一個撒了粉的工作檯面上，將酥皮麵團擀成一張約⅛吋（0.4公分）厚，且直徑至少11吋（28公分）的圓形。將此麵團移至舖了烤焙紙的烤盤上，並且以一張直徑10¼吋（26公分）的塔模當標準（或者模板），將麵團修切成那樣的尺寸。

## THE CREAM PUFFS 奶油泡芙

- 泡芙麵團（第233頁），剛完成仍溫熱
- 巧克力甜點奶油霜（第221頁），冷卻

1. 用兩張網架將烤箱均分成上中下三層，並且預熱烤箱到華氏375度（攝氏190度）。烤盤舖上烤盤紙備用。大擠花袋裝上直徑½吋（1.5公分）圓孔擠花嘴。

2. 將一半的溫熱泡芙麵團舀進擠花袋，在酥皮底盤的邊緣內擠出一圈¼吋（7公厘）粗的麵團。移到底盤的中央，以從內向外擴大的方式，擠出盤繞的螺旋條狀，條與條之間留有很寬鬆的間隔。事實上，你並不是要擠出螺旋盤繞狀：而是先擠個圓點在中央，繞一圈，再擠出一個半圓，很像符號@，只是中間是一個點，而不是一個a，這樣就差不多了。將烤盤暫時放置一旁備用。

3. 繼續處理擠花袋裡的奶油泡芙麵團，必要時填入更多的泡芙麵團，儘你所能擠出許多小泡芙，讓每個小泡芙只比1吋（2.5公分）寬一點點，先擠在舖了烤盤紙的空烤盤上，接著利用泡芙圓餅那個烤盤上剩下的空間。要確保泡芙與泡芙間留有至少2吋（5公分）的距離。你會擠出比你需要更多的泡芙，所以可以把還沒烤的冷凍起來（並利用

它們來做第135頁的薄荷泡芙佐熱巧克力醬），或者把它們全烤好，如此一來你就擁有美妙的下午茶茶點。（底層酥皮底盤和上面裝飾用的泡芙圓餅，兩種未烤焙麵團都可以冷凍保存。先凍到硬再密封包好，就可以冷凍保存長達一個月。）

4. 把整盤送入烤箱烤7分鐘後，將一根木匙卡在烤箱門上，好讓烤箱門維持微微開啓。烤到12分鐘時，上下交換，前後對調，接著繼續烤焙到泡芙圓餅和小泡芙都確實膨脹，變成金黃色且堅挺。總共約17~20分鐘，這些泡芙就可以烤好——一旦烤好了就把它們從烤箱裡拿出來；泡芙圓餅總共可能需要25分鐘，或者甚至再多個幾分鐘。把泡芙圓餅和小泡芙移到冷卻架上好讓它們冷卻到室溫。（這些小泡芙和泡芙圓餅在填入內餡以前可以存放在陰涼乾燥處數小時。）

5. 擠花袋裝入直徑¼吋（7公厘）圓孔擠花嘴，並且填入巧克力甜點奶油霜。如果你的小泡芙呈現完美的圓球（這很少見），它們應該從底部灌進奶油霜：把一顆小泡芙頭朝下以手拿著，並且小心不要壓到它，以擠花嘴尖端在泡芙底部戳個小洞，接著灌入巧克力甜點奶油霜。如果你的小泡芙側邊有凹槽（這是常見的狀態），從凹槽處灌入：就以擠花嘴尖端從側面戳個小洞並且灌入奶油霜。不管你用哪一種方法，把灌好奶油霜的泡芙放在烤盤紙上，接著以同樣的手法繼續把剩下的泡芙填好內餡。當你在製作焦糖時，把泡芙留在工作檯上

## THE CARAMEL 焦糖

- 1杯（200克）的砂糖
- 5大匙（100克）淡色玉米糖漿
- 2大匙的水
- ¼小匙新鮮現榨檸檬原汁

1. 準備一張不沾烤盤布，或烤盤鋪上一張Silpad或其它品牌的矽利康烘焙墊，或者一張充份塗上奶油的烤盤。同時準備好一個冰塊水浴組－找一個碗，大到足夠架在裝了冰塊和水的下層中型湯鍋上。

**2.** 將所有材料放進一只厚底中型湯鍋裡，以中火加熱到滾，邊煮邊搖晃鍋子直到砂糖融化。如果鍋壁出現砂糖結晶，以一把蘸了冷水的毛刷把它刷下來。煮到焦糖液呈現淡焦糖色就好。一旦煮出正確顏色，就把鍋子自爐上移開，並且浸入先前準備好，冰塊水浴法的湯鍋裡，好讓鍋底冷卻降溫十秒鐘。

**3.** 一次一個，把泡芙的頂端浸入焦糖液裡，取出後以焦糖面朝下的方式置於烤盤上。最好的方法是以手指輕握住泡芙的方式來蘸焦糖，要留意不要去擠它們；特別要小心不要讓焦糖碰到你的手指－煮好的糖非常非常的燙。

**4.** 當所有的泡芙都蘸好焦糖，而且焦糖已經變硬－它們會幾乎立刻就變硬－把裝了泡芙的烤盤放在工作檯上。檢查鍋裡的焦糖是否仍是液狀且會輕微流動的狀態，如果不是，把它稍微加熱。一樣地，再次以一次一個泡芙的方式，把每只泡芙的底部蘸了焦糖，再很快地把它"黏"在泡芙圓餅的邊緣。（如果你從泡芙的側邊填進奶油霜，記得要讓側邊朝向裡面）繼續相同的動作直到整個圓餅上繞了一圈的泡芙。


## TO FINISH 最後裝飾

- **打發的巧克力鮮奶油**（第223頁）
- **巧克力捲片**（第258頁）（可省略）

**1.** 瀝乾西洋梨，去除瀝下的汁液，置於數層廚房紙巾間輕拭拍乾，置旁備用。

**2.** 擠花袋裝上¾吋（2公分）的星形擠花嘴，並且填入打發巧克力鮮奶油。從中心開始以螺旋狀向外擠出，把底層填滿打發巧克力鮮奶油。把切半的西洋梨以繞圓方式蓋在鮮奶油上，尖端朝向蛋糕的中央。如果最中央還有空隙，以一個西洋梨把它填滿。外圍留下2吋（5公分）的西洋梨露出來當作邊，在西洋梨上以同心圓方式擠出一朵一朵的鮮奶油花，最中央以一朵大鮮奶油花收尾。如果你有準備，在鮮奶油花上以巧克力捲片作裝飾。這個聖多諾黑蛋糕現在可以立即享用，或者冰個幾小時再上桌。

可供10人份享用

**KEEPING 保存**：西洋梨、酥皮底盤、奶油泡芙和巧克力甜點奶油霜可以事先做好，一旦這個蛋糕組合起來，應該立刻享用。雖然你可以把蛋糕保存在冰箱冷藏數小時－最多6小時－它應該在完成當天享用完畢。

# CINNAMON
# SAVARIN
# AU RHUM

## 蘭姆酒浸肉桂莎瓦蘭

雖然「蘭姆酒莎瓦蘭」這名字聽起來比較像個性感舞蹈而不是甜點，偏向南美洲更甚於歐洲，非常異想天開而不那麼世俗，它是一個讓法國人把超過兩百年的自制力丟到風裡的蛋糕。莎瓦蘭和她的近親－巴巴（baba），都是心懷不滿的波蘭王斯坦尼斯所發明的。因為當地的甜點咕咕霍夫（kugelhopf）無法討得這位被放逐到法國洛林國王的歡心。那是一種高高的，綴滿葡萄乾和堅果的酵母發酵蛋糕，受到阿爾薩斯－洛林和其它地方人們所熱愛。但這位國王覺得這種蛋糕太乾了，為了滿足他對甜食的渴望，想出這個點子：在咕咕霍夫上淋上滿滿的，到達飽和狀態的蘭姆酒糖漿－也就是名字「蘭姆酒裡的 au ruhm」的意思。名為莎瓦蘭榮耀了美食和廚藝哲學家布里亞-莎瓦蘭（Brillat-Savarin），而巴巴則源自這位國王對一千零一夜神話故事的喜好，蛋糕以他的偶像阿里巴巴（Ali Baba）來命名。

巴巴和莎瓦蘭的不同經常令人混淆：最主要的差異就在於烤模的形狀。烤模長的像個拉丁鼓（又稱天巴鼓timbales）或小果汁杯的叫做巴巴模，圓環狀的叫莎瓦蘭模。你可以使用這個麵團來做巴巴，一如 Pierre 皮耶所建議，或者你可以用它來做小型開口式的巴巴。甚至兩樣都做：你可以做一個小的莎瓦蘭和數個巴巴－只要你留意烤焙時間就好。

在這個不凡的食譜裡，莎瓦蘭是浸泡過的－淋上超過所能想像的量－以柳橙皮屑和肉桂棒增添風味的傳統蘭姆糖漿。食用時再佐以打發的巧克力鮮奶油－大量的打發巧克力鮮奶油。

■ 為了讓莎瓦蘭儘可能吸收最多的糖漿－它，說穿了其實是一個海綿蛋糕，我喜歡放在工作檯上 1～2 天。經過靜置，莎瓦蘭變得不那麼新鮮，較為乾燥，正好適合拿來浸泡。 ■ PH

# THE CAKE 蛋糕體

- 1⅓杯（180克）中筋麵粉
- ½盎司（15克）新鮮酵母，弄碎備用
- 從1條飽滿潤澤的香草豆莢裡刮出來的香草籽（第279頁）
- 從½顆檸檬上刮下來的檸檬皮屑
- 1小搓鹽
- 6枚大顆雞蛋，室溫
- 1大匙蜂蜜
- 5大匙（2½盎司：70克）的無鹽奶油，室溫

1. 把麵粉、酵母、香草籽、檸檬皮屑和鹽放在一只裝了槳狀攪拌棒的攪拌缸裡，以低速攪拌半分鐘，到剛好把所有材料混合在一起就好。加入3枚雞蛋到麵團中，倒入蜂蜜，以中速攪打約3~4分鐘，直到麵團有彈性－你會看到成絲狀的麵團拉扯沾黏在缸壁上。續加入2枚雞蛋並且打到麵團光滑，費時約3~4分鐘。把剩下的最後1枚雞蛋加進去，繼續以中速攪打，打上整整10分鐘－在這段攪打的時間裡你不只是在攪拌麵團，也是在揉麵，促使麵團產生筋性，好賦予莎瓦蘭特有的質地。機器仍在運轉下，把奶油以每次1大匙的大小分次加進去。麵團可能比皮力歐許麵團還來得具流動狀，很類似皮力歐許麵團，這是正確的。繼續打到麵團完全平滑，質地均勻－它會呈現漂亮的光滑狀－就可以把攪拌缸取下，並且用一把橡皮刮刀把缸邊的麵團刮乾淨。

2. 用保鮮膜把攪拌缸包好，放在一個乾燥的地方，讓麵團發酵30分鐘。它會發成原本體積的2倍大－也有可能不會很顯著地發起來－這也沒關係。

3. 麵團在發酵的同時，替一只直徑10¼吋（26公分），至少2½吋（6公分）高的圈模（偏低的中空圓模）均勻地塗上奶油。（如果你的圈模比較小或比較淺，你可能必須用少一點的麵團，並且縮短烘焙時間，在這樣的情況下可以做出一個小的沙瓦蘭和一些巴巴。）

4. 在麵團靜置發酵的後期，把麵團撥進塗了奶油的烤模裡－它應該填滿烤模一半的高度。用保鮮膜把烤模包覆起來，在室溫下繼續發酵，直到麵團填滿烤模的¾高，需時約20~30分鐘（可能慢一點或快一點，取決於你家室內溫度的高低）。

5. 莎瓦蘭的最後發酵期間，在烤箱的中層放上一張網架，並且預熱烤箱到華氏400度（攝氏200度）。

6. 將莎瓦蘭模放在一張烤盤上，並且將此烤盤送入烤箱。烘焙莎瓦蘭18~22分鐘或者直到它膨起，並且呈深的金黃色。（烘焙了12分鐘左右，或者如果它看起來上色太快，以一張鋁箔紙輕輕覆蓋其上。）立刻將莎瓦蘭脫模並移到冷卻架上（你可能需要使用一把不利的刀子，從蛋糕和圈模邊緣輕輕劃過，好讓它脫模），冷卻到室溫。（莎瓦蘭可以在不覆蓋下，室溫保存長達二天或者密封包好冷凍長達一個月。要使用前包著解凍。）

## TO FINISH 最後裝飾

- 1½杯（375克）水
- ¾杯（150克）砂糖
- 1½根的肉桂棒
- ¼顆柳橙上刮下來的皮屑（以專用的蔬果刮皮器取下）
- ¼杯（65克）深色蘭姆酒（dark rum）
- ½杯（175克）杏桃果醬
- 打發的巧克力鮮奶油（223頁）
- 裝飾用的新鮮莓果（可省略）

1. 將水、砂糖、肉桂和柳橙皮屑以一只中型湯鍋煮滾。將鍋子自爐上移開，倒入蘭姆酒，讓此糖漿冷卻約10分鐘（摸起來仍是微溫的）。

2. 將莎瓦蘭移到一個有邊的蛋糕盤上，並且使用一把小刀在整個莎瓦蘭的頂部深深地刺好幾下。用舀的或刷的把糖漿淋或刷在蛋糕上。大方一點－並且要有點耐心。你想要這個蛋糕完全地浸以糖漿，這需要點時間。當這蛋糕已恰當浸潤過後，它會變得非常地溼潤，這正是波蘭王－斯坦尼斯·瓦夫想要的模樣。

3. 將加了幾滴水的杏桃果醬，以一只小型湯鍋或者裝在大碗裡以微波爐加熱到滾。煮好的果醬以網篩過濾後，在蛋糕的表面和側邊刷上滿滿的果醬。

4. 盛盤時，在莎瓦蘭的中央填滿打發的巧克力鮮奶油，並且，如果你有準備，以莓果裝飾在巧克力鮮奶油上。

KEEPING 保存：莎瓦蘭在浸泡前可以冷凍長達一個月。浸泡後你甚至可以再冷凍它一個月。然而，一旦塗上了果醬亮膠，就是盛盤上桌的時候。

**這** 個蛋糕的命名並非因為超音速客機協
和號,而是巴黎的協和廣場(Place
de la Concorde),和這蛋糕最具關聯的是巴黎著名糕點主廚卡斯東・雷諾特(Gaston
Lenôtre),Pierre 皮耶拜其門下學藝完成他的學徒生涯。這或許是雷諾特最早期的作品,
肯定是他最受喜愛的蛋糕之一:超過三十五年來,它始終是一款最暢銷的蛋糕。基於一
個好理由-它是巧克力口味,而且非常簡單(組成元素只有三樣),滋味豐富(又起來的
每一口既酥脆又柔滑),並且,當然地,很美味。這個蛋糕以三層巧克力瑪琳(chocolate
meringue)構成,每一層夾著巧克力慕斯。當你在擠出瑪琳蛋白霜圓餅時,你也同時擠出
一排排構成蛋糕裝飾的條狀瑪琳。壓在蛋糕側邊和頂部,這些以可可上色的小圓棍,以一
種非凡的形狀和尺寸,創造出一種崎嶇、引人入勝的顛覆造型,和顯著的酥脆口感。

■ 巧克力瑪琳天生就很硬,所以最好(也較方便)是把蛋糕組合起來後放冷
凍,之後再解凍它。凍過再解凍會讓瑪琳產生軟化的效果。 ■ PH

## THE MERINGUE 瑪琳

- 1杯(100克)白糖粉
- 3大匙荷式處理可可粉,偏好法芙娜(Valrhona)
- 4枚大顆雞蛋的蛋白,室溫(請參考步驟3)
- ½杯(100克)砂糖

1. 用兩張網架將烤箱均分成上中下三層,並且預熱烤箱到華氏250度(攝氏120度)。兩
張大烤盤舖上烤盤紙。在其中一個烤盤的烤盤紙上用鉛筆畫出兩個直徑8½英吋(約
22公分)的圓圈,另一個烤盤的烤盤紙上也用鉛筆畫出一個直徑8½英吋(約22公分)
的圓圈,把烤盤紙翻面(如果翻面後看不清楚圓圈的位置,把烤盤紙翻過來再描繪加
深一點)。大型擠花袋裝上直徑½吋(1.5公分)的圓孔擠花嘴,另一只小一點的擠花

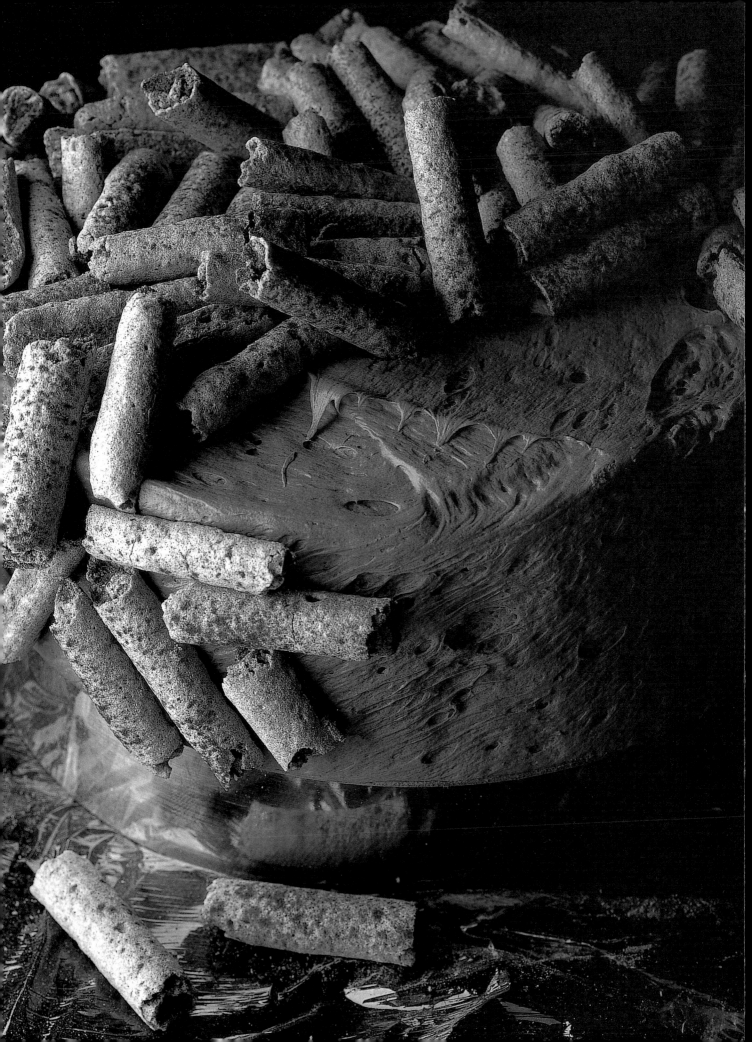

袋裝上直徑¼吋（7公厘）擠花嘴。（如果你只有一個擠花袋，用它來裝½吋（1.5公分）的擠花嘴，以束口袋zipper-lock來取代比較小的擠花袋。塑膠袋裝了瑪琳蛋白霜後，拉起束口，剪掉一角－用在這份食譜裡完全沒問題。）

2.  把糖粉和可可粉在一起過篩，置旁備用。

3.  要打出最大體積（最多量）的蛋白霜，蛋白必須是室溫下的蛋白。讓蛋白快速回到室溫的方法是，把它們放在一只適用於微波爐的碗裡，將碗放進微波爐裡以最低火力，加熱蛋白約10秒鐘。把蛋白攪一攪後以5秒鐘一次的方式加熱個幾次，直到蛋白約為華氏75度（攝氏25度）。如果溫度比這個略高些，也沒關係。

4.  把蛋白放在一個乾淨且乾燥的缽盆裡，用乾淨且乾燥的網狀攪拌棒，以高速打到蛋白呈不透明並且呈濕性發泡soft peak*。繼續以高速攪打的同時加入一半的砂糖，繼續打到蛋白霜出現光澤並且呈乾性發泡firm peak*。攪拌機轉成中低速並且逐漸加入剩下的砂糖。

5.  把攪拌缸自攪拌機上取下後，以一把大的橡皮刮刀輕柔的把過篩好的白糖粉和可可粉拌入蛋白霜裡。動作要快而輕柔，如果你打好的漂亮且充滿空氣的蛋白霜略微消泡，不要感到沮喪－這是必然的現象。

6.  把⅔的蛋白霜麵糊舀入一只大型的擠花袋裡，從烤盤紙上畫好的圓圈中央開始擠。以螺旋狀從中間往外擠，一直擠到碰到圓圈的內緣，試著讓每一圈都和上一圈連在一起。輕輕的以一致的力道擠－試著維持圓餅薄一點－它們的高度不應該超過⅓吋（約1公分）。以同樣的方式重覆擠出其它的圓餅。把剩下的麵糊裝入小的擠花袋裡（或者塑膠袋裡），在同一個擠好圓餅的烤盤上，盡可能擠出最多的長條狀蛋白霜。（你會用到這些條狀瑪琳來裝飾蛋糕的側邊和頂部。）

7.  如果圓餅中間有任何空隙或不平均的地方，你可以用一把金屬抹刀在圓餅的表面以輕而快的手勢來抹平修正它。把烤盤放入烤箱，烤箱門用一根木匙卡住使之微開，烤1.5~2小時，在整個烤焙過程裡把烤盤前後、上下對調2~3次。瑪琳應該烤到定型但沒上色。關掉電源，烤箱門關著，讓瑪琳繼續再乾燥2小時，或者最多可到隔夜之久。

8.  把瑪琳、烤焙紙等全部自烤箱裡取出移到冷卻架上，放涼到室溫。用一把細薄的金屬抹刀從瑪琳的底部鏟過，讓瑪琳自烤焙紙上鬆脫開來。（瑪琳可在一星期前事先做好，存放在陰涼乾燥處，例如：一只密封的盒子裡。）

*譯註：濕性發泡 soft peak，舉起攪拌棒，附著在攪拌棒上的蛋白霜尖端呈略下垂的打發狀態。乾性發泡 firm peak，舉起攪拌棒，附著在攪拌棒上的蛋白霜尖端呈堅挺不下垂的打發狀態。

## THE MOUSSE 慕斯

- 8¾盎司（250克）苦甜巧克力，偏好法芙娜的瓜納拉（Valrhona Guanaja），切到細碎
- 2條外加1½大匙（8¾盎司；250克）的無鹽奶油，室溫
- 6枚大顆雞蛋的蛋白，室溫
- 1大匙的砂糖
- 3枚大顆雞蛋的蛋黃，室溫，以叉子輕輕打散

1. 隔著微滾的熱水－內鍋鍋底不碰到水，或者用微波爐，加熱融化巧克力，然後讓它冷卻到摸起來溫溫的程度，如果用立即感應式溫度計測量會是華氏114度（攝氏45度）。（很重要的是加到奶油裡的巧克力不可以過熱－如果熱到把奶油融化，會讓慕斯變得厚重不輕盈。）

2. 使用裝了網狀攪拌器的攪拌機（也可以用手持電動打蛋器）將奶油打到非常光滑。將冷卻了的巧克力分三次加進來，打到充份混合均勻。把打好的巧克力糊刮到一只大碗裡，並且將攪拌機和攪拌器澈底洗淨擦乾。

3. 把洗好擦乾的攪拌缸裝上網狀的攪拌棒，以高速打發蛋白到溼性發泡＊。攪拌機維持在高速下，加入砂糖繼續打到蛋白呈硬性而有光澤的乾性發泡＊狀態。繼續攪打，倒入蛋黃再打30秒。蛋白霜會被蛋黃稀釋變薄，那是正常的。

4. 以一把大而有彈性的橡皮刮刀，將¼的蛋糊拌入巧克力糊裡，將之稀釋。接著輕輕拌入剩下的蛋糊。這個慕斯，或許比較會讓你聯想到輕微打發過的奶油霜（butter cream），而非傳統的慕斯，在此時已經完成可以使用了－並且應該趕快用掉。

## TO ASSEMBLE 組合

1. 將一只厚紙板蛋糕圓盤修剪成和瑪琳蛋白圓餅一樣的尺寸。在中央舀上一匙巧克力慕斯，並且用這慕斯把一個瑪琳圓餅黏在厚紙板蛋糕盤上（把圓餅平滑的底面作為頂面）。以略少於一半的慕斯覆蓋住圓餅，並用一把裝飾用抹刀把表面抹平。覆蓋上另一張圓餅於慕斯上，輕輕搖晃這圓餅好讓它在慕斯上平穩地固定住。以剩下略多於一半的慕斯覆蓋在圓餅上，再一次把表面抹平。把最後一片圓餅翻過來，平坦面朝上，

輕搖使它固定進慕斯裡。把這蛋糕的頂部和側邊以剩下的慕斯覆蓋薄薄一層"面膜masking"後,將蛋糕送進冰箱冷凍室。應該冷凍約2小時好讓慕斯定型,並且準備好接受下個步驟裡的熱氣洗禮。

2. 使用一把鋸齒刀以鋸的方式,把瑪琳長條切成約½吋(1.5公分)小圓棍狀。不要擔心這些瑪琳小圓棍有點破碎或不一樣長短－這是一定會發生而且無妨的。即使有一些碎屑在這個蛋糕上也沒關係。把蛋糕從冷凍庫裡拿出來,並且使用一把吹風機,加熱蛋糕的側邊和表面,好軟化慕斯,一點點就好－不要過頭。把瑪琳小圓棍用輕壓的方式擺放在蛋糕的側邊和表面,隨意擺上或排成你喜歡的樣式都可以。你現在就可以讓這蛋糕上桌了,但如果你把它冷凍過,瑪琳的部份會更柔軟,做法是把蛋糕確實包好,再放進冷凍室冰個至少一天。

可供6~8人享用

**KEEPING 保存**:瑪琳圓餅和瑪琳小圓棍可以在一週前先做好,並且裝在密閉盒子裡室溫下保存即可,但慕斯一做好就要立刻使用。蛋糕一組合完成,要覆蓋(或包裝)好,避開帶有強烈氣味的食物,冰箱冷藏保存最多三天,或者冷凍保存,那就要密實包好,可存放一個月之久。解凍的方法是在仍然完好包裝的狀態下,冷藏隔夜解凍。

# CRIOLLO

## 克里奧羅

**任**何略懂西班牙文的人，就會把criollo這個字，想成用來描述西班裔的家庭料理。沒錯，當你細看這個大獲全勝蛋糕的組合元素，的確帶有嫵媚南方邊界的主題。這個創作的主要風味，是帶有熱帶風的－椰子、香蕉和巧克力－但又被賦予了一些些法國風情。椰子那一層是達克瓦茲（dacquoise），一種瑪琳圓餅。內餡是巧克力慕斯，但它與眾不同且帶點辛辣，因為含有一點檸檬皮屑和新鮮的薑片。填在蛋糕裡和表面裝飾的是它的熱帶尾韻：覆以焦糖的香蕉。

但是Criollo這個字還有另一層意思，靠近中南美州，而且緊緊牽動糕點師傅的心：Criollo是最罕見，最難以栽種的一種可可豆。克里奧羅豆，散見於委內瑞拉、墨西哥、尼加拉瓜、瓜地馬拉、哥倫比亞、千里達、格拉納達和牙買加等地，可以製作出複雜微妙風味的優質巧克力。

■ 在煮焦糖香蕉時要確實使用大火。對火膽怯，你會冒著煮出香蕉泥的風險。 ■ PH

### THE BANANAS 香蕉

- 2根中等大小的香蕉
- 1½小匙新鮮現榨檸檬原汁
- 1½大匙（¾盎司；20克）無鹽奶油
- 2½大匙淡色黃砂糖（light brown sugar）

1. 香蕉剝皮後略斜切成½吋（1.5公分）厚的薄片。拌以檸檬汁後置旁備用。

2. 在一只中等大小的煎鍋裡（最好是不沾鍋）以大火融化奶油，當奶油開始冒泡時，拌入砂糖。接著拌入香蕉，邊煮邊攪拌，同時留意不要拌成糊狀，直到香蕉片呈金黃色並覆滿焦糖。將鍋子自爐上移開，把香蕉倒在一只盤子上，製作慕斯的同時，讓香蕉放涼。

## THE MOUSSE 慕斯

- 2枚大顆雞蛋
- 1枚大顆雞蛋的蛋白
- ⅓杯（70克）砂糖
- 2大匙水
- 1杯（250克）冰涼的高脂鮮奶油
- 6盎司（170克）苦甜巧克力，偏好法芙娜的孟加里（Valrhona Manjari），切到細碎
- 從1顆檸檬上刮下來的檸檬皮屑
- ¼小匙薑末，去皮後磨到細碎

1. 將雞蛋和蛋白放進裝了網狀攪拌棒的攪拌缸裡。以低速打個幾秒鐘，打到雞蛋和蛋白混合就好。

2. 將砂糖和水放進一只厚底小湯鍋裡開中火，邊煮邊轉動鍋子好讓砂糖維持溼潤，直到砂糖融化。（如果鍋邊沾有砂糖，以一把蘸了冷水的毛刷把糖刷下來。）待糖融化後，停止轉動鍋子，把火開大，煮滾，繼續煮－不攪拌－煮到以煮糖專用溫度計或立即感應式溫度計測量時，達到華氏257度（攝氏125度）。立刻將鍋子自爐上移開。

3. 攪拌機開最低速，再次將蛋液攪打個幾秒鐘，接著將步驟2煮好的糖漿，以非常慢、少許、穩定的流量倒進來。為了避免噴濺，試著從鍋子的邊邊把糖漿倒進來，而不要倒進正在打轉的漩渦裡。（難免還是會有一些糖漿濺上來，但是不要試圖把硬化了、黏在鍋子邊邊的糖漿刮下來，刮進蛋糊裡會產生結塊。）將攪拌機轉到高速再打個5分鐘，打到蛋糊降到室溫，顏色轉白，體積增大一倍。打蛋糊的同時，準備鮮奶油和巧克力。

4. 把鮮奶油打到五分發（medium peaks微微下垂）*後，將它留在工作檯上，接著去準備巧克力。

5. 將裝在碗裡的巧克力隔著－碗底不碰到水－微滾的熱水，或者用微波爐，加熱融化巧克力。將融化的巧克力自爐上移開，必要時，把它倒進一只裝得下所有製作慕斯材料

*譯註：五分發（medium peaks 微微下垂）已經不具流性，但還不到很硬的發泡或堅挺的程度。

的大碗裡。拌入檸檬皮碎屑和薑末後，讓它冷卻到摸起來溫溫的，以立即感應式溫度計測量，約在華氏114度（攝氏45度）。

6. 使用一把大的橡皮刮刀，先將約¼的打發鮮奶油拌入巧克力糊裡。再把剩下的打發鮮奶油拌進來。接著以非常輕柔的手勢拌入打好的蛋糊。（這個慕斯最好現在立刻使用，但是必要時你可以把它蓋好蓋子，放進冰箱冷藏室，最多可以保存到隔夜那麼久。）

## TO ASSEMBLE 組合

- **2個直徑9吋（24公分）椰子達克瓦茲圓餅（231頁）**

1. 把兩片達克瓦茲圓餅，裁成可以放進直徑8¾吋（22公分）的蛋糕圈模裡。最簡單的方法是把蛋糕圈模放在圓餅上，使用一把小刀，小心地延著圈模邊緣裁切，好把多餘的達克瓦茲圓餅切掉。或者你可以用蛋糕圈模在達克瓦茲圓餅上做記號，再以一把鋸齒刀，以輕輕鋸的方式去掉多餘的圓餅。如果圓餅碎了也不要慌張－你可以把碎塊塞進圈模裡，並且用慕斯把它們"黏"在一起。這並不是悲劇。

2. 把蛋糕圈模放在一張厚紙板蛋糕圓盤上，並且把一片達克瓦茲圓餅放進圈模裡。覆以約⅓的慕斯在圓餅上，以裝飾抹刀把慕斯表面抹平。把焦糖香蕉過濾多餘液體拍乾後，覆蓋住慕斯，把它們推開好確定這蛋糕的每個部份都有一些焦糖香蕉。將剩下慕斯的一半蓋在香蕉上，再一次以抹刀把表面抹平；蓋上第二片達克瓦茲圓餅，表面弄平整。把剩餘的慕斯平均地抹在這圓餅上。

3. 如果你在完成當天就要享用，把蛋糕（仍在圈模裡且在蛋糕盤上）送進冰箱冷藏到定型，至少3小時。（蛋糕可以在冰箱冷藏保存約12小時；在定型後要把它包好。）如果你沒有要在完成當天享用，放進冰箱冷凍室，等到它變硬，密封包起來。（蛋糕可以完成到這階段，冷凍起來長達一個月。享用前以冷藏隔夜解凍。）

## TO FINISH 完成

- **½根香蕉，去皮後斜切成¼吋（7公厘）厚的片狀**
- **些許新鮮現榨檸檬汁**
- **1大匙（½盎司；15克）無鹽奶油**

- 1 大匙黃砂糖 (brown sugar)
- 無糖乾燥椰子絲（必要時可輕微略烤過）
- 略加熱到溫溫的蘋果或榅桲果醬

1. 切好的香蕉片以檸檬汁輕拌，這會用在裝飾蛋糕表面。以一只煎鍋開大火融化奶油，接著加入砂糖。當它開始泡冒噗嚕噗嚕時，加入香蕉，邊煮邊攪拌好讓香蕉焦糖化。把鍋子自爐上移開，把香蕉移到一只盤子上，讓它冷卻到室溫。待涼後，將之擦乾。

2. 使用一把吹風機，吹熱蛋糕圈模的外圍後自蛋糕上取下（273頁）。趁你已經拿出吹風機，將蛋糕邊緣也略加吹熱，好讓慕斯稍微軟化。把椰子絲按壓到蛋糕的側邊，再把煮過焦糖的香蕉加在蛋糕的上面，可以讓香蕉片彼此重疊，看起來像是半圓形。在香蕉片的表面刷上薄薄一層果醬。如果你還不打算立刻享用，把它放回冰箱冷藏直到要吃的時候；這個蛋糕應該要冰涼的享用。

可供 8～10 人享用

**KEEPING** 保存：裝飾好的蛋糕，可保存在冰箱的冷藏室（要避開強烈氣味）一天。擺上香蕉裝飾前，可在冷凍庫裡保存一個月。冷藏隔夜解凍。

# CHOCOLATE
# AND HAZELNUT
# DACQUOISE
## 榛果巧克力達克瓦茲

**達**克瓦茲－這名字同時代表著一種甜點，以及夾入了內餡的一種甜點圓餅－它是種可以在全法國糕餅舖找到的美味。傳統上，圓餅有著杏仁味－介於帶著核果碎粒的瑪琳和蛋糕之間－並且填入了榛果味的奶油霜。真的，這樣的原始版本至今仍受歡迎－也當之無愧。但是這樣的構成元素－酥脆的達克瓦茲夾層，和奶滑的內餡，鼓勵著我們革新。要找到以核桃或開心果做成的達克瓦茲在今日並不算特別，或者，如同 Pierre 皮耶已經在半凍冰糕 semifreddo（186頁）和克里奧羅 Criollo，他的熱帶巧克力和香蕉糕點（34頁）裡，用了椰子。在這個蛋糕裡，皮耶選擇保留傳統。達克瓦茲以杏仁粉調味，但是同時又含有等量的榛果粉，並且表層再加上略切、烘烤過的金黃褐色榛果粒。關於內餡－它正是，如同它該有的，濃郁、光滑和非常柔順，但它並非奶油霜（buttercream）。真的，皮耶用的是苦甜巧克力甘那許。最終的成品，皮耶的達克瓦茲不太像是革新，反而更像是創造出一款新的經典。

■　這個達克瓦茲夾層也可以作為其它蛋糕使用。例如：可以用來在協和 Concrde（29頁）裡取代巧克力瑪琳圓餅－用來搭配協和的慕斯棒極了－取代半凍冰糕 semifreddo（186頁）裡的椰子圓餅，作為變化也很棒。　■　PH

## THE DACQUOISE 達克瓦茲

- ⅓杯（40克）細磨的杏仁粉（265頁），或去皮杏仁
- ½杯（1½盎司；50克）細磨榛果粉（265頁），或烤過的去皮榛果（273頁）
- ¾杯（150克）砂糖

- 5枚大顆雞蛋的蛋白，室溫
- ⅔杯（1¾盎司；80克）烤過的去皮榛果（273頁），切成兩半
- 在表面裝飾用的糖粉

1. 烤盤鋪上一張烤盤紙。以鉛筆在烤盤紙上畫出兩個直徑9吋（22公分）的圓形。將烤盤紙翻面；如果你從翻過來的這面看不清圓形的輪廓，就再加深它。把這鋪有烤盤紙的烤盤暫時置旁備用。中型擠花袋裝入直徑½吋（1.5公分）的圓孔擠花嘴。

2. 如果你用的不是杏仁和榛果粉，把去皮的杏仁和榛果（不是切半的那些）和¼杯（50克）的砂糖放進裝了金屬刀片的食物調理機，並且儘可能打成最細的粉末，至少3分鐘。每隔1分鐘就停機檢查一下，並且把盆邊附著的刮下來。磨好後以一把木匙把這粉末以壓的方式，通過中型網篩過篩。如果你用的是杏仁粉和榛果粉，那只要把它們和¼杯（50克）砂糖一起過篩後備用。

3. 把蛋白放在一個乾淨且乾燥的攪拌缸裡，以網狀攪拌棒打到蛋白呈不透明狀就好，逐漸加入剩下的½杯（100克）砂糖，繼續打到蛋白霜變堅挺並帶有光澤的乾性發泡（firm peak）*。把攪拌缸自攪拌機上取下，改用一把有彈性的橡皮刮刀把步驟2裡的混合好的堅果粉和砂糖拌入蛋白霜裡。

4. 舀一半的蛋白霜到擠花袋裡，在烤盤的四個角落各擠一點蛋白霜，好把烤盤紙和烤盤"黏"住。從畫好的圓形的中央開始擠上蛋白霜，以螺旋狀的方式向外擠到距離描好的邊緣約½吋（1.5公分）的距離，試著讓一圈圈纏繞的麵糊彼此相連接；以輕而連續的施壓方式擠出。再度填充蛋白霜並且擠出第二個圓餅。（任何剩下來的蛋白霜可以烤成小鈕扣－它們可是棒極了的餅乾。）如果你看到圓餅有任何空隙或不平均的地方，以一把金屬抹刀用輕而快的手法，一下、一下、飛快的把它們抹平。把烤過的榛果粒平均的撒在兩個圓餅上，輕輕地把它們往下壓，接著在表面輕篩糖粉。讓這些圓餅在工作檯面上靜置10分鐘，再次輕篩糖粉後，再次靜置10分鐘。

5. 圓餅在靜置的同時，在烤箱中層放一張網架並且預熱烤箱到華氏325度（攝氏165度）。

*譯註：乾性發泡 firm peak，舉起攪拌棒，附著在攪拌棒上的蛋白霜尖端呈堅挺不下垂的打發狀態。

**6.** 將烤盤送進烤箱，烤焙圓餅25~30分鐘，或直到它們轉金黃褐色，摸起來感覺是緊實的。把烤盤移到一張冷卻架上，讓圓餅冷卻到室溫。(烤好的圓餅可以密封包好，室溫下保存最多兩天或者冷凍保存一個月。)

## TO FINISH 完成

- 2½～3杯(大約食譜份量的1½份；825克)苦甜巧克力奶油霜甘那許(第215頁)，已經可使用
- 撒在表面裝飾用的糖粉

**1.** 將甘那許舀入一只裝了直徑½~¾吋(1.5~2公分)圓孔擠花嘴的擠花袋裡。把一片達克瓦茲圓餅以堅果面朝上的方向，擺在一張厚紙板蛋糕圓盤上(以些許甘那許將達克瓦茲"黏"在圓盤上)並且延著達克瓦茲圓餅的邊緣，擠滿大球狀(每球直徑約2吋/5公分)的甘那許。在圓盤的中央擠上剩下的甘那許，並且蓋上第二片圓餅，堅果面朝上，輕輕搖晃圓餅好讓它就定位。把達克瓦茲放進冰箱冷藏，遠離帶有強烈氣味的食物，冰涼到甘那許定型，大約一小時－雖然冰久一點是個好點子，因為這蛋糕冰涼的吃最棒。

**2.** 端上桌前，在達克瓦茲的表面輕篩糖粉。

可供8人享用

**KEEPING 保存：**完成的達克瓦茲－除了最後篩上糖粉的步驟－可以存放在冰箱冷藏隔夜，或者密封包好冷凍保存一個月。解凍的方法是，將密封包好的達克瓦茲在不拆掉包裝下，放在冰箱冷藏室裡隔夜解凍。

# WHITE CHOCOLATE AND RHUBARB CHARLOTTE

## 白巧克力大黃夏露蕾特

雖然它命名爲夏露蕾特，這個蛋糕並不能簡單地歸於任何類別。它是一個慕斯蛋糕，但又不完全是；它的確也算是一款夏露蕾特，卻也不完全像。從某些方面來說，它會讓人想起美式有夾層的海棉蛋糕（可算酥餅shortcake的演化版），或者那種老式，這年頭已經不常見的甜點，夏露蕾特羅洛塞（Charlotte Russe），一種以手指餅乾夾著打發鮮奶油堆砌而成，曾經以厚紙板圓筒裝的包裝呈現，你得從底部把它往上堆，好讓奶油霜甜點從頂層露出來。先記著有這兩種甜點的存在，再想像一個蛋糕，由層層萊姆浸潤過的手指餅乾圓餅、糖煮大黃和白巧克力奶鮮油所組成。現在，是這個蛋糕最像夏露蕾特羅塞的部份，想像它以一球球的打發鮮奶油、白色巧克力捲片，和一些紅色的莓果做最後裝飾。這是一個可以自行決定加或不加的最後裝飾－蛋糕本身已經光采耀眼－但再多這額外的步驟，你會做出一個超迷人的蛋糕。

白巧克力注意事項：它是一個很難搞的材料。白巧克力非常的甜，所以在沒有技巧的使用下，甜度可以是壓倒性的強勢，因而有可能把一個美好的甜點，變得完全不可愛。

■　在這個蛋糕裡，白巧克力扮演了三個重要的角色：它提供了質地，增添了風味，以及夏露蕾特夾餡鮮奶油的甜度。　■　PH

## THE LADYFINGER DISKS 手指餅乾圓餅

- **手指餅乾麵糊**（226頁）

做這道甜點你需要二個直徑8¾吋（22公分）的手指餅乾圓餅。照著食譜的說明，擠出圓餅在一張舖了烤盤紙的烤盤上，烤焙後放到涼。（這些圓餅可以事先做好，密封包好，室溫下保存二天或冷凍保存一個月。）

## THE RHUBARB 大黃

- 1½磅（680克）大黃，修剪去皮後切成¼吋（7公分）的方塊（你應該會有大約1磅／450克的切塊大黃）
- 3大匙新鮮現榨檸檬原汁
- ¼杯（50克）砂糖
- 3大匙冷水
- 2½小匙吉利丁粉（或者3克吉利丁片）

1. 用一只厚底中型湯鍋開中火把大黃、檸檬汁和砂糖拌在一起。煮滾，再繼續煮，不時地加以攪拌，直到大黃軟化，大部份的液體蒸發掉，費時約7~10分鐘；這糖煮大黃會看起來像是稀稀的蘋果醬。自爐上移開。

2. 在煮大黃的同時，準備吉利丁。把冷水倒進一只微波爐適用的碗裡，並且把吉利丁粉撒在水的表面。待吉利丁軟化且變成海綿狀，放進微波爐裡加熱約15秒，直到它溶解。或者用一只小湯鍋，以小火把它加熱到溶解。把吉利丁加進糖煮大黃裡。

3. 將一張烤盤舖上烤盤紙，把一個直徑8¾吋（22公分）的蛋糕圈模，或派圈模放在烤盤上。把糖煮大黃倒進圈模裡，再把烤盤放進冰箱冷凍室使糖煮大黃凍硬，費時約2小時。（待糖煮大黃一結凍，你可以把蛋糕模或塔模拿掉。將糖煮大黃密封包好，並冷凍保存它，最多可保存二星期。當你準備好要來組合夏露蕾特時，再把糖煮大黃直接從冷凍室裡取出－不需要解凍。）

## THE WHITE CHOCOLATE CREAM 白巧克力鮮奶油

- 6½盎司（185克）白巧克力，偏好法芙娜白象牙（Valrhona Ivoire），切到細碎。
- 2⅔杯（665克）高脂鮮奶油

1. 將白巧克力裝在一只中型碗裡隔著微滾的熱水－碗底不碰到水，或者用微波爐，加熱融化巧克力。不管你使用哪一種方法，不要過度加熱巧克力：白巧克力甚至比黑巧克力更不應該過度加熱；白巧克力很容易油水分離和燒焦。融化巧克力的同時，將⅔杯（165克）的鮮奶油煮滾。

2. 當巧克力融化了，鮮奶油煮滾了，以一把打蛋器（whisk）把鮮奶油拌入巧克力中。不必擔心如果鮮奶油讓巧克力顏色變黃－這是正常的。這混合液必須冷卻到華氏75~80度間（攝氏23~27度），所以把它暫放在室溫下或者放進一只裝了冰塊和水的大碗裡。不管你用哪個方法，在它冷卻後加以攪拌並且視線不要遠離它－白巧克力比黑巧克力冷卻、變硬來得快。

3. 把剩下的2杯（500克）鮮奶油打到七分發（medium-firm微微尖挺）。待巧克力冷卻，把打發的鮮奶油拌入。這時蛋糕的夾層內餡已經完成，事實上，必須立刻使用。

## TO ASSEMBLE 組合

▪ 1個萊姆，對切成半

在一張厚紙板蛋糕圓盤上放上一個直徑8¾吋（22公分）的蛋糕圈模（cake ring），接著把一個手指餅乾圓餅放進這個圈模裡。以一些新鮮萊姆汁潤過這個圓餅，可以把萊姆汁直接擠在圓餅上，或者把萊姆汁擠在一只碗裡，再用一把糕點專用毛刷刷在圓餅上。把圈住大黃的蛋糕圈模或塔模拿掉，再把大黃放在手指餅乾圓餅上。舀上一半的白巧克力鮮奶油，以一把裝飾用抹刀把表面抹平。把第二張圓餅蓋在這個打發鮮奶油上，輕輕搖晃這圓餅好使它在慕斯般的墊底裡就定位。用一些萊姆汁潤過這個圓餅，把剩下的白巧克力鮮奶油加上去，並且把頂端抹平。打發鮮奶油應該要滿到蛋糕圈模的頂端；如果你有剩，把它舀進一個杯子裡，留下來單吃享用。把夏露蕾特冰至少4小時或者長達隔夜，確實讓它遠離帶有強烈氣味的食物。

## TO FINISH 最後裝飾

▪ 2杯（500克）高脂鮮奶油，微甜並完全打發
▪ 白巧克力捲片（258頁）
▪ 覆盆子或草莓

盛盤時，或者2小時之前，把夏露蕾特從冰箱裡取出。使用一支吹風機以幫助拿掉蛋糕圈模（273頁）。你可以不需要任何進一步的裝飾讓這甜點就這樣上桌，或者以一層薄薄的打

可供8人享用

**KEEPING** 保存：手指餅乾圓餅和糖煮大黃兩者都可以事先做好，冷凍起來直到要組合的時候。當然，糖煮大黃必須冷凍到定型，然後就像手指餅乾圓餅，可以在冷凍庫裡保存幾星期。然而，白巧克力鮮奶油和可省略的裝飾用打發鮮奶油，最好是一完成就立刻使用。一旦組合起來，夏露蕾特可以在蓋好的情況下，冰箱冷藏保存隔夜；一旦加上打發鮮奶油，它必須保持在冰涼的狀態，並且在2個小時內享用。

發鮮奶油，塗滿整個蛋糕的側邊和頂部作最後裝飾；或者以打發鮮奶油覆滿蛋糕，再點綴一些巧克力和莓果。如果你決定要進行全套裝飾，在整個蛋糕的側邊和頂端，擠滿以打發鮮奶油擠出來的奶油花，或者以橡皮刮刀甚至湯匙把打發鮮奶油抹成旋渦或不規則狀。然後，以相同的手法，把巧克力捲片撒滿整個夏露蕾特的表面和側邊，再以些許紅色莓果做最後裝飾。即便完全不裝飾，或者選用任何其中一種，或者把這些額外的裝飾手法全部用上，都可以。立刻享用，或者放冰箱冷藏保存到要享用的時刻。

**M**ille-feuille 在法文裡指的是一千層或一千片，用來比喻一個做得好的酥皮，麵團如羽毛般輕盈如有千層。Mille-feuille 也是法國糕點師傅曲目裡，最優雅的甜點之名，一款以嫵媚的三層酥皮夾著甜點奶油霜（pastry cream）。有時候（在美國比法國還多）這甜點被稱爲拿破崙（napoleon），往往裡面還夾有莓果（請看 Pierre 皮耶下面的建議），也常有著白色的霜飾，並且有時候內餡不只是打發鮮奶油而已。不論那種，眞的很少有可以比這個配方還要簡單，但卻非常非常美味的千層派了，其中層層的酥皮和內餡的奶油霜，兩者都被賦予了小小但顯著的變化：酥皮加了焦糖以致於更酥脆，更易碎，也比一般的更有風味，奶油霜則因爲加了苦甜巧克力而變得更濃郁，再以打發鮮奶油增加輕盈口感。

■ 　莓果當令盛產時，我喜歡把它們加進千層派裡。我做出一半的內餡並且巧妙地拌入，取決於當時有什麼樣的莓果可用，各種不同的莓果或者只選單一種類，要不就是草莓（小而野生的草莓－用在這裡很美妙）或者覆盆子。而且我會改變它的組成：取代三層酥皮和二層內餡，我會把單獨一層舖了莓果的奶油霜，夾在兩層上了焦糖的酥皮間。　■　PH

## THE FILLING 內餡

- 香草甜點奶油霜（219頁）
- 7盎司（200克）苦甜巧克力，偏好法芙娜的瓜納拉（Valrhona Guanaja），切到細碎
- ½杯（125克）全脂牛奶
- ¾杯（185克）高脂鮮奶油

1. 替內餡準備一個冰塊水浴法的設備：在一只大碗裡裝上水和冰塊，並且準備另一只碗，要能裝得下完成的內餡並且放得進裝了冰塊和水的大碗裡。

2. 把甜點奶油霜放進一只厚底中型湯鍋裡，以中火加熱，以一邊加熱一邊持續攪拌的方式煮滾。拌入巧克力和牛奶並且加熱到再次沸騰－這大概需要1分鐘左右。將鍋子自爐上移開並且把奶油霜刮進小碗裡。把這小碗放進裝了水和冰塊的大碗裡讓奶油霜降溫，頻繁地加以攪拌以讓它快點冷卻且冷的平均。待奶油霜降溫，把它從冰水裡取出。

3. 打發鮮奶油到五分發（medium peaks 微微下垂）*的程度。使用一把有彈性的橡皮刮刀以輕柔的手勢，輕輕地把打發的鮮奶油拌入巧克力甜點奶油霜裡。（這個內餡可以立刻使用或者以密封容器包好，冰箱冷藏最多4小時。）

## TO ASSEMBLE 組合

- **上了焦糖的原味酥皮**（248頁）
- **裝飾用無糖可可粉**

1. 酥皮以亮面朝上的方式，放在一個鋪了毛巾布的大砧板上，接著使用一把鋸齒刀以鋸的方式，或者－最好的方法是－用電動刀，把它橫向切成三等分。把一半的內餡抹在其中一塊上，蓋上第二塊，亮面朝上，輕輕搖晃這塊酥皮，好讓它固定在內餡裡。把剩下的內餡平均抹在第二塊酥皮上，接著加上第三塊酥皮，一樣是亮面朝上，再次輕輕搖晃使其就定位。

2. 此時你有兩個選擇：你可以把它當成一大塊蛋糕的型式呈現，或者你把它切成6等份。如果你決定要整塊上桌，替它撒上可可粉（參考下述步驟3）－接著我們來想想看如何在廚房裡分切它，因為酥皮破碎掉屑得很戲劇化。使用一把電動刀或者鋸齒刀，以鋸的動作來得到最俐落的分割。

3. 完成每一塊個別的蛋糕，把可可粉撒在兩個相對應的角落，留下中間一塊不撒，如此一來它美麗閃耀面貌就完成了，準備迎接讚美。

可供6人享用

KEEPING 保存：雖然，如果必須如此，內餡和上了焦糖的酥皮可以保存數小時（內餡須冷藏，酥皮在室溫下），你不應該保存千層派。這道甜點必須在享用前幾分鐘才組合完成。

*譯註：五分發（medium peaks 微微下垂）已經不具流性，但還不到很硬的發泡或堅挺的程度，攪拌器尖端的鮮奶油還呈下垂狀，也有人形容成鷹嘴狀。

# VANILLA-FILLED
# CHOCOLATE
# MILLE-FEUILLE

## 香草夾心巧克力千層派

把 這個千層派當作是巧克力夾心千層派（47頁）的負片。巧克力夾心千層派，在層層上了焦糖的原味酥皮上，抹了絲滑的巧克力甜點奶油霜。這個千層派，酥皮一樣也上了焦糖，但它是一款巧克力酥皮，而且內餡使用了相對清爽的甜點奶油霜，而且是點綴了柳橙皮屑的香草奶油霜。在此處巧克力是一種風格也是一個驚喜：巧克力口味的酥皮超出人們的預期。

### THE FILLING 內餡

- 2½杯（625克）全脂牛奶
- 1根潤澤飽滿的香草莢，縱向切開後刮下香草籽（279頁）
- 8枚大顆雞蛋的蛋黃
- ¾杯（150克）砂糖
- 6½大匙（55克）玉米粉，過篩備用
- 4½大匙（2½盎司；70克）的無鹽奶油，室溫，切成3～4塊
- ⅔杯（165克）高脂鮮奶油
- ½個柳橙刮下來的皮屑

1. 以一只小湯鍋將牛奶和香草（莢和籽）以中火煮滾，或者以微波爐加熱。蓋上蓋子，自爐上移開，讓它浸泡10分鐘。

2. 在一只大碗裡裝上水和冰塊，並且準備另一只碗，要能裝得下完成的內餡並且放得進裝了冰塊和水的大碗裡。同時再準備一只細孔的濾網備用。

3. 把蛋黃、砂糖和玉米粉裝在一只厚底中型湯鍋裡攪拌混合。一邊攪拌一邊以非常緩慢的速度把¼的熱牛奶滴進蛋黃糊裡。在持續攪拌下，把剩下的液體以固定的流速倒進去。取出並丟棄香草莢（或者保留下來另作它用－參考279頁）。

**4.** 把這鍋子放在爐上開中火，一邊加熱一邊大力不停的攪拌，直到煮滾。保持沸騰的狀態－同時起勁地攪拌－拌1~2分鐘後，將鍋子自爐上移開並且把這甜點奶油霜刮進準備好的小碗裡。把這碗放進裝了冰塊和水的大碗裡，並且不停的攪拌好讓奶油霜保持平滑，讓它冷卻到以立即感應式溫度計測出在華氏140度（攝氏60度）。把無鹽奶油分3~4次加入拌勻。讓奶油霜保留在冰塊上，不時的加以攪拌，直到完全冷卻。甜點奶油霜可以現在拿來使用，也可以包起來保存。（甜點奶油霜可以事先做好並密封好，冷藏下可以保存個二天之久。）

**5.** 將鮮奶油打到五分發（medium peaks微微下垂）＊。把磨好的柳橙皮屑撒在冷卻的甜點奶油霜上，再加上打發的鮮奶油於其上。使用一把有彈性的橡皮刮刀以輕柔的手勢，把打發鮮奶油和柳橙皮屑拌入甜點奶油霜裡。這個內餡現在就可以使用。（立即使用，或以密封容器裝著冷藏保存長達4小時。）

## TO ASSEMBLE 組合

- **上了焦糖的巧克力酥皮（250頁）**
- **裝飾用糖粉**

**1.** 酥皮以上了焦糖的那面朝上，放在一個鋪了毛巾布的大砧板上，接著使用一把鋸齒刀，以鋸的方式或者－最好的方法是－用電動刀，把它橫向切成三塊。把一半的內餡抹在其中一塊上，蓋上第二塊，亮面朝上，輕輕搖晃這塊酥皮，好讓它固定在內餡裡。把剩下的內餡平抹在第二塊酥皮上，接著加上第三塊酥皮，一樣是亮面朝上，再次輕輕搖晃使其就定位。

**2.** 此時你有兩個選擇：你可以把它當成一大塊蛋糕的型式呈現，或者你把它切成6等份。如果你決定要整塊上桌，替它撒上糖粉（參考下述步驟3）－接著我們來想想看如何在廚房裡分切它，因為酥皮破碎掉屑得很戲劇化。使用一把電動刀或者鋸齒刀，以鋸的動作來得到最俐落的分割。

**3.** 完成每一塊個別的蛋糕，把糖粉撒在長條狀酥皮的兩頭，留下中間一塊不撒。

可供6人享用

**KEEPING 保存**：如果必須如此，內餡和上了焦糖的酥皮可以保存數小時（內餡須冷藏，酥皮在室溫下），你不應該保存千層派。這道甜點必須在享用前幾分鐘才組合完成。

＊譯註：五分發（medium peaks 微微下垂）已經不具流性，但還不到很硬的發泡或堅挺的程度，攪拌器尖端的鮮奶油還呈下垂狀，也有人形容成鷹嘴狀。

## 甜美的歡愉

**這**個蛋糕的構成教人難以置信，五種不同元素，還有它們組合的方式，創始於1993年－至今它仍和當年一樣令人興奮、充滿魅力而且戲劇化的美味。第一個版本裡的元素－榛果達克瓦茲、牛奶巧克力甘那許、打發牛奶巧克力鮮奶油、薄片調溫牛奶巧克力，和一層以牛奶巧克力、果仁糖和粉碎的酥脆威化餅乾－被安排在一個塑成高高的牛奶巧克力殼裡，由藝術家－楊本諾 Yan Pennor 所設計而成，貌似一個超大的楔形蛋糕。它被稱為蛋糕上的櫻桃 Cherry on the Cake，真的，這蛋糕上被加了顆大大明亮的紅櫻桃，看起來比較像是一個小丑的鼻子，而不是水果。Pierre 皮耶為巴黎的知名食品專賣店，馥頌 Fauchon，創作出這個現代神話般的蛋糕，並且發現，在一個牛奶巧克力很少受到注目（如果他們曾經被注目過）的國家，這個蛋糕是個創舉。甚而是，它具有新聞價值：蛋糕上的櫻桃 Cherry on the Cake 被數十本雜誌報導，同時也出現在被視為新聞報的世界報（Le Monde）裡。

這個甜點（它的名字意為甜美的歡愉）是蛋糕上的櫻桃 Cherry on the Cake 的么妹，如同將雕像般的蛋糕盛盤後的版本。擁有原始蛋糕所有的組成元素，全部的風味，和它所帶來質地上的巧妙戲法－而且，最棒最棒的是，它可以在家裡做得出來。（蛋糕上的櫻桃 Cherry on the Cake 永遠不可能在家裡製作，即便要在其它專業糕點廚房裡複製，也會相當困難。）皮耶在材料表上做了更動，為了讓你不必遍尋異國食品，就可以把這道甜點複製出來。皮耶使用了他在其它甜點裡用的產品，榛果巧克力醬 Nutella（是的，就是從超市買來的榛果巧克力醬），取代榛果膏混合牛奶巧克力，一如他在馥頌 Fauchon 所做的，並且捨棄酥脆的威化餅，替換成另一個他最喜愛的超市產品：米製脆片（Rice Krispies）*。

■ 甜美的歡愉的構造和蛋糕上的櫻桃一模一樣，所以你會有和原版一樣的震憾，一樣感受質地上的戲法。真的，我所改變的只是尺寸和形狀，並且在這個版本裡多加了一點點奶油霜。最重要的是，和原版一樣，這道甜點可以取悅你所有的感官，甚至包括你的聽覺感受－因為有好多的喀嗞和碎裂聲。 ■ PH

＊譯註：Rice Krispies 是一類似玉米脆片的穀物早餐脆片的名稱，不同的是它是米做成的。可用已經爆好，還沒拌麥芽糖做成爆米花的爆米粒取代。

## THE WHIPPED CREAM 打發鮮奶油

- 10盎司（285克）牛奶巧克力，偏好法芙娜的吉瓦哈（Valrhona Jivara），切到細碎
- 1¾杯（435克）高脂鮮奶油

1. 把巧克力放進一只大到足夠用來打發鮮奶油的缽盆裡。把鮮奶油裝在一只厚底中型湯鍋裡煮到大滾。將鍋子自爐上移開，並且將鮮奶油倒在巧克力碎上。以橡皮刮刀用力攪拌，好讓巧克力和鮮奶油澈底拌勻。在鮮奶油的表面緊貼蓋上一張保鮮膜以製造出一個密封的效果，保持鮮奶油遠離帶有強烈氣味的食物，把鮮奶油放進冰箱冷藏5~6小時，或者，冰過隔夜更好。

2. 在你準備要打發鮮奶油時，把這裝了鮮奶油的缽盆放進一只裝了冰塊和冰水的碗裡。以打蛋器（whisk）把鮮奶油打到幾乎完全打發（firm）。放輕鬆－這個鮮奶油會很快地就打發。你追求的質地是打發到足夠抹開，但柔軟到在嘴裡的觸感仍是很輕盈且奶滑。（一旦打發了，鮮奶油最好立刻使用，但它也可以在蓋好的情況下，在冰箱冷藏最多4小時。）

## THE DACQUOISE 達克瓦茲

- ⅔杯（2½盎司；70克）細磨榛果粉（265頁），或者去皮烤過的榛果（273頁）
- 1杯（100克）糖粉
- 3枚大顆雞蛋的蛋白，室溫
- 2½大匙砂糖
- 1杯（4½盎司；140克）去皮烤過的榛果（273頁），對切成半

1. 在烤箱中層放一張網架，並預熱烤箱到華氏325度（攝氏165度）。在一張烤盤紙上以鉛筆畫出一個直徑10吋（26公分）的正方形。烤盤紙翻面；如果你從翻過來的這面看不清方形的輪廓，就再加深它。把烤盤紙放在一張烤盤上，暫時置旁備用。

2. 如果你用的不是榛果粉，把去皮的榛果（還沒切半的）和糖粉，放進裝了金屬刀片的食物調理機，並且儘可能打成最細的粉末。以一把木匙把這粉末以壓的方式通過中型網篩過篩。如果你用的是榛果粉，那只要把榛果粉和糖粉一起過篩後備用。

3. 把蛋白放在一個乾淨且乾燥的攪拌缸裡，以電動攪拌機裝上網狀攪拌棒，將蛋白打到剛呈不透明狀就好。邊打邊把砂糖逐漸加入，直到蛋白霜打成乾性發泡（firm peak）*並帶有光澤。把攪拌缸自攪拌機上取下，改用一把有彈性的橡皮刮刀把過篩好的榛果粉和砂糖拌入蛋白霜裡。

4. 在烤盤的四個角落各擠一點麵糊，好把烤盤紙和烤盤"黏"住。接著把麵糊刮進你描繪好10吋（26公分）的正方形的中央。厚度不要超過½吋（1.5公分），如果方塊裡有任何空隙或不平均的地方，以一把金屬抹刀用輕而快的手法，一下、一下、飛快的把它們抹平。把烤過的榛果粒平均的撒在達克瓦茲上，輕輕地把它們壓進麵糊裡。

5. 將烤盤送入烤箱，烤焙25~30分鐘，或者直到它變成金黃褐色，摸起來是緊實的狀態。將烤盤移至冷卻架上，讓達克瓦茲放涼到室溫。（達克瓦茲在緊密包好的狀態下室溫可保存二天，或冷凍保存一個月。）

## THE PRALINE 帕林內

- ½杯（200克）Nutella 榛果巧克力醬
- 1½盎司（50克）牛奶巧克力，偏好法芙娜的吉瓦哈（Valrhona Jivara），融化並冷卻到摸起來幾乎沒有溫度的微溫程度
- 1杯（30克）米製脆片（Rice Krispies）
- 1大匙（½盎司；15克）無鹽奶油，融化後放涼備

1. 將榛果巧克力醬放在一只中等大小的碗裡，然後按材料列出的順序依續拌入。

2. 將帕林內在達克瓦茲上抹開來，但因為每份糕點裡，你只會用到達克瓦茲中央約8吋（20公分）的方塊，所以你應該集中抹在這個範圍。使用一把金屬抹刀，把帕林內在達克瓦茲上抹開以前，輕輕地往下壓好讓帕林內陷入堅果間，並且集中在中心範圍，平

*譯註：乾性發泡 firm peak，舉起攪拌棒，附著在攪拌棒上的蛋白霜尖端呈堅挺不下垂的打發狀態。

均地抹開來，儘管它會抹到邊緣。（這些邊邊稍後會被切掉，變成絕佳的零食。）這夾層應該薄而平均。把達克瓦茲送進冰箱冷藏至少30分鐘。（如果對你來說比較方便，在冷藏帕林內時，可以包好冷藏保存至隔夜。）

## THE SAUCE 醬汁（可省略）

- 3盎司（85克）牛奶巧克力，偏好法芙娜吉瓦哈（Valrhona Jivara），切到細碎
- ½杯（125克）高脂鮮奶油
- ¼杯（60克）全脂牛奶

把巧克力放進一只裝得下所有醬汁材料的碗裡。在另一只大碗裡裝上冰塊和冷水。把鮮奶油和牛奶煮滾，將鍋子自爐上移開，倒在巧克力碎上。將液體拌入巧克力裡直到變平滑，接著把碗放進裝了冰水的大碗裡。不時的加以攪拌直到醬汁變涼，再把醬汁冷藏至少二小時（甚至冰隔夜更好）。這個醬汁，熱的時候會很稀，涼了後會變濃稠。（醬汁可以在三天前先做好，裝在緊密封好的罐子裡冰箱冷藏保存。）

## THE GANACHE 甘那許

- 6½盎司（190克）牛奶巧克力，偏好法芙娜吉瓦哈（Valrhona Jivara），切到細碎
- ⅔杯（165克）高脂鮮奶油

把巧克力放進一只裝得下巧克力和鮮奶油混合的碗裡，置旁備用。把鮮奶油以一只厚底湯鍋加熱到大滾。將鍋子自爐上移開，以一把橡皮刮刀，輕輕地將鮮奶油分二次拌入巧克力碎裡。以不製造出氣泡的方式加以攪拌，直到巧克力完全融解且巧克力糊變平滑。讓甘那許在室溫下放涼，並且變濃稠到可以拿來擠的質地。

## THE CHOCOLATE SHEETS 巧克力片

- 9盎司（260克）牛奶巧克力，偏好法芙娜吉瓦哈（Valrhona Jivara），完成調溫備用（260頁）

1. 在工作檯面上靠近調過溫的巧克力附近，擺上一些醋酸纖維板（acetate）（參考下一頁）。將⅓的巧克力倒在其中一張醋酸纖維板上，然後，以一把金屬長抹刀的邊緣（一把裝飾用抹刀適用於此），立刻將巧克力抹開，抹平。不必擔心邊緣的部份，也不用擔心是否抹成正確的尺寸－只要你能從抹開來的巧克力裡割出8吋（20公分）的正方形，就是可行的形狀。重覆將巧克力抹在其它的醋酸纖維板上。

2. 巧克力片必需足夠畫出8吋正方形，並可以在這正方形裡以刀尖畫出2×4吋（5×10公分）的長方形。你可以把巧克力片留在檯面上，直到它凝固到可以用刀尖畫出所需圖形－這可能需花費數分鐘到半小時，取決於你廚房裡的溫度－或者你可以把醋酸纖維板放在烤盤上，再以冰箱冷藏到巧克力片剛好凝固的狀態。如果你選用冷藏的方式，每隔1~2分鐘檢查一下。一旦這些巧克力片畫好，它們應該層層疊起（保持在醋酸纖維板上）並且保存在冰箱冷藏室直到完全凝固。

3. 當巧克力片已凝固，使用一把細長刀子延著畫好的線條來切割；你會割出24片長方形巧克力片。如果這些巧克力片沒有呈現完美的光澤，或帶點輕微的大理石模樣，不必擔心。你可以保留最完美的巧克力片，用在蛋糕的最上層－或者你可以在最上層的巧克力片上撒可可粉。無論外觀如何，味道都會是完美的。（一旦分割好，這些巧克力片可以小心地疊起來，中間以烤盤紙分隔，以密閉容器裝起來，冰箱冷藏保存，或在涼爽的室溫下長達三天。）

## TO ASSEMBLE 組合

■ **裝飾用無糖可可粉（可省略）**

1. 以一把鋸齒刀，把包覆了帕林內的達克瓦茲切成8片2×4吋（5×10公分）的長方形。8個甜點盤上各擺上一片達克瓦茲。把長方形的牛奶巧克力片自冰箱裡取出，必要時把它們翻面，好讓光亮面朝上。

2. 中型擠花袋裝上直徑¼吋（7公厘）的圓孔擠花嘴後，填入甘那許。在8個達克瓦茲長方片上，擠出些彎曲的甘那許，在每個彎曲間保留一些空間。接著在8個牛奶巧克力

**KEEPING 保存**：所有的元素都可以，而且在很多情況下也應該事先做好。你必需把巧克力鮮奶油，如果不是一天前，也該在數小時前，就先做好；達克瓦茲可以在三天前，或一個月前做好冷凍起來；帕林內可以在一週前先做好，並且冰在冰箱冷藏。牛奶巧克力醬可以在冰箱冷藏保存三天，而巧克力薄片也可以在數天前先完成，並且冷藏保存或裝在密封罐裡，遠離熱、光源和溼氣。只有甘那許必須在使用當天才製作。

長方片上，再擠出些彎曲的甘那許，再覆蓋上另一片巧克力長方片，光亮面朝上。把甘那許三明治疊在達克瓦茲上。

3. 在每一塊蛋糕上放上一球或一橢圓形的打發巧克力鮮奶油，並且再疊上一片長方形的巧克力片，光亮面朝上。想要的話，撒點可可粉。如果你準備了巧克力醬，在盤子上以繞圈的方式淋上一些。

**Note 注意**：你想要醋酸纖維板大到足夠裝得下一個9吋或10吋（24或26公分）的正方形巧克力，但又不是大到很笨重的話。但最終，你只會需要8吋的正方形巧克力片，所以在操作調溫巧克力時，最好不要對尺寸小題大作。

# CHOCOLATE COOKIES

## SIMPLE AND SOPHISTICATED
簡單而不落俗套的巧克力餅乾

# MOIST AND NUTTY
# BROWNIES

## 溼潤且堅果滿滿的布朗尼

**最** 近，在巴黎餐廳的菜單上或糕餅舖的架子上，要找到全美國人塊狀點心的永恆

摯愛，布朗尼，並不是件難事。布朗尼－法文叫 "le brownie"，和胡桃派、胡蘿蔔蛋糕，
同是法蘭西學術院（l'Académie française）所恐懼的－已經找到它們的途徑，成功擴獲
熱愛甜食巴黎人的心，而且不訝異的，也進入了他們孩子的背包裡。如同布朗尼原生地一
般，在巴黎，布朗尼可以是很難吃的，平淡無奇的，或者崇高的。這裡是布朗尼升級變化
的最佳範例。起初，以優質的苦甜巧克力和足量的奶油製成，一個足以保證美味的組合。
接著它們被綴以大量的堅果，而且只烤到剛好定型；每塊布朗尼的中央，都維持在溼潤的
狀態－非常的溼潤。

■ 我把堅果烤了再切成大塊狀，因此堅果的風味完全地突顯了出來。雖然我常
用核桃，製作這個傳統塊狀點心，但也同樣喜愛使用胡桃來做布朗尼。我喜歡胡
桃與巧克力混合所產生的甜味。 ■ PH

- 5盎司（145克）苦甜巧克力，偏好法芙娜的加勒比（Valrhona Caraïbe），切到細碎
- 2¼條外（9盎司；260克）的無鹽奶油，室溫
- 4枚大顆雞蛋，室溫，輕輕打散
- 1¼杯（250克）砂糖
- 1杯（140克）中筋麵粉
- 1¼杯（5盎司；145克）胡桃或核桃，略烤過（275頁），略切成粒（儘量切大塊）

I. 在烤箱中層放一張網架，並預熱烤箱到華氏350度（攝氏180度）。9 × 12吋（24 × 30公分）的烤盤塗上奶油，在底部舖一張烤盤紙，在烤盤紙上也塗奶油，烤盤內緣輕撒麵粉；輕敲以去除多餘的麵粉，置旁備用

2. 將巧克力裝在一只碗裡隔著微滾的熱水－碗底不碰到水，或者用微波爐，加熱融化巧克力。將融化的巧克力自爐上移開，並放在工作檯面上使其稍微冷卻降溫。當你要把巧克力和其它材料拌在一起時，它摸起來應該是微溫的（以立即感應式溫度計來測量要不超過華氏114度／攝氏45度）。

3. 在一只碗裡以一把橡皮刮刀（或者以裝了槳狀攪拌棒的攪拌機）把奶油打到非常滑順柔軟但不打發。拌入巧克力。緩緩的將雞蛋加進來，接著是砂糖，最後加入麵粉和堅果，只拌到每樣材料都混合了就好。（如果加了蛋後麵糊產生分離現象，使用打蛋器whisk把麵糊拌合後，繼續使用打蛋器加入糖攪拌；加了麵粉和堅果後再換回橡皮刮刀。）這不是一份要打發，打入空氣的麵糊。

**18塊布朗尼**

**KEEPING** 保存：密封包裝好的布朗尼，在室溫下可以保存二天，或冷凍長達一個月。

4. 把麵糊刮到蛋糕模裡，以一把橡皮刮刀將表面抹平。烤焙19~22分鐘；這時蛋糕的表層是乾的，但以一把薄刀插入蛋糕中再拔出來會是溼潤的。將蛋糕模移到冷卻架上，讓布朗尼放涼20~30分鐘。

5. 以一把鈍刀延著蛋糕模劃一圈，好替布朗尼脫模；拿掉烤盤紙後把布朗尼翻過來以正面朝上的方式放涼到室溫。要享用時，把布朗尼切成18塊。

# VIENNESE
# CHOCOLATE
# SABLÉS
## 維也納巧克力沙布烈

柔 軟且帶顆粒感，充滿奶油氣息與巧克力
味，這是款老式奧地利糕餅舖的餅乾，當
你買一盒綜合餅乾，都會有擠成螺旋狀，櫻桃頂層以及夾心的那種餅乾。維也納巧克力沙
布烈做起來很簡單－麵糊以手混拌而成再擠出 W 字形－並且可以隨意的與咖啡、茶或冰
淇淋甜點搭配。這份食譜可做出一大批餅乾，但這餅乾很好保存：裝在罐子裡，存放一週
沒問題。

■ 我從發源地－知名的維也納惠特曼糕餅舖，學會了這款餅乾。但在惠特曼，
這道經典的餅乾從來沒有巧克力口味，雖然他們天生就很會做這口味的糕點。這
款餅乾因為使用可可粉，而有了淡淡的巧克力味，與大量的奶油和糖粉而產生入
口即化的質地非常匹配。 ■ PH

- 1¾杯外加1½大匙（260克）中筋麵粉
- 5大匙（30克）荷式處理可可粉，偏好法芙娜（Valrhona）
- 2條外加1½大匙（8¾盎司；250克）的無鹽奶油，室溫
- ¾杯外加2大匙（100克）糖粉，過篩備用
- 1小撮鹽
- 3大匙蛋白，輕輕打散（輕輕打散2枚大顆雞蛋的蛋白後，量出3大匙）
- 用來撒在表面的糖粉（可省略）

I. 以兩張網架將烤箱分成三層，並且預熱烤箱到華氏350度（攝氏180度）。在兩張烤盤
裡舖上烤盤紙，置旁備用。擠花袋裝上中等尺寸的星形擠花嘴，備用。（擠花嘴要是鋸
齒狀的，但它的孔必須是張開而且直的，而不是向內彎曲的收口圓形。）

約65塊餅乾

**KEEPING** 保存：密封包裝好的餅乾，在室溫下可以保存將近一週。密封包好也可以冷凍保存長達一個月；然而，如果你要冷凍它們，最好不要撒上糖粉。

2. 把麵粉和可可粉混拌在一起，置旁備用。在一只大碗裡以打蛋器（whisk）把奶油打到柔軟滑順－這份食譜要成功，奶油必須非常柔軟。拌入砂糖和鹽，接著拌入蛋白。不必在意如果產生分離現象－當你把粉類材料加進來時，它會再一次結合。緩緩的把麵粉和可可粉加進來，拌到剛好混合就好－麵粉加進來後，不要過度攪拌麵糊，輕一點會讓餅乾有著獨特的酥鬆感。

3. 因為這麵糊很濃稠而且有點重，最好分批操作。把⅓的麵糊裝進擠花袋裡。把麵糊擠成 W 字形的餅乾，每片約2吋（5公分）長，1¼吋（3公分）寬，間距1吋（2.5公分），擠在事先準備好的烤盤上。（實際上，說是 W，比較像是兩個小寫的字母 u，而非大寫字母 W －最好是擠出兩個相連的 U，如此你就會有類似波浪狀的餅乾。但不必太擔心外型－餅乾嚐起來都會很美味，不管是什麼形狀。）

4. 烤焙餅乾10~12分鐘－不要再更久－或者直到它們定型但還不是棕色，也不硬的狀態。使用一把寬的金屬鏟子，把餅乾移到冷卻架上冷卻到室溫。重覆把剩下的麵糊用完，務必不要把待烤的餅乾放在熱烤盤上。上桌前，可以在餅乾上撒些糖粉。

# CHOCOLATE
## SPARKLERS
### 閃耀巧克力

**雖** 然這餅乾嚐起來非常濃郁且滋味豐富，如同做工繁複的精緻法式小糕點一樣美味－它們真的只是冷凍餅乾而已－但卻是始無前例最棒的。因為在切片和烤焙前，先裹了砂糖，有了閃耀的邊緣和一點酥脆，成了酥鬆質地的美好對照。為了要做出那剛剛好對的質地，要小心在加了麵粉之後不要過度混拌麵團。

■ 把麵團在砂糖裡滾動，目的並不是要增加餅乾的甜度，而是要使邊緣酥脆。如果你想讓邊邊更酥脆，甚至讓質地更受人矚目，試著把餅乾麵團在粗粒砂糖或裝飾用的結晶糖粒裡滾動。 ■ PH

- 2¾杯 (385克) 中筋麵粉
- ⅓杯 (35克) 荷式處理可可粉，偏好法芙娜 (Valrhona)
- 1小搓肉桂粉
- 1小搓鹽
- 2½條 (10盎司：285克) 的無鹽奶油，室溫
- ½杯外加2大匙 (125克) 砂糖
- ¼小匙純的香草精
- 1枚大顆雞蛋的蛋黃
- 用來裹在表面的糖

I. 將麵粉、可可粉、肉桂粉和鹽一起過篩備用。以裝了槳狀攪拌棒的攪拌機，以中速把奶油打到軟化。緩緩的將砂糖和香草精加進來，繼續打，必要時把攪拌缸邊緣沾附的奶油刮下來，直到奶油糊柔軟滑順但不打發。轉低速後把粉類材料加進來，拌到材料都混合了就好－不要再攪拌。或者，你也可以把攪拌缸從攪拌機上取下，改用橡皮刮

刀把麵粉拌入麵團裡。重點在攪拌麵糊時要儘可能的輕柔－輕柔的手勢會讓這餅乾有著獨特的酥鬆感。一旦看不到麵粉即可，把麵團分成兩塊，分別塑成兩個圓球，以保鮮膜包起來，冷藏冰涼30分鐘。

2. 在一個平坦的工作檯面，把兩份麵團分別塑成約1½吋（4公分）厚，7½吋（19公分）長的圓木柱狀。（目標在得到正確的厚度，長度無所謂。）為了做出一個結實的圓木，中間沒有孔洞，以你的手掌根輕輕把麵團壓平，接著開始把麵團捲成圓木柱狀，每翻捲一些就用手掌根輕輕壓平。為確保這圓木是結實的，你可以用手掌心輕輕滾動，好讓它變平順。用保鮮膜把這圓木狀麵團包好，冷藏1~2小時（麵團可以事先做好，密封包好，冷凍保存長達一個月。）

3. 在烤箱中層放兩張網架，把烤箱分成三等份並預熱烤箱到華氏350度（攝氏180度）。兩張烤盤舖上烤盤紙備用。

4. 在一只小碗裡，把蛋黃打到柔滑液狀足以作為表面塗料；置旁備用。在一張蠟紙上撒砂糖。

5. 把圓木狀的麵團自冰箱裡取出，去除包裝，輕刷少量蛋黃液。將圓木狀麵團在糖裡滾動，必要時可輕壓好讓圓木沾附均勻的糖。接著以一把尖銳的長刀，把圓木切成½吋（1.5公分）厚，一片片的圓餅。把餅乾排在烤盤上，餅乾間留個1吋（2.5公分）左右的空間，烤焙15~18分鐘，烤到一半時，把烤盤前後對調，上下交換，直到餅乾摸起來剛好固定成型。將餅乾移到冷卻架上冷卻到室溫。

約30塊餅乾

KEEPING 保存：還沒烤焙的圓木麵團，可以冷凍長達一個月，但是一旦沾裹了砂糖，就不適合冷凍，因為砂糖會融化。烤好的餅乾可以放在密封的罐子裡，室溫下保存3~5天。

# 榛果巧克力沙布烈

Sablé在法文裡的意思是沙，用來形容食物聽起來似乎不怎麼吸引人，但用在糕點麵團和餅乾上，就是高度的讚美（像是pâte sablée，入口即化的法式塔皮麵團）。當餅乾是sablé（音譯：沙布烈）時，它柔軟、細緻與酥鬆，而且，就像濃醇的奶油酥餅（shortbread），它的近親，會在你的舌尖上美妙地化開來。這個切片烤焙餅乾用的麵團，當然是sablé沙布烈，但餅乾本身帶點酥脆－並且在風味上有著極具深度的層次－這要歸功於添加了大量充份烤過的榛果，和頂層及底層的甜塔皮麵團。甜塔皮為餅乾帶來另一種質地，也多了點奶油風味，以及超乎預期的外形。因為餅乾和塔皮麵團烤起來如此不同（這是奶油的作用），烤出來的餅乾中間會呈現圓筒狀。纖細的沙布烈餅乾，兩端是直的，中間是胖嘟嘟的，非常引人目光。

- 2杯（300克）中筋麵粉
- ¼杯（25克）荷式處理可可粉，偏好法芙娜（Valrhona）
- 2條外加1½大匙（8¾盎司；250克）的無鹽奶油，室溫
- 1杯（100克）糖粉，過篩備用
- 1小搓鹽
- 2枚大顆雞蛋，室溫
- 1杯（140克）烤過、去皮的榛果（273頁），對切成半或¼粗粒
- ½份的甜塔皮麵團（235頁），冰涼到可以擀開的狀態

I. 將麵粉和可可粉在一起過篩備用。以裝了槳狀攪拌棒的攪拌機，把奶油打到柔軟光滑。加入砂糖，接著是鹽，繼續攪拌，必要時加以括缸，攪拌約3分鐘或直到奶油糊輕盈、顏色變白且滑順。加入1枚雞蛋後攪拌到混合均勻，此時奶油糊應該是輕而膨

鬆的。轉低速後把過篩過的粉類材料加進來,拌到粉類材料消失在麵團裡就好－小心不要過度攪拌麵團。拌入烤過的榛果粒。

2. 把麵團移到一個平坦的工作檯面上－大理石的最理想－把它分割成6×7吋(15×18公分)的長方形,厚1吋(2.5公分)高。當你在操作塔皮麵團時,把巧克力麵團放在冰箱裡冷藏。(麵團可以事先做好,密封包好,冷藏保存二天或冷凍保存一個月。)

3. 把剩下的1枚雞蛋加1小匙的冷水打散,成爲用來刷表面的蛋液,置旁備用。同時準備兩張烤盤紙和一張烤盤在手邊。

4. 在一個略微撒粉的工作檯面,把二個圓盤狀的甜塔皮麵團分別擀成略少於¼吋(7公厘)厚,且略大於6×7吋(15×18公分)。把一張已經擀開的麵團放在一張烤盤紙上,並在表面塗上蛋液,這是讓層層餅乾保持不脫落的黏膠。把巧克力麵團放在塔皮麵團的中央;接著,使用一把長刀,把多餘的麵團切掉。在巧克力麵團的表面刷上蛋液,再放上第二片塔皮麵團。在上面蓋上第二張烤盤紙,把它整個翻過來後拿掉上面的烤盤紙。切掉多餘的塔皮麵團,好讓它和其它兩層對齊。把整份麵團(仍在烤盤紙上)移到一張烤盤上,蓋好,冷藏至少4小時。(密封包好,整份麵團可以冷凍保存長達一個月;烤焙前放冰箱冷藏解凍。)

5. 在烤箱中層放兩張網架把烤箱分成三等份,並預熱烤箱到華氏325度(攝氏165度)。準備一張烤盤舖上烤盤紙備用。

6. 使用一把尖銳的薄刀,從麵團7吋(18公分)的那一邊,朝向7吋的另一端,將麵團切成6塊平均等分的條狀,接著再把每一條切成¼吋(7公厘)寬的餅乾麵團。將這些麵團排在兩張烤盤上,餅乾和餅乾之間留½吋(1.5公分)左右的間隔。

7. 將烤盤送入烤箱,烤焙20~24分鐘,或者直到餅乾固定,塔皮麵團變成淡褐色;烤到10分鐘時,把烤盤前後對調,上下交換。烤好後輕輕地把餅乾移到冷卻架上放涼。重覆完成剩下的餅乾,確保烤盤在烘焙的批次間,確實放涼再烤下一批。

約150塊餅乾

**KEEPING** 保存:這麵團可以事先做好,密封包好,保存二天或冷凍長達一個月。烤好的餅乾可以放在密封的罐子裡,室溫下保存3~4天。

# FINANCIERS

## 費南雪

比較像小型蛋糕而不像大塊餅乾，這甜點的命名來自它們的材料－許多的奶油和杏仁－和吃掉它們的有錢顧客。費南雪最先是由一位巴黎的糕點主廚所創作，他的店很靠近法國的證券股票交易所（Bourse），常客都是金融家（financiers）。事實上原始的費南雪以長方形的小蛋糕模烤成，以致它們的形狀和金條很類似。時至今日，材料保持著馥郁的高成份（rich），但費南雪可以用長方形或船形模烘烤，而且，你會期待，享用任何一種，不論富裕與否，唾手可得金條狀的費南雪讓人感覺非常幸運。

費南雪傳統上以榛果色奶油（beurre noisette 又稱棕奶油）製成，奶油煮到變棕色而且聞起來有榛果味，但這個版本只傳承了濃郁；濃烈的巧克力味打破了傳統的藩籬。這款費南雪是溼潤，濃郁，軟心（fudgy）的，而且與所有適合搭配巧克力的冰淇淋非常對味。

■ 我從一位住在普羅旺斯（Provence）的比利時朋友那得到這份食譜。我們在她家共享了一頓緩慢、美妙的聖靈降臨日（Pentecost）午餐，因為這頓飯吃得太過豐盛，我原本婉拒了甜點－直到看到巧克力費南雪。這是我第一次嚐到費南雪做成巧克力口味，完全無法抵抗。事實上，我心悅臣服了好幾回。　■　PH

- 3½盎司（100克）苦甜巧克力，偏好法芙娜的加勒比（Valrhona Caraïbe），切到細碎
- 3枚大顆雞蛋，室溫
- ½杯外加1大匙（125克）砂糖
- 1杯（3½盎司；100克）細磨的杏仁粉（265頁）或細磨的去皮杏仁（265頁）
- 1條外加1大匙（4½盎司；125克）的無鹽奶油，室溫
- ⅓杯外加2大匙（100克）微溫的水
- ⅓杯外加2大匙（50克）中筋麵粉，過篩備用

1. 在烤箱中層放一張網架，並預熱烤箱到華氏350度（攝氏180度）。替約20個長方形或船形費南雪模塗上奶油並撒麵粉。（費南雪模有很多不同的尺寸；這份食譜以3大匙水容量的模型測試。如果你的模型尺寸不同，需要稍微調整烤焙時間。如果你沒有足夠的模型，分批次來製作費南雪；只是要確實把烤模放涼，再次塗油撒粉後才烤第二批。）把這些模型放在一張烤蛋糕卷用的深烤盤（jolly-roll pan）上備用。

2. 碗裡隔著微滾的熱水－碗底不碰到水，或者用微波爐，加熱融化巧克力。將融化的巧克力自爐上移開，放在工作檯面上使其稍微冷卻降溫。當你要用它時，摸起來應該是微溫的。

3. 把蛋、砂糖和杏仁粉放在一只裝了槳狀攪拌棒的攪拌缸裡，以中高速攪拌到顏色變白。過程裡，必要時將沾在缸邊的麵糊刮下來。轉成中速，將奶油分4~5次加入，拌到混合在一起就好。麵糊可能會有分離現象－不必擔心。轉低速，加入巧克力糊並拌勻到混合。接著加入水，轉到中速，打到麵糊變均勻。將攪拌缸自攪拌機上取下，使用一把大的橡皮刮刀，將麵粉拌入。（麵糊可以事先做好，密封包好，冷藏保存2~3天再烤焙。）

4. 在模裡舀進足夠的麵糊，幾乎要填到滿後烤焙15~18分鐘，或者直到壓起來會回彈，以一把刀插進再拔出，刀子很乾淨的程度。把烤模移到一張冷卻架上冷卻約3分鐘，接著以一把不利的刀子劃過模型的邊緣，把費南雪脫模。翻過來正面朝上放涼到室溫。

約20個費南雪

KEEPING 保存：麵糊可以蓋好蓋子，冷藏保存最多三天。一旦烤好了，費南雪可以用保鮮膜密封包好，室溫下保存二天，或冷凍保存長達一個月。

# 佛羅倫汀

即使你在遇到這個配方前，已是佛羅倫汀的忠實愛好者，這個版本與其它的相比，會把你寵壞－這是佛羅倫汀的黃金比例。佛羅倫汀之所以是佛羅倫汀，在於它的光澤、微微有咬勁、以蜂蜜調味的糖漬頂層，一定有杏仁片、幾乎必備的糖漬柳橙皮、有時還會加上糖漬櫻桃。再來是自由選項：一個甜餅乾基底，用蘸的或抹上一層巧克力糖衣。

這款佛羅倫汀，糖漬頂層遵循著傳統，加了奶油和蜂蜜，煮到深焦糖色，再混以大量的杏仁片，和大量你所能取得最佳的糖漬柳橙皮，自製的更好。有些糕點主廚在做佛羅倫汀時，只用到這樣的混合糖漬，但在這份食譜裡，杏仁片和柳橙皮屑散佈在一層充滿奶油風味，近似餅乾的甜塔皮上。這層塔皮很薄，但它為糖漬頂層增加了酥脆感。烤好放涼後，佛羅倫汀要切成方塊，再以斜對角方式蘸上約一半面積的苦甜巧克力。排在盤子上，佛羅倫汀看起來罕見地像是擦亮的馬賽克，或拜占庭的珠寶，但是它們的味道和質地最受矚目：因為蜂蜜和柳橙芳香撲鼻，塔皮麵團甜，巧克力濃郁帶有果香，這些小餅乾們既秀氣又豪邁，甜中帶酸，酥脆而柔嫩。而且它們做起來很有趣－不論你在廚房裡有多少經驗，當你把這些佛羅倫汀從烤箱裡取出，會是滿滿的驕傲。

關於杏仁的注意事項：杏仁片要在糖漬頂層混合物，達到恰當溫度時再加進來。為了保持這混合物的溫度不降低以致難以抹開，要確保杏仁片維持在對的溫度。小心起見，你可以按照Pierre皮耶的做法：把杏仁片放在烤盤上，在烤箱裡溫熱個幾分鐘，再拌入混合物裡。

■　如果你喜歡蜂蜜的味道並且想讓這餅乾的蜂蜜味濃一點，選用氣味濃郁的蜂蜜。我的最愛是栗子蜜（chestnut honey），但松子蜜（pine honey）用在這個食譜裡也很棒。　■　PH

## THE COOKIES 餅乾

- ½份甜塔皮麵團(235頁)，冰涼且可以擀開的程度
- ½杯(125克)高脂鮮奶油
- 1枚柳橙上刮下來的橙皮(以刮刀或刨刀取下)，切到細碎
- 1杯外加1大匙(220克)砂糖
- ½杯(125克)水
- 2大匙淡色玉米糖漿(light corn syrup)
- 1條(4盎司；115克)無鹽奶油，室溫，切成8塊
- ⅓杯(100克)蜂蜜
- 10½盎司(約3杯；300克)去皮杏仁片，室溫或溫熱
- 3½盎司(約½杯；100克)糖漬柳橙皮，最好是自製的(257頁)，必要時過濾並擦乾，切成¼吋(7公厘)立方小丁

I. 準備一張不沾的11½ × 16½吋(29 × 41公分)烤蛋糕卷用深烤盤(jolly-rill pan)，或者在烤盤裡舖一張Silpad或其它品牌的矽利康烘焙墊(這份食譜，沒有可以取代不沾烤盤的替代品－烤盤紙不適用－並且你需要蛋糕卷用深烤盤高起的邊。)在一個充份撒粉的檯面上，把塔皮麵團擀成一個約⅛吋(4公厘)厚，並且符合烤盤大小的長方形(這是一份很柔軟的麵團，而且要把它擀成很大張，所以你可能會覺得把麵團墊在兩張保鮮膜之間來擀會比較容易，並且如果麵皮太軟，在擀的過程裡可以把它拿去冰一下。)用你的擀麵棍把麵皮捲起來，再把它鬆開放進烤盤裡。把麵皮整理成和烤盤服貼，小心不要拉扯它，必要時加以修剪，好讓它只剛剛好蓋住烤盤底部。(如果麵皮破了，只要把破掉的地方黏在一起就好－糖漬頂層會蓋住一切。)以叉子在整個麵皮上到處戳洞，把烤盤送入冰箱並且讓麵皮冷藏至少30分鐘。

2. 在烤箱中層放一張網架，並預熱烤箱到華氏350度(攝氏180度)。

3. 把冰涼的塔皮烤焙10~12分鐘，或直到它變成金黃褐色。隨時留意，如果4或5分鐘後看起來上色得不太平均，對調烤盤。塔皮一烤好，立刻把烤盤移到一張冷卻架上，並且把烤箱溫度調到華氏425度(攝氏220度)。

4. 趁塔皮還在烤箱裡時（最好是這樣），或者當它一出爐，就開始製作糖漬頂層。把鮮奶油和橙皮屑（不是糖漬的橙皮）放在一只小型湯鍋裡並且煮滾；一滾了就立刻熄火。

5. 同時，使用一只厚底中型湯鍋，開中火，以一把木匙或木鏟把砂糖，水和玉米糖漿全部拌在一起加熱。煮到砂糖融化且整鍋滾了，變成深焦糖色。你並不想把砂糖煮到燒焦，但你又絕對想把它煮成深桃木色－你可以滴一滴在一只白色盤子上來檢視焦糖的顏色。站離鍋子稍遠些，將奶油分2~3次拌入，接著把步驟**4**裡的鮮奶油糊和蜂蜜加進來。這糊會瘋狂地噴濺和冒泡－這是爲什麼要你站離遠一點－但當材料混在一起後它會平靜下來。持續地攪拌，把這混合物煮到以立即感應式溫度計測出在華氏257度（攝氏125度），（整個過程取決於鍋子的火力，費時約10分鐘。）一旦達到對的溫度，立刻把鍋子自爐上移開，接著把杏仁片和糖漬橙皮拌入。

6. 很快地把裝著塔皮餅乾底的烤盤，放進熱烤箱裡把塔皮餅乾底加熱1分鐘，如果需要的話。把烤盤移到冷卻架或工作檯面上，並且以一把裝飾用金屬抹刀或者木匙，敏捷地把熱的糖漬頂層抹開在溫熱的塔皮餅乾上。儘可能平均地抹開，但不必太擔心抹得如何，或是否邊邊和角落有確實抹到－它自己多少會在烤箱裡攤開。把烤盤送入烤箱，烤焙4~6分鐘，或直到糖漬頂層冒泡且變棕色－在這階段不要離開廚房：你想要這糖漬頂層融化並且在塔皮餅乾底上攤開，但不想要它燒焦，所以要隨時留意。它可能需要1分鐘左右－可以用看和聞的得知：它應該要變成很吸引人的棕色，並且聞起來像煮得很濃郁的焦糖（但不是燒焦的）和堅果味。把烤盤自烤箱裡取出，移到冷卻架上放涼到室溫。

7. 當你準備把佛羅倫汀脫模時，先準備好兩張烤盤紙和另一張烤蛋糕卷用的深烤盤，或一塊大的砧板在手邊。小心翼翼地，不要損傷烤盤的不沾表面，以一把不利的刀子劃過烤盤的邊緣，把餅乾黏住烤盤的部份鬆開。拿一張烤盤紙蓋在佛羅倫汀的表面，以另一張烤盤（或砧板）以平面朝下的方式貼著餅乾，再整個翻過來好讓佛羅倫汀從烤盤上離開。（拿掉Silpat，如果你有用）以第二張烤盤紙蓋住佛羅倫汀，以深烤盤（你用來烤佛羅倫汀的那張）的底部光滑面蓋在烤盤紙上，把整個佛羅倫汀再次翻正。輕柔地把佛羅倫汀移到砧板上。使用一把長主廚刀，必要時把邊邊燒焦的部份切掉，再把餅乾切成1½吋（4公分）的正方形。

## THE CHOCOLATE DIP 巧克力蘸醬

- 11盎司（310克）苦甜巧克力，偏好法芙娜的加勒比（Valrhona Caraïbe），完成調溫備用（260頁）

約60塊佛羅倫汀

**KEEPING** 保存：裝在密封罐裡並且遠離熱和溼氣，佛羅倫汀可以保存長達5天。

把一張醋酸纖維板（acetate 265頁），烤盤紙或蠟紙放在工作檯面上。把每塊餅乾的一角浸入巧克力到餅乾的中央，以蘸出一個巧克力三角形的樣子。把蘸好的餅乾放在醋酸纖維板或蠟紙上再把剩下的蘸完。（你可以把佛羅倫汀放進冰箱冷藏個幾分鐘，好讓巧克力凝固。）待巧克力凝固後，佛羅倫汀已經可以享用或包起來保存了。

# 檸檬巧克力瑪德蓮

**這** 並不是把普魯斯特（Proust）＊帶回到童年
的瑪德蓮，但這款瑪德蓮本身已經美味
到足以創造出令人難忘的回憶。它們有著瑪德蓮的獨特外層和柔軟內裡，而且是巧克力口
味，比你所能想像還要更深邃的巧克力風味，由一點點可可粉所創造出來。事實上，它濃
郁的程度已經會讓你聯想到惡魔蛋糕（devil's food）＊了。

■　　隔夜冷藏鬆弛是讓這款瑪德蓮有著獨特中央隆起的關鍵。如果你趕時間，
只冷藏一小時－不會有一樣顯著的隆起，但冷藏過麵糊的瑪德蓮還是會烤得比
較好。　■　　PH

- ½杯外加1大匙（70克）中筋麵粉
- 3½大匙荷式處理可可粉，偏好法芙娜（Valrhona）
- ½小匙雙效泡打粉
- ⅓杯外加2大匙（90克）砂糖
- 1小撮鹽
- 從¼個檸檬刮下來的檸檬皮屑
- 2枚大顆雞蛋，室溫
- 6½大匙（3¼盎司；100克）的無鹽奶油，室溫

1. 將麵粉、可可粉和泡打粉一起過篩，備用。將砂糖、鹽和檸檬皮屑放在一只中型碗
   裡，並且用手指把所有材料搓揉在一起，直到砂糖受潮、結粒且充滿香氣。

2. 使用一把直形打蛋器（whisk），將雞蛋和檸檬、糖等打在一起，直到混合均勻。以手
   指或掌根將奶油擠壓推抹成俗稱的「髮油狀pomade」，再把它加進這只裝了雞蛋、檸

＊譯註：法國文豪普魯斯特（Marcel Proust）在他的代表作『追憶似水年華À la recherche du temps perdu』裡提到：吃一口瑪
德蓮，童年回憶浮現腦海。Devil's food惡魔蛋糕是一款以濃郁巧克力味為特色的蛋糕。

檬和糖的碗裡。仍然使用打蛋器，把奶油打到分散均勻。輕柔地拌入過篩了的粉類材料，只攪拌到粉類材料和其它材料混合在一起，且麵糊平整就好。以一張保鮮膜蓋住麵糊表面，並且隔夜冷藏直到烤焙前。這樣的隔夜冷藏鬆弛有助於瑪德蓮的背面在烘烤時發展出獨特隆起的模樣；如果你沒有時間讓它隔夜鬆弛，試著讓麵糊冷藏鬆弛至少一小時。

可做12個瑪德蓮

KEEPING 保存：裝在密封罐子裡的瑪德蓮，可以在室溫下保存約二天，或者冷凍最多長達二週，如果放得有點久，也不要就這樣把它們扔了－這時它們最適合用於普魯斯特的吃法，剝成小塊泡進熱茶裡享用。

3. 待你準備好要烤瑪德蓮時，在烤箱中層放一張網架並預熱烤箱到華氏425度（攝氏220度）。替一張12只容量的瑪德蓮連模塗上奶油，撒上麵粉，拍掉過多的麵粉。（即使你的瑪德蓮模是不沾模，替它塗油撒粉仍然是個好主意。）

4. 將麵糊平均分配在瑪德蓮模裡。不用刻意把麵糊抹平－烤焙時的熱度會替你完成。將烤模送進烤箱，在烤箱門上插一支木匙使烤箱門保持微微開啟的狀態，並且立刻將烤箱溫度，調降至華氏350度（攝氏180度）。烤13~15分鐘，或者直到這些瑪德蓮呈圓隴狀，或者當你輕壓時會回彈。將這些瑪德蓮脫模至一個工作檯面上－你可能必需將烤模在工作檯上輕敲，好讓瑪德蓮順利脫模－再把它們移到冷卻架上放涼到室溫。

# LACY COFFEE-COCOA
# NOUGATINE COOKIES

## 咖啡可可牛軋糖花邊餅乾

牛軋糖（nougatine）比較像是核果糖（nut candy）而非餅乾，像是一款盛大甜點的元素之一，而不是一種單獨呈現的甜點。然而話說回來，製作一些適口大小的牛軋糖，隨咖啡端上桌（或熱巧克力，或者甚至牛奶），就可以放心，沒有人會感覺欠缺甜點。它的基礎麵糊是將奶油、砂糖和牛奶煮成焦糖色，但是因為添加了可可粉和磨成碎粒的咖啡豆（一般的或無咖啡因的），讓這款牛軋糖變成和午夜一般的漆黑。也因此賦予這餅乾超乎尋常－而且完全出乎意料－的豐富滋味。這款麵糊你可以做出扁平的餅乾或捲起來的瓦片（tuiles），因貌似法國屋頂瓦片而得名。而且你可以運用它，不論是平坦的，捲曲的或剝成碎片的，當作佐料加在頂級巧克力塔 Grand Chocolate Tart（109頁）的表面。甚至可以把一些完美無缺的餅乾弄碎，再撒在冰淇淋上－這或許是 Ben & Jerry* 會做的事，如果他們是法國人。

關於咖啡豆的注意事項：它們需要壓碎，但不是粉碎，所以最好以食物調理機裝上刀片，以瞬間跳打鍵（pulse），打打停停直到變成小碎粒。如果你精力充沛，或想要發洩一下，把咖啡豆用廚房紙巾包好，放在砧板上，用法式擀麵棍（沒有握柄的那種擀麵棍）的一端，或一只厚重鍋子的鍋底來砸碎它。（如果你使用食物調理機，考慮先打碎杏仁，再移到烤盤上去烤焙，再用來磨咖啡豆－這會節省一點洗調理機的時間。）

---

■ 當我最早製作這款牛軋糖，使用的是磨碎成小碎粒狀的可可豆加在麵團裡。因為用來製造巧克力的可可豆，只有專業業者才可取得，我必須找到可以為餅乾帶來同等濃郁滋味，且提供一樣酥脆口感的替代品。碎粒的咖啡豆再加上可可粉是完美的解決之道。時至今日，我不把咖啡豆與可可粉視為替代品，而是自成一格的好創作。　■　PH

---

- ⅓杯（70克）砂糖
- 4½大匙（2¼盎司；65克）無鹽奶油，切成4塊
- 1½大匙全脂牛奶
- 1½大匙淡色玉米糖漿（light corn syrup）
- 1½大匙荷式處理可可粉，偏好法芙娜（Valrhona），過篩備用
- ½杯（2¼盎司；70克）去皮杏仁，切到細碎，略烤過溫熱的（275頁）
- 1～2大匙（可根據個人口味調整）咖啡豆，磨成碎粒（參考前述注意事項）

1. 將砂糖、奶油、牛奶和玉米糖漿裝在一只厚底中型湯鍋裡。整鍋置於開中火的爐上烹煮，以一把木鏟或木匙輕輕攪拌所有材料，直到以煮糖專用溫度計或立即感應式溫度計測量時，溫度達到華氏223度（攝氏106度）。拌入過篩的可可粉，溫熱的堅果和磨好的咖啡粒，將鍋子自爐上移開。

2. 將上述煮好的牛軋糖糊，倒進一只耐熱碗裡好讓它冷卻。在上面緊貼著蓋上一張保鮮膜，以製造出密封效果，放至完全變涼。（牛軋糖糊可以在密封的狀態下，冰箱冷藏保存長達四天，或冷凍長達一個月。）

3. 烤焙時，在烤箱中層放一張網架，並預熱烤箱到華氏350度（攝氏180度）。準備1～2張不沾烤盤。（這個食譜只有不沾烤盤才適用。）

4. 以½小匙的量匙，舀出一份略呈圓球形的牛軋糖糊，作為一個餅乾的量，以兩手手掌稍微塑成圓球狀，再放到烤盤上；球與球之間要確實留有3吋（7.5公分）的間隔－用手掌根壓成圓餅狀，不需要過度整型，因為牛軋糖糊會在烤箱的加熱下融化，所以這些圓餅在一開始只需稍稍塑至平整就好。將烤盤送入烤箱烤5～7分鐘，或直到牛軋糖冒泡且裂開（但不能燒焦）。

5. 將烤盤自烤箱裡取出，讓餅乾停留在烤盤上1分鐘左右，再移到工作檯面或烤盤紙上。不要把餅乾移到冷卻架上－它們會黏在上面。（熱的餅乾真的非常燙，而且很脆弱－把它們從烤盤上移到冷卻處，最簡單的方法是使用一把塑膠切麵刀。）如果你想把餅乾整成捲曲圓筒狀，把它們繞在擀麵棍或酒瓶上。重覆上述步驟處理剩下的牛軋糖糊，記得一定要把待烤的牛軋糖糊放在冷的烤盤上烘烤。繼續以一次烤一盤的方式，直到你烤完所有的餅乾。（記得，沒用完的牛軋糖糊可以冷藏或冷凍保存。）

約65個餅乾

**KEEPING** 保存：雖然這個牛軋糖糊可以冷藏保存四天，或者冷凍保存長達一個月之久，烤好的餅乾本身，不管烤成什麼形狀或用在什麼用途，應該在出爐當天食用完畢－最好是出爐後就趕快吃掉。如果你居住的環境很潮溼，更需如此－溼氣會讓這個酥脆的牛軋糖餅乾受潮變軟。

# CHOCOLATE CIGARETTES

## 巧克力雪茄

如果你和我們一樣，在一盤精緻的法式烘烤點心裡，這會是你優先挑出來享用的餅乾。它是一種薄脆的餅乾，繞著捲成酥脆的管狀，或說雪茄狀，而且既有趣又優雅。這款雪茄是巧克力口味的，可以渾然天成的單獨享用，像場獨奏、作為綜合餅乾裡的一部分，或者是一碗冰淇淋的最後點綴。如果你想再多一點裝飾，可以在雪茄裡填入甘那許（ganache）。

■　我最喜歡享用這餅乾的方法是，把苦甜巧克力奶油霜甘那許和巧克力榛果醬（Nutella）混在一起後，填入其中。　■　PH

- ½杯（70克）中筋麵粉
- 5大匙（30克）荷式處理可可粉，偏好法芙娜（Valrhona）
- 7大匙（3½盎司；100克）無鹽奶油，室溫
- ¾杯外加2大匙（100克）糖粉，過篩備用
- 3枚大顆雞蛋的蛋白，室溫，輕輕打散

1. 把餅乾烤好，並捲成形最簡單的方法是：把你所有的工具都準備好隨侍在側。一開始，你會需要非常薄的模板。使用兩個冰淇淋、優格或白乳酪的塑膠蓋，稍微加工，就會創造出完全適用的。從每個蓋子的中間剪出一個直徑3¼吋（8公分）的圓形，取下蓋子的邊邊，要確定沿著整個蓋子一周留下至少½吋（1.5公分）寬的邊，現在把兩個蓋子黏在一起。或者，你也可以從一塊加厚的厚紙板，或一個厚的檔案夾剪出模板。做

好板模後，準備好下列物品：一張不沾烤盤紙（只有不沾的才適用），一把裝飾用的霜飾鏟子（好把麵糊平均地抹開），一個麵團刮刀（好把烤好的餅乾從烤盤上取出），和一把木匙－你會把餅乾繞在木鏟的柄上，好把它們塑成雪茄狀；全部集合好備用。

2. 在烤箱中層放一張網架，並預熱烤箱到華氏325度（攝氏165度）。

3. 把麵粉、可可粉在一起過篩，暫時置旁備用。

4. 在一只中型缽盆裡，以打蛋器或一把堅固的橡皮刮刀，把奶油和糖粉拌到奶油非常柔軟滑順，而且糖已和奶油充份混合。持續地攪拌，一點點一點點的將蛋白加進來。蛋白加入後，麵糊可能會產生分離現象，但當粉類材料加進來時，會再次結合。待蛋白均勻混入後，把麵粉和可可粉加進來，只拌到看不到乾粉就好。（這麵糊可以在三天前事先做好，密封包好，冷藏保存。如果你想做一批少量的餅乾，只取出所需的麵糊量就好，剩下的留在冰箱裡冷藏保存。）

5. 為每一只餅乾，舀1½小匙的麵糊在烤盤上，在每一份麵糊間留下約2吋（5公分）的距離。（你也許可以在一張烤盤上裝下9只餅乾）把麵糊攤開的方法是，以一個模板平貼在烤盤上，中間放一份麵糊，使用小的金屬霜飾抹刀（一把裝飾用抹刀最好），把麵糊抹開來填滿整個模板上，接著拿掉模板。把留在模板背後的麵糊刮回缽盆裡，再繼續相同步驟，直到你填滿整張烤盤。一次最好烤一盤，但在烤焙時，如果你想要，可以塑出更多盤的餅乾。

6. 烤焙餅乾3~4分鐘，或者直到它們均勻地失去光澤。如果你輕輕按壓餅乾表面，會留下指紋的狀態。把烤盤自烤箱裡取出，一次操作一只餅乾，使用麵團刮刀，鏟起一只餅乾並且把餅乾正面朝下的擺在工作檯面上，或者一張烤盤紙上。把木匙的握柄放在餅乾的邊緣，把溫熱的餅乾沿著握柄捲起來。待你把餅乾捲成雪茄狀，它應該已經足夠固定，可以從握柄上取下，接著繼續操作下一只餅乾。如果剩下的餅乾冷卻得太快，以致不能塑型，把烤盤送回烤箱烤個1分鐘使餅乾軟化。讓完成的雪茄餅乾在工作檯或冷卻架上放涼，再繼續烤焙和塑型剩下的麵糊。若你想在餅乾上添加巧克力或填入甘那許，等它完全涼了再動手。（最簡單的填餡方法是把甘那許裝在擠花袋裡，再擠入雪茄內。）

約40塊巧克力雪茄

**KEEPING** 保存：餅乾麵糊可以在三天前先做好，並且冷藏保存。烤好的餅乾可以裝在密封罐裡，室溫下保存2~3天，但它們在出爐當天最美味。這是真的，尤其是對填了餡的餅乾來說－理想上，你應該在即將享用前才填餡。

## 脆皮巧克力榛果餅乾

**這**些小小的但蘊涵了驚人美味，三重酥脆口感的餅乾。最主要的酥脆來自特別大塊的香烤榛果，而對比的酥脆，則來自構成餅乾部份的杏仁瑪琳，也來自餅乾的外衣，一層薄薄的，慢慢會在你嘴裡化開的苦甜巧克力。這餅乾麵糊不外乎蛋白、砂糖和咖啡調味，而且你要做的，只是把它和堅果在鍋子裡加熱。待麵糊冷卻，把它分切並烤焙。這超乎尋常的簡單，最終成品，也是超乎尋常的誘人。在加熱時，麵糊在堅果間冒著泡泡，如同一個繭把堅果包成一小簇，之後固定成型並烤出優美的裂紋。看一眼還沒沾裹上巧克力的餅乾，馬上可以瞭解它們輕盈而美味，但瞧一眼沾裹了巧克力的餅乾，任何人都會猜得到，無限美味蘊藏在其中。

■　餅乾沾裹上巧克力增加了魅力。巧克力脆皮不只增加了另一種風味和質地，它也強化了餅乾原本的味道和口感，讓咖啡和榛果兩者的風味都變得濃郁，並且更突顯了餅乾的輕盈和酥脆。　■　PH

- 1大匙即溶咖啡粉
- 1大匙滾燙的沸水
- 3枚大顆雞蛋的蛋白，室溫
- 3⅔杯（400克）糖粉，過篩備用
- 3⅓杯（14盎司；400克）榛果，烤過去皮（273頁），切成粗粒

I.　將即溶咖啡粉以沸水溶解，將這濃縮的"咖啡萃"置旁冷卻備用。

2.  準備一只大到足夠把所有材料裝進來的缽盆，它也要能裝進一只大湯鍋裡。以這湯鍋裝個幾吋高的水燒到微滾（當你把缽盆放進這湯鍋裡時，缽盆底不能碰到水）。把一張用來烤蛋糕卷的深烤盤舖上鋁箔紙－鋁箔紙預留一些多出來的"尾巴"，好讓它能根據你麵糊的量來調整舖放鋁箔紙的範圍，置旁備用。

3.  把所有材料裝進缽盆裡，把缽盆放在裝了微滾熱水的湯鍋上，以一把耐熱橡皮刮刀或木匙，將所有材料拌在一起。隔水加熱這麵糊的同時，規律地加以攪拌，直到以立即感應式溫度計測量，溫度達到華氏130~140度（攝氏55~60度）。將鍋子自爐上移開，並且將麵糊倒進舖了鋁箔紙的烤盤裡。把鋁箔紙折一下，用它來製造出一個容器，好讓烤盤裡的麵糊深度略少於1吋（2.5公分）；你可能會有一塊約8×12吋（20×30公分）大小的麵糊。讓麵糊冷卻到室溫。

4.  以網架將烤箱分層三等份，並且預熱烤箱到華氏275度（攝氏135度）。兩張烤盤舖上烤盤紙備用。

5.  把塊狀的麵糊從烤盤裡取出，撕掉鋁箔紙，正面朝上的放在一塊砧板上。把它切成1½吋（4公分）的方塊，並且排在烤盤上，方塊和方塊間留下大約2吋（5公分）的間隔。把烤盤送進烤箱烤焙18~22分鐘，烤到一半時把烤盤上下，前後對調，直到餅乾呈金黃色，乾燥且均勻無光澤。在烤箱裡，這些方塊會變為兩倍大且不規則地攤平－沒關係。把烤盤從烤箱裡取出，把餅乾移到冷卻架上放涼到室溫。

**約45個餅乾**

KEEPING 保存：還沒有沾上巧克力糖衣的餅乾，可以保存在密閉容器裡長達四天；沾裹了巧克力的餅乾可以類似的方法保存，但它們真的最好在完成的當天立即享用。

## TO FINISH 最後裝飾

**2鎊（900克）巧克力，偏好法芙娜的加勒比（Valrhona Caraïbe），調溫過備用（260頁）**

把巧克力倒在一只可方便你拿餅乾沾裹巧克力的容器裡。準備一只網架，架在一張蠟紙上備用。一次操作一個餅乾，把餅乾浸入巧克力，再拿出來，讓多的巧克力滴回容器裡，把餅乾放在冷卻架或矽利康墊上。將餅乾放進冰箱冷藏到巧克力固定就好，約10~15分鐘。

# 巧克力馬卡龍

如果，當你聽到 macaroon 馬卡龍這個名字，想到的是那種雜貨店裡賣的，用濃稠杏仁麵糊做成的，或者以椰子為基底的三角錐形馬卡龍，你想的可不是這裡的馬卡龍。這些是在最好的糕餅舖裡，被當成像是珠寶一樣地展示的法式馬卡龍；那種值得行家為它熱情爭辯的馬卡龍。以非常細磨的杏仁粉製成，馬卡龍的表面呈光滑的圓拱形（必定要有的特徵），柔軟而有嚼勁的內在（另一項完美的要件），並且底部要有一點點不平整的邊緣，形成一圈的崎嶇，我們簡稱為 "腳 the foot"（最後一項真品的證明）。為了得到那樣剛好的柔軟和有嚼勁的質地，最好讓馬卡龍冷藏鬆弛一晚，所以請事先計畫。

雖然並沒有法律規定你不能單吃它，傳統上馬卡龍是夾心餅乾。Pierre 皮耶的巧克力馬卡龍，夾以苦甜巧克力奶油霜甘那許，做出卓越不凡的夾心馬卡龍，並且被當成精緻法式小點心搭配咖啡享用，或者佐以芳香的巧克力薰衣草冰淇淋，當作冰凍甜點來享用。如果你決定在馬卡龍裡填入冰淇淋，這夾心馬卡龍的尺寸－從小到 "以口接" 到可以用 "兩手剝開"，讓你自由變化。

■ 蛋白是這個食譜的關鍵元素。小心地把它打到剛剛接近乾性發泡（firm）但仍帶有光澤的狀態，並且當你加入乾性材料時，不要在意會消泡－它們理應要消泡。把蛋白霜裡的空氣趕出一些，可以賦予這些馬卡龍光滑表面的特徵。蛋白霜如果太硬，你只會做出瑪琳（meringue）。 ■ PH

- 1⅓杯（5盎司；140克）細磨杏仁粉（265頁），或者去皮的杏仁
- 2杯外加2大匙（250克）糖粉
- ¼杯（25克）荷式處理可可粉，偏好法芙娜（Valrhona），外加一些篩在表面
- ½杯（100克）蛋白（約4枚大顆雞蛋的蛋白，參考步驟3）

1. 替兩張大的隔熱烤盤（insulated baking sheet）或者兩張一般烤盤疊在一起，舖上烤盤紙。大型擠花袋裝上直徑⅜吋（1公分），或½吋（1.5公分）的圓孔擠花嘴，置旁備用。

2. 如果你用的是杏仁粉，那只要把它和糖粉及可可粉，一起過篩後備用。如果你是從杏仁開始製作，把去皮杏仁和砂糖及可可粉一起放進裝了金屬刀片的食物調理機，並且打到和麵粉一樣細緻，至少3分鐘。每隔1分鐘就停機檢查一下，並且把附著在邊邊的刮下來。這並非一個可以快速完成的步驟。雖然在1分鐘左右後，杏仁看起來很像已經被粉碎了，但還不完全：堅果真的需要3~5分鐘以上，才能磨成粉末狀。磨好後以一把木匙把這粉末以壓的方式經過中型網篩過篩。

3. 這份食譜要成功，需要½杯（100克）的蛋白，表示你需要用到3枚雞蛋的蛋白，外加第4枚的一部份。最容易取得這樣份量的蛋白，是把所有蛋白放進一只杯子裡，以叉子輕輕打散，再量出你所需要的量。蛋白量出來後，它們需要回到室溫，以打出最大量的蛋白霜。你可以把蛋白留在工作檯上，直到它們回到室溫，或者你可以把蛋白裝在微波適用的碗裡，以最低火力，加熱10秒鐘。攪拌一下再繼續加熱－仍然以最低火力－以每次5秒的方式，直到它們達到華氏75度（攝氏23度）。如果有點過熱，沒關係。為了保持蛋白的溫度，把攪拌缸拿去沖熱水。把攪拌缸確實擦乾，倒入蛋白，並且為攪拌機裝上網狀攪拌棒。

4. 以中低速打發蛋白直到它們變白且起泡。轉高速並且打到它們剛剛接近乾性發泡（firm）*但仍然帶有光澤和柔軟－當你舉起攪拌棒，蛋白霜應該形成一個略微下垂的尖峰。把蛋白霜留在攪拌缸裡或移到一只大的缽盆裡，並且以一把橡皮刮刀，把粉類材料分3~4次輕柔地拌入。看起來會是較多的粉類材料，要拌入相對很小量的蛋白霜裡，但只要持續拌入，可以把所有的粉類都拌進去。不要擔心蛋白霜消泡，而且麵糊看起來有點流動性－那正是應該產生的狀態。待所有的乾性材料都拌勻後，這麵糊會看起來像個蛋糕麵糊；如果你用手指蘸一點起來，它應該會是柔軟，快速向下滴落的峰狀。

＊譯註：乾性發泡 firm peak，舉起攪拌棒，附著在攪拌棒上的蛋白霜尖端呈堅挺不下垂的打發狀態。但這裡希望打到剛剛接近乾性發泡，蛋白霜尖端呈略微下垂的打發狀態。

**5.** 把麵糊舀進擠花袋裡，並且擠在準備好的烤盤上。（為了讓烤盤紙固定在烤盤上，在烤盤的四個角落各擠一點麵糊，好把烤盤紙和烤盤"黏"住。）擠成直徑約1吋（2.5公分）的圓形，在圓形和圓形中間留約1吋（2.5公分）的間隔距離。（因為你要做成夾心馬卡龍，試著擠成相同大小的圓。）待你擠出所有的馬卡龍，以兩手抬起烤盤，在工作檯面上敲一下。不要害怕－你需要把空氣從麵糊裡震出來。讓烤盤在室溫裡靜置15分鐘，同時預熱烤箱。

**6.** 在烤箱中層放一張網架，並預熱烤箱到華氏425度（攝氏220度）。

**7.** 你應該一次只烤一盤，所以在一盤馬卡龍上撒可可粉，並且送進烤箱。烤盤一進烤箱後，立刻把溫度調到華氏350度（攝氏180度）並且以一根木匙卡住烤箱門，使其微微開的狀態。烤焙10~12分鐘，或者直到它們變平滑且摸起來剛好定型。把烤盤移到一張冷卻架上，並且把烤箱調回華氏425度（攝氏220度）。 把馬卡龍從烤盤紙上取下－它們應該在出了烤箱後儘快的取下－你必須在馬卡龍下方製造出溼氣。小心地把烤盤紙的四個角落鬆開，並且把一個角落的烤盤紙掀起，倒一點熱水到烤盤紙下的烤盤上。熱水遇到燙烤盤可能冒泡產生蒸氣，所以要確保你的手和臉離遠一些。移動烤盤紙或傾斜烤盤好讓烤盤紙平均地受潮。讓馬卡龍留在烤盤紙上吸附溼氣，約15分鐘，再把馬卡龍從紙上撕下來，放在冷卻架上。

**8.** 當烤箱已達到對的溫度，重覆完成第二盤馬卡龍。依上述指示從烤盤紙上取下後放涼。

## TO FINISH 最後裝飾

- **苦甜巧克力奶油霜甘那許**（215頁），冷卻到可以抹開的質地，或者巧克力薰衣草冰淇淋（185頁）

待馬卡龍放涼後，以兩片馬卡龍中間夾甘那許或冰淇淋做成夾心馬卡龍。

For the ganache甘那許：每個夾心馬卡龍，在馬卡龍平坦的那面擠上直徑約½吋（1.5公分）的甘那許，再疊上另一塊馬卡龍，平坦面朝下，用它來把甘那許推開好鋪至邊緣。把這填了餡的馬卡龍移到容器裡蓋好蓋子，放進冰箱隔夜冷藏軟化再享用。

約24～30個
夾心馬卡龍

**KEEPING 保存**：還沒夾心的馬卡龍可以裝在密封罐裡室溫下保存三天。一旦塗了夾心，夾甘那許的馬卡龍應該隔天享用；夾冰淇淋的馬卡龍可以冷凍長達二週。

For the Chocolat-Lavender Ice Cream 薰衣草巧克力冰淇淋：讓還沒填餡夾心的馬卡龍在冰箱冷藏隔夜一晚好使其軟化，隔天早上再夾上冰淇淋。夾了冰淇淋的馬卡龍應該，也當然，需要冷凍保存。如果凍得太硬了，享用前移到冷藏室解凍至少15分鐘。

CREAMY, CRUNCHY,

NUTTY, AND FRUIT-FILLED

# CHOCOLATE TARTS
柔滑、酥脆、富含堅果氣息以及水果內餡的
巧克力塔

# WARM CHOCOLATE
# AND RASPBERRY TART
## 溫熱的覆盆子巧克力塔

**小** 心這個覆盆子巧克力塔－它是一個味覺的
誘惑。有著頻頻向你招手的外觀，但真正
抓住你的，是它的風味和質地。甘那許內餡是溫熱的，剛剛好定型而已，幾乎像個卡士達
醬，柔軟而濃稠，如絲緞般光滑。並且以覆盆子點綴其上，一個加熱後會展現不同風格的
水果。烤焙，即使這道覆盆子巧克力塔只是稍微烤過，莓果多了溫柔的甜味，甚至更突出
了風味，因為烤箱的溫度使它們熟成到完美的狀態。盛裝內餡的甜杏仁塔皮，提供了一些
奶油香和一點酥脆感，與濃稠的內餡形成美妙的對比。


## THE CRUST 塔皮

- 1個直徑8¾吋 (22公分) 以甜塔皮麵團 (235頁) 完全烤焙好的空塔皮，冷卻到室溫

讓冷卻後的塔皮，維持不脫模的狀態，留在舖著烤盤紙的烤盤上。(這塔皮最多可以在8小
時前先烤好，室溫下保存。)


## THE FILLING 內餡

- ½杯 (55克) 紅色覆盆子
- 5盎司 (145克) 苦甜巧克力，偏好法芙娜黑美食 (Valrhona Noir Gastronomie)，
  切到細碎
- 1條 (4盎司；115克) 無鹽奶油，切成8塊
- 1枚大顆雞蛋，室溫，以叉子打散
- 3枚大顆雞蛋的蛋黃，室溫，以叉子打散
- 2大匙砂糖

1. 在烤箱中層放一張網架，並且預熱烤箱到華氏375度 (攝氏190度)。
2. 在塔皮裡填滿覆盆子。

3. 把巧克力和奶油以不同的缽盆分開融化－如果不是以隔著熱水，但鍋底不碰到水的方式加熱融化，就用微波爐加熱融化。之後讓它們放涼到摸起來溫溫的（以立即感應式溫度計測量，華氏104度／攝氏60度，就是剛剛好的溫度。）

4. 以一把小的打蛋器（whisk）或橡皮刮刀，把雞蛋拌進巧克力裡，以由內向外的方式輕輕攪拌，並且小心不要過度攪拌這個巧克力糊－你並不想把空氣打進甘那許裡。以一次一點點的方式，拌入蛋黃，再來是砂糖。最後，仍然很輕柔地，把溫熱融化了的奶油拌入。把拌好的甘那許倒在塔皮裡的覆盆子上。

5. 烤焙11分鐘－這時間應該剛好能夠讓塔烤至轉為暗淡無光澤，就像蛋糕的表面。如果輕搖，塔的中央仍會晃動－這正是它應有的模樣。把塔從烤箱裡取出，移到冷卻架上，享用前讓它冷卻10分鐘。

## TO SERVE 擺盤

- ¼杯（25克）紅色覆盆子
- 香草安格列斯奶油醬Vanilla Crème Anglaise（217頁）（可省略）

把新鮮的紅色覆盆子撒在塔的表面，如果你喜歡，搭配安格列斯奶油醬一起享用。

KEEPING 保存：塔皮可以事先完成，但整個塔應該在甘那許完成後立刻組合起來。雖然這個塔要在出爐後很快就享用，但也可以冷藏保存隔夜，隔天先讓它回到室溫後再享用。內餡會比較紮實、比較濃厚，依然很美味。

# NAYLA'S TART
## 奈拉的塔

**這**是一個非常簡單的塔－和黑色小洋裝一樣的簡單而時尚。它不過就是塔皮和甘那許的組合，但那不太甜的可可和含鹽奶油做成的塔皮，是如此的傑出，還有甘那許，深邃苦甜且帶有優雅長遠的尾韻，令人難以忘懷。如果你把塔皮擀得比平常稍厚些，會讓輕盈的內餡因此有了一個對比的質地，那麼，會更加突顯這兩個組合元素的不凡。

■ 這道塔名字裡的 Nayla，是指我的朋友奈拉奧迪 Nayla Audi。有一年夏天，她在戈爾代（Gordes）*的家裡做了一頓豐盛的鄉村午宴，這個塔就是甜點。奈拉的塔真是愉悅享受，因為它看起來如此平凡，但味道和質地卻如此的特別。 ■ PH

## THE CRUST 塔皮

- 2杯（280克）中筋麵粉
- ⅓杯外加1大匙（40克）荷式處理可可粉，偏好法芙娜（Valrhona）
- 1¾條（7盎司；200克）含鹽奶油，室溫（或無鹽奶油外加1小搓鹽）
- ½杯（100克）砂糖

I. 將麵粉和可可粉一起過篩備用。攪拌機裝好槳狀攪拌棒，以中速把奶油打到柔軟滑順。加入砂糖，繼續打到混合均勻。轉成中低速，把麵粉和可可粉加進來，只打到混合在一起就好：為了得到這塔皮應有的獨特酥鬆質地，粉類材料加進來後最好攪拌越少越好。如果絕大多數的粉已經拌進去，但仍有一些留在缸底，把麵團倒出來在一個平坦的工作檯面上，用手把剩下的拌入即可。把頑抗的乾性材料拌進麵團裡最簡單的方法是，以你的手掌根一次把一小量的麵團壓在工作檯面上。把麵團塑成球狀，拍平成圓盤狀，以保鮮膜包起來，冷藏至少一小時。（密封包好下，這個麵團可以冷藏二天或冷凍一個月。）

*譯註：戈爾代（Gordes）法國普羅旺斯的一個小鎮，有天空之城的美稱。

2. 當你準備好要把這麵團擀開並烤焙時，把一個直徑10¼吋（26公分）的塔圈模（tart ring）塗上奶油，並且放在一張舖了烤盤紙的烤盤上。

3. 在一個略微撒粉的工作檯面，把塔皮麵團擀成略少於¼吋（7公厘）厚的圓形，不時地把麵皮翻起來，確認工作檯面和麵皮之間隨時充份撒有麵粉。把麵皮放進塔模，底部和高起的塔緣都舖到，然後以你的擀麵棍擀過塔模的頂端，把多餘的塔皮切掉。過程中如果塔皮裂開或破掉（它很可能會），不要擔心－以零碎塔皮加以修補破裂處（麵團蘸水來使之黏合，回復到正常）。讓塔皮冷藏冰涼至少30分鐘。

4. 在烤箱中層放一張網架，並預熱烤箱到華氏350度（攝氏180度）。

5. 在塔皮上蓋一張烤盤紙或鋁箔紙，並且填入乾燥的豆子或米粒。烤30~40分鐘或直到定型。將塔皮移到冷卻架上，拿掉紙和重石（豆子或米粒），放涼到室溫。


## THE FILLING 內餡

- 1磅（454克）苦甜巧克力，偏好法芙娜瓜納拉（Valrhona Guanaja），切到細碎
- 2杯（500克）高脂鮮奶油
- 1條（4盎司；113克）的無鹽奶油，室溫，切成8塊


1. 把巧克力放進一只裝得下所有內餡材料的缽盆裡，置旁備用。鮮奶油以厚底湯鍋加熱到滾。

2. 在等鮮奶油煮滾的時間裡，以一把橡皮刮刀把奶油拌到非常柔軟滑順，暫時置旁備用。

3. 待鮮奶油滾了後，將鍋子自爐上移開，以一把打蛋器（whisk）或橡皮刮刀，輕輕地將這鮮奶油拌入巧克力裡－不要製造出氣泡－直到巧克力完全融化，且這巧克力糊變得很平滑。把缽盆留在工作檯上，冷卻1分鐘再加入奶油。

4. 奶油以一次一點點的方式加進巧克力糊裡，輕柔地把奶油拌入。當奶油完全混入後，甘那許應該很平滑且帶有光澤。（甘那許可以事先做好，密封包起來，冷藏保存二天或冷凍一個月。使用前應該讓它回到室溫，並呈可抹開的質地）

5. 把甘那許倒入塔皮，冰箱冷藏約30分鐘，好讓甘那許定型。

## TO SERVE 擺盤（可省略）

- **香草安格列斯奶油醬（217頁）或輕度打發的微甜高脂鮮奶油（222頁）**

把塔自冰箱裡取出，讓它回溫到室溫再盛盤上桌。喜歡的話可以搭配安格列斯奶油醬，或打發鮮奶油一起享用。

可供8～10人享用

**KEEPING 保存**：塔皮和甘那許兩者都可事先做好，組合好的塔可以在包好下冷藏保存－遠離帶有強烈氣味的食物－最多兩天，或者冷凍保存一個月（解凍方式是，仍然包著，在冷藏室隔夜解凍）。然而，這塔要在室溫狀態下，如此你才能享受到內餡柔滑的質地。

# CHOCOLATE AND PORT-STEEPED-FIG TART

## 波特無花果巧克力塔

**眾** 所皆知，巧克力和波特酒很搭－波特酒常被推薦如同葡萄酒一般，和巧克力搭配飲用－但在這個塔裡，你得以了解這兩樣材料，彼此間有著更親密的關係，而不只是相互搭配。波特無花果巧克力塔顯示出這兩者間的風味如此的相似－都有著深邃的濃郁，帶著微酸、辛香與果香。所有巧克力和波特酒，最棒和最突出的風味在這個塔裡格外突顯，並且因為添加了新鮮的紫色無花果－一個能吸收並分享同煮食材的水果－而結合在一起。為了強化這樣的特色，我們把無花果以辛辣的波特酒加熱，並浸泡隔夜，填入巧克力塔皮，再覆以絲滑的甘那許。如果你想要，可以保留煮過無花果剩下的糖漿：加以煮沸後和覆盆子庫利混合，作為這款閃亮巧克力塔的完美裝飾。

■ 無花果煮了以後比新鮮的更具滋味，當它們和波特酒、柑橘果皮及辛香料一起烹煮，就像這道甜點的做法，最深邃、最具特色的風味，被強化和突顯了出來。 ■ PH

## THE FIGS 無花果

- 8個紫色的無花果
- 2杯（500克）紅寶石波特酒（ruby port）
- 5大匙（60克）砂糖
- ½個檸檬的果皮－以果皮刮刀取下成寬條
- ½個柳橙的果皮－以果皮刮刀取下成寬條
- 6顆黑胡椒，壓碎
- 1根肉桂棒

1. 把無花果頂端蒂頭切掉，並且使用一把尖銳的小刀，將你剛切出來的平坦面以X字形，切入約½吋（1.5公分）深及中心－這會讓酒可以滲入水果裡。

2. 一只小煎鍋或湯鍋，以中火把無花果以外的所有材料煮滾。加入無花果，轉小火讓糖漿維持著小滾，續煮5分鐘。將鍋子自爐上移開，並且讓無花果浸泡在糖漿裡冷卻到室溫。把無花果連同糖漿放進一只碗裡，蓋上蓋子，隔夜冷藏。

3. 當你準備製作這個塔時，把無花果以漏杓從糖漿裡取出，並以廚房紙巾擦乾。將糖漿保留下來，如果你想以此為塔做道醬汁。保留1個無花果備用，把剩下的每個無花果切成8等份角錐形，以你切柳橙的方式來切它。保留備用的無花果會用來裝飾：讓它站著，使用一把銳利的小刀，把它分切成8到10塊，再一次，以你切柳橙的方式來切它，但這一次小心不要把它切斷－保留底部的¼吋（7公厘）左右不切。擺盤時，輕輕地把你切過的部份剝開，讓它形成一朵花。

## THE CRUST 塔皮

- **1個直徑9⅓吋（24公分）巧克力杏仁法式塔皮麵團（238頁），完全烤焙好的空塔皮，冷卻到室溫**

讓冷卻後的塔皮，維持不脫模的狀態，留在舖著烤盤紙的烤盤上。（塔皮最多可以在8小時前先烤好，室溫下保存。）

## THE SAUCE 醬汁 （可省略）

- **預留下煮過無花果的糖漿**
- **½品脫（110克）紅色覆盆子**
- **2大匙砂糖**

1. 把糖漿倒進一只小湯鍋以中火煮滾。繼續煮到這糖漿濃縮至¼杯（60克），過濾後暫時置旁備用。

2. 把覆盆子和砂糖，放在果汁機或食物調理機（或者使用手提式均質機），打成果泥。過濾後拌進波特酒糖漿裡。醬汁現在可以使用了。（最多可以在二天前完成，並且密封包好冷藏保存。享用前讓它在室溫裡回溫幾分鐘－不要讓它那麼冰即可。）

## TO FINISH 最後裝飾

- **苦甜巧克力奶油霜甘那許（215頁），溫熱且可以倒得出來的質地**

1. 在塔皮裡倒入剛好足夠蓋住整個底部的甘那許。舖上切成角錐狀的無花果，覆以剩下的甘那許。將塔放入冰箱冷藏約30分鐘，好讓甘那許定型，上桌前把塔放在工作檯上回復到室溫。（可以在二天前事先做好，包好放冰箱冷藏，遠離帶有強烈氣味的食物）。

2. 讓塔以滿載無花果花的模式呈現。在每一塊切成楔形的塔上淋一點「波特酒-覆盆子醬」，如果你有準備的話。

可供8人享用

**KEEPING 保存**：塔和醬汁兩者都可以最多在二天前事先做好，蓋好蓋子，冷藏保存；然而，這道塔要在室溫狀態下享用，而且醬汁不應太冰。

# LINZER TART

## 林茲塔

古典的林茲塔只是簡單地以塔皮加上覆盆子果醬，但它擁有所有甜點愛好者所喜愛的：肉桂味、甜美、濃郁的杏仁塔皮，入口即化的奶油風味及迷人的酥脆，鮮明且甜得剛剛好的果醬。Pierre 皮耶的林茲塔，有著完美的塔皮和甜美芬芳的自製果醬，但它還有更值得你喜愛的特色－巧克力：覆盆子果醬上加的是，一層奢華的濃郁巧克力甘那許。甘那許不可或缺，因為它完美結合塔皮中辛香料的美妙風味，更替果醬的酸味帶來圓潤芳醇。林茲塔照片請見第 x 頁。

■　林茲塔的麵團是奧地利名產，並且，真的囊括了幾樣奧地利特有的配方，包括過篩的全熟水煮蛋黃。它賦予了麵團美味的酥脆質地，同時也讓塔皮更好操作：相較於操作其它塔皮，林茲塔的塔皮入模較輕鬆。但反過來說，一旦它烤焙完成，會比多數的塔皮更脆弱－也更為獨特。　■　PH

### THE CRUST 塔皮

- 7 大匙（3½ 盎司；100 克）的無鹽奶油，室溫
- 2½ 大匙糖粉
- 2½ 大匙細磨杏仁粉（265 頁），或者去皮杏仁細磨（265 頁）
- 1 枚全熟大顆水煮蛋的蛋黃，冷卻到室溫，用細網篩過篩後備用
- ¼ 小匙肉桂粉
- 1 小撮鹽
- 1 小匙深色蘭姆酒（dark rum）
- 1 小撮雙效泡打粉（double-acting baking powder）
- ¾ 杯（105 克）中筋麵粉

I. 把奶油放在裝好金屬刀片的食物調理機裡，打到呈乳霜狀，必要時停機把附著在缸壁的刮下來再繼續。加入糖粉、杏仁粉、蛋黃屑、肉桂和鹽，繼續打到平滑，必要時要

刮缸；加入蘭姆酒，用瞬間跳打鍵（Pulse鍵）打打停停拌至勻。把泡打粉和麵粉混合後一起加入食物調理機，再用瞬間跳打鍵（Pulse鍵）打打停停直到全部混合均勻。（不同於塔皮麵團，林茲塔的塔皮麵團可以混合至超過"成團和乳霜狀clump-and-curd"的階段。）麵團摸起來會非常軟，看起來好像你是要做花生醬餅乾一樣。

2. 把麵團刮到一張保鮮膜上，借助保鮮膜，把它塑成一個球狀，再輕柔地壓成圓盤狀。用保鮮膜包起來，讓麵團在冰箱冷藏至少4小時，直到你準備要把它擀開、烤焙。（可以密封包起來，冷藏最多二天或冷凍長達一個月。）

3. 烤盤鋪上烤盤紙，再放上一個直徑8¾吋（22公分）的塔圈模（tart ring）。

4. 你可以把麵團擀成符合塔圈模大小－保持工作檯面和麵團間，充分撒上薄層麵粉，操作最容易－或者你可以用拍的把它拍成圈模般大小。（如果你用擀的，記得這個麵團超級易破，而且非比尋常的易沾黏－如果破了，只要把麵團壓在一起，或者放上一小塊麵團在破的地方來修補它。）不論你用擀或用拍的，讓林茲塔的塔皮比一般塔皮來得厚；塔皮必須是略少於¼吋（7公厘）厚。塔皮填入塔模後把多出來的邊修乾淨，用保鮮膜包起來，冷藏至少30分鐘。你可以把多餘剩下的麵團全收集起來塑成團，拍扁成圓餅狀，冷藏後再擀開，切成小塊來烤。烤好的餅乾可以夾上覆盆子果醬，做成美味的夾心餅乾。

5. 在烤箱中層擺一個網架，把烤箱預熱到華氏350度（約攝氏180度）。把包裹塔皮的保鮮膜拿掉，在中間覆蓋一張圓形烤盤紙，填入乾的豆子或米粒。烤18~20分鐘。拿掉烤盤紙和豆子，繼續烤3~5分鐘到塔皮呈蜂蜜般的棕色。將烤盤移到冷卻架上冷卻至室溫。


# THE JAM 果醬

- 1磅（約2品脫：450克）紅色覆盆子
- 1⅓杯（270克）砂糖
- 約1大匙新鮮現榨檸檬汁


1. 把覆盆子放進食物調理機打成泥，每當覺得機器有點太熱時就暫時關掉，總共打約5分鐘，為了把籽裡的膠質釋放出來。

**2.** 將覆盆子泥刮進一只大型厚底平底深鍋，拌入砂糖。煮至整個大滾，不時的加以攪拌，並且留意鍋底，不要煮到黏鍋。煮10~15分鐘，或直到果醬變得黏稠，並且泡泡看起來很清澈。（因為果醬冷了就會變黏稠，用來預測它黏稠性的最好方法，是把小量的果醬滴在一只冰涼的盤子上。）

**3.** 拌入1小匙的檸檬汁，再把果醬刮入一只耐熱罐或碗裡；你會做出大約1½杯（400克）的果醬。讓果醬冷卻到室溫，嚐嚐看，如果覺得需要就再多加些檸檬汁。果醬放涼後，就可以密實包好放冰箱冷藏保存。（果醬可以在冰箱冷藏保存約一個月。）

可供6~8人享用

**KEEPING 保存**：塔皮麵團可以密封包好，冷藏二天或冷凍長達一個月。一個冷凍的圓盤麵團在平均室溫下，需要約30分鐘回復到適合擀開的質地。果醬可以在一個月前先做好，甘那許可以冷藏保存二天，或冷凍長達一個月。然而，一旦林茲塔組合完畢，最好當天享用。

## TO FINISH 最後裝飾

- 約¾杯（240克）覆盆子果醬（上面步驟煮好的）
- 苦甜巧克力奶油霜甘那許（215頁），溫熱且可以倒得出來的質地

**1.** 用在林茲塔，果醬必需是抹得開，而不是倒得出來的質地。如果你的果醬太具流動性，你可以用湯鍋直火加熱，再把它煮個幾分鐘，或者倒進一個微波適用的大碗裡─一個Pyrex牌的量杯就很好用─在微波爐裡加熱直到充份變濃稠。必要時讓果醬冷卻幾分鐘，在塔皮的底部抹上平均的一層。現在把甘那許倒進塔裡，倒至滿到塔的邊緣（你可能會剩下一些）。送進冰箱冷藏30分鐘，或直到甘那許定型。

**2.** 享用前讓塔回到室溫。

# GRAND
## CHOCOLATE TART
### 頂級巧克力塔

**就**像它的名字所宣稱，這是一個頂級－真的，非常棒的－塔。它由四個部份所構成，每個都很簡單但又很奇特，如此一來當它們組合在一起，創造出一個驚人複雜，最重要的是，討人喜歡的甜點。主要的巧克力元素，是濃郁的巧克力甘那許和底層柔軟的無麵粉巧克力蛋糕。甘那許和蛋糕，兩者都是絕對的巧克力風味，填在微甜的杏仁塔皮裡，塔皮為這款甜點添加了一點點的酥脆，和些許淡金色。用了大片大片的咖啡可可花邊牛軋糖餅乾，羽絨般輕盈，經典的酥脆，極度的美味，繁花似錦的，完成了這個創作。甚至還有些半透明的牛軋糖，直挺的插在表面，就好像許多風帆在風裡隨風飄揚，讓頂級巧克力塔有著一個靈巧，複雜和優雅的外貌。

關於烤模有個重點：不同於多數 Pierre 皮耶的塔，以塔圈模（tart ring）製成，這個頂級巧克力塔，使用的是有花邊、活動底盤的塔模－你需要這個模型所提供額外的深度。

■　思考關於巧克力塔，我知道我想要創造一個有著純粹巧克力風味的塔。並且在乾的和滑順的元素之間取得一個平衡，同時製造質地上的反差對比。頂級巧克力塔，所有的素材都是巧克力味，滑順的甘那許平衡了蛋糕的乾，底層塔皮與頂層牛軋糖的酥脆，與內餡的柔滑質地形成了對比。　■　PH

## THE CRUST 塔皮

- 1份以甜塔皮麵團（235頁）烤焙好的空塔皮：以直徑10¼吋（26公分），花邊、活動底盤的塔模製成，冷卻到室溫

讓冷卻的塔皮，仍然保留在塔模裡，放在舖了烤盤紙的烤盤上。（塔皮可以在8小時前事先做好，室溫下保存。）

## THE CAKE 蛋糕

- 1¼盎司（40克）苦甜巧克力，偏好法芙娜瓜納拉（Valrhona Guanaja），切到細碎
- ½杯（100克）砂糖
- 2枚大顆雞蛋，室溫，蛋白和蛋黃分開

1. 在烤箱中層放一張網架，並預熱烤箱到華氏350度（攝氏180度）。在一張烤盤紙上用鉛筆畫一個直徑9吋（24公分）的圓形。把烤盤紙翻面，舖在一張烤盤上（如果翻面後看不清楚圓形，把烤盤紙翻過來再描繪加深一點）。或者，你也可以使用一個塗了奶油，直徑9吋（24公分）塔圈模來爲這個蛋糕塑型－不管你用哪一種，將烤盤紙舖在烤盤上，完成麵糊時，把麵糊舀到圈模，或擠出在圓圈裡。如果你要用擠的，擠花袋裝上直徑 ½ 吋（1.5公分）的圓孔擠花嘴，置旁備用。

2. 把巧克力放在一只耐熱的缽盆裡，隔著微滾的熱水－盆底不碰到水－加熱到巧克力融化；或者用微波爐融化巧克力。把巧克力放置一旁冷卻；在你要把它和其它材料混合時，它應該摸起來只有微溫的程度。

3. 在一只大缽盆裡，把¼杯（50克）砂糖和蛋黃一起打到變濃稠、淺黃色。把這暫置一旁。在乾淨的攪拌缸裡，以裝了網狀攪拌棒的攪拌機來打發蛋白。打到蛋白變不透明，且開始變緊實，穩定的把剩下的¼杯（50克）砂糖加進來，繼續打到蛋白霜變堅挺但仍帶有光澤的乾性發泡\*狀態。以一把有彈性的橡皮刮刀，把⅓的蛋白霜輕柔地拌入蛋黃糊裡。（在這階段不必混合得很完全）接著拌入巧克力，再拌入剩下的蛋白霜，繼續輕柔地拌合直到均勻。

4. 把麵糊舀進擠花袋裡，從描繪出來的圓形中央開始，以螺旋狀的方式往外擠到鉛筆描繪的邊緣。如果在螺旋狀裡有任何空隙，以橡皮刮刀輕柔地從圓形上抹過，把麵糊抹平。或者，如果你用的是塔圈模，把麵糊舀（或擠）進圈模裡。

\*譯註：乾性發泡 firm peak（stiff），舉起攪拌棒，附著在攪拌棒上的蛋白霜尖端呈堅挺不下垂的打發狀態。

5.  將烤盤送進烤箱，在烤箱門上插一支木匙，使烤箱門保持微微開啓的狀態，烤18~20分鐘，或者直到蛋糕的表面產生裂痕、失去光澤，並且呈淡可可色，以一把刀子插進蛋糕中央後取出，刀身是乾淨不沾麵糊即可。把還在烤盤紙上的蛋糕移到冷卻架上，放涼到室溫。（蛋糕可以事先做好，密封包起來，室溫保存一天或冷凍一個月。）

## THE GANACHE 甘那許

- 10盎司（285克）苦甜巧克力，偏好法芙娜瓜納拉（Valrhona Guanaja），切到細碎
- 1¼杯（310克）高脂鮮奶油
- 5大匙（2½盎司；70克）無鹽奶油，室溫，切成6塊

1.  把巧克力放進一只裝得下所有甘那許材料的缽盆裡，置旁備用。鮮奶油以厚底湯鍋加熱到大滾。

2.  在等鮮奶油煮滾的時間裡，以一把橡皮刮刀把奶油拌到非常柔軟滑順，暫時置旁備用。

3.  待鮮奶油滾了後，將鍋子自爐上移開，以一把打蛋器（whisk）或橡皮刮刀，輕輕地將鮮奶油拌入巧克力裡。攪拌－在不製造出氣泡的情況下－直到巧克力完全融化且巧克力糊變得很滑順。把缽盆留在工作檯上冷卻1分鐘，再加入奶油。

4.  奶油以一次一點點的方式，加進巧克力糊裡，以輕柔攪拌的方式把奶油拌入。當奶油完全混入後，甘那許應該很平滑且帶有光澤。（甘那許可以事先做好，密封包起來，冷藏保存二天或冷凍一個月。使用前應該讓它回到室溫，呈現可以抹開的質地）。

5.  在塔皮裡倒或抹一層非常薄的甘那許，並且使用一把裝飾用抹刀，把甘那許抹開在整個底部。把巧克力蛋糕從烤盤紙上取下，檢查它是否比塔皮小約1吋（2.5公分）。如果不是，把它修成正確尺寸。把蛋糕放在塔皮的中間－如果你用塔圈模來做蛋糕，它

可供 8～10 人享用

**KEEPING 保存**：塔皮、蛋糕和甘那許可以事先做好，組合好的塔－除了餅乾，餅乾應該要在最後一分鐘才放上去－可以包好，遠離帶有強烈氣味的食物，冷藏保存二天，或者密封包好冷凍長達一個月。如果塔冷凍過，解凍方式是，仍然包著，冷藏隔夜解凍。不論冷藏或冷凍過，頂級巧克力塔在享用前要恢復到室溫。

可能比塔模來得高－若真如此，只要把它往下壓就好，用你的掌心來壓。把剩下的甘那許倒在蛋糕上，以一把裝飾用抹刀把表面抹平，確認甘那許填在塔和蛋糕間的位置。將塔冷藏 30 分鐘好讓甘那許凝固定型。（塔可以事先做好，蓋好冷藏保存二天或密封包好，冷凍一個月。）

## TO FINISH 最後裝飾

- **咖啡可可牛軋糖花邊餅乾**（82 頁）

因為牛軋糖很脆弱，且容易受潮而出水，它們應該在要享用前才放上去。把餅乾剝成不同大小的塊狀－保留一些較大塊的，比較戲劇化－把餅乾片排在塔上，每一塊餅乾的尖處朝下，插進已定型的甘那許裡好讓它立起來。頂級巧克力塔需要冰到甘那許定型，好讓你可以把餅乾插進去，應該在室溫狀態下享用。

在 **甜點菜單上看到"grenobloise"這個字，**你可以肯定裡面會有一層以軟質焦糖包裹的堅果。常見的格勒諾布爾塔是一種有著雙塔皮的甜點，更像是餡餅而不是塔，而且填入了堅果，經常是綜合堅果。但在 Pierre 皮耶從經典的反思下，堅果變為胡桃－一種最近幾年才開始在巴黎出現，隨著廣受歡迎的美式胡桃派，如同糖果一般，做為頂層焦糖的堅果－下層是美妙的苦甜巧克力甘那許。皮耶的格勒諾布爾塔，可以讓你重新審思傳統的版本，以及我們的胡桃派。

## THE CRUSE 塔皮

- 1個直徑9½吋（24公分）以巧克力杏仁法式塔皮麵團（238頁），完全烤焙好的空塔皮，冷卻到室溫

讓冷卻後的塔皮，維持不脫模的狀態，留在舖著烤盤紙的烤盤上。（塔皮最多可以在8小時前先烤好，室溫下保存。）

## THE CHOCOLATE LAYER 巧克力層

- 苦甜巧克力奶油霜甘那許（215頁），溫熱的、倒得出來的質地

把甘那許倒入冷卻的塔皮上，再把塔放入冰箱冷藏約30分鐘，好讓甘那許固定成形。（進行到此的塔，最多可以在二天前先做好，包好冷藏保存，遠離帶有強烈氣味的食物。）

## THE TOPPING 頂層

- 1杯（250克）高脂鮮奶油
- ⅔杯外加2大匙（150克）砂糖
- 7盎司（200克）略微烤過的胡桃（275頁），微溫狀態

可供8人享用

**KEEPING** 保存：雖然塔皮和甘那許可以事先完成，冷凍長達一個月，但是焦糖必須在完成後儘快使用。而且，一旦組合完畢，格勒諾布爾塔最多可以在室溫下保存二天。

1. 鮮奶油以厚底小湯鍋加熱到滾。當你在處理砂糖時，保持在溫熱的狀態備用。

2. 準備另一只厚底湯鍋或砂鍋，開中火，撒入2~3大匙的砂糖到鍋子中央，撒的範圍不要太大。一旦它開始融化且變色， 以一把木匙或木鏟來攪拌它，直到煮出焦糖。繼續煮並攪拌，把剩下的砂糖一次加入幾湯匙，直到所有砂糖變成深琥珀色，站離遠一點但仍繼續攪拌，加入熱的鮮奶油。不要擔心如果它飛濺，也不必在意如果焦糖結塊－繼續攪拌和加熱會讓一切恢復平滑。焦糖必須煮到華氏226度（攝氏108度），差不多在你加入液體幾秒鐘後就會達到。以煮糖專用溫度計或立即感應式溫度計來測量，一旦到所需溫度，就立刻把鍋子自爐上移開。

3. 拌入胡桃，只拌到堅果均勻地裹上一層焦糖就好。把焦糖倒進一只碗裡，並把碗移到工作檯上，直到焦糖摸起來是微溫的（約20~30分鐘，取決於你廚房裡的溫度）。

4. 把焦糖舀到塔上，以一把鏟子輕柔地把它弄平整。待焦糖冷卻到室溫（約30~60分鐘），格勒諾布爾塔已經可以享用了。

# MILK CHOCOLATE
# AND WALNUT TART

## 牛奶巧克力核桃塔

牛奶巧克力並不是常出現在法國糕點師傅曲目裡的材料，主要是因爲幾乎全法國的甜點人口，都偏好深黑的苦甜巧克力。有可能上百萬的法國人都錯了嗎？不是錯，只是有點不夠心胸開闊。如同 Pierre 皮耶很快的就指出－並且證明（只要看一下這份食譜和53頁甜美的歡愉 Plaisir Sucré）－恰當的使用牛奶巧克力，可以令人完全滿意，而對皮耶來說，"恰當的"包括－搭配可以突顯出牛奶巧克力最佳品質的對等材料－它不凡的柔滑，它隨和易搭的天性（牛奶巧克力不挑剔），當然，還有它的甜度。在這個塔裡，牛奶巧克力是甘那許內餡裡最閃耀的星星，和它相呼應的是幾乎不帶甜味，以碳黑麵團製成的可可杏仁塔皮，還有一大把飽滿，微苦，烤過的核桃。

關於巧克力的小重點：和所有的甘那許一樣，很重要的是選一款單吃你就很享受的巧克力，因爲它和鮮奶油及奶油混合後，味道並不會改變太多。在這食譜裡更形重要，因爲巧克力只拌以鮮奶油。如果可以，使用法國進口的牛奶巧克力，或者上等優質的牛奶巧克力。

---

■　這個塔如果以花生來取代核桃，仍然美味－只要確定用的是鹹味的花生。　■　PH

---

### THE CRUST 塔皮

- 1個直徑8¾吋（22公分）以巧克力杏仁法式塔皮麵團（238頁），完全烤焙好的空塔皮，冷卻到室溫。

讓冷卻後的塔皮，維持不脫模的狀態下，留在舖著烤盤紙的烤盤上。（塔皮最多可以在8小時前先烤好，室溫下保存。）

## THE FILLING 內餡

- 13¼盎司（375克）牛奶巧克力，偏好法芙娜吉瓦哈（Valrhona Jivara），切到細碎
- 1⅓杯（335克）高脂鮮奶油
- 5盎司（145克）核桃，烤過（275頁），放涼

1. 把巧克力放進一只裝得下所有內餡材料的缽盆裡，置旁備用。鮮奶油以厚底湯鍋加熱到大滾。

2. 待鮮奶油滾了後，將鍋子自爐上移開，以一把打蛋器（whisk）或橡皮刮刀，輕輕地將這鮮奶油拌入巧克力裡。攪拌－在不製造出氣泡的情況下－直到巧克力完全融化，且混合物變得很平滑。

3. 在塔皮裡倒入一層非常薄的溫熱甘那許，使用一把裝飾用抹刀把甘那許抹開在整個底部。在甘那許上平均地撒上烤過的核桃，覆以剩下的甘那許，足夠滿到塔的邊緣。（你可能會剩下一些甘那許－它可以在蓋好下，冰箱冷藏幾天或冷凍一個月。）把塔放入冰箱冷藏約30分鐘。好讓甘那許定型。

## TO FINISH 最後裝飾

- 牛奶巧克力捲片（258頁）（可省略）

快上桌前把塔自冰箱裡取出，覆以大量的巧克力捲片，並且讓它回溫到室溫。

可供8人享用

---

**KEEPING** 保存：這個塔－若還沒加上巧克力捲片－包好，遠離帶有強烈氣味的食物，可以冷藏保存二天，或者密封包好冷凍長達一個月。（解凍方式是，仍然包著，冷藏隔夜解凍。）冷藏或冷凍過的塔，在享用前要先讓它回復到室溫。

# NUTELLA TART
## 榛果巧克力塔

源自義大利，但現在風行全世界。榛果巧克力醬（Nutella）是高級的零食－在歐洲，如同美國的花生醬。榛果巧克力醬，事實上，是一種榛果醬，一種質地滑順，可以用刀子纏繞蘸取的抹醬，以榛果、牛奶和可可製成。在法國，榛果巧克力醬常抹在早餐麵包和可頌上，但在這份食譜裡，Pierre皮耶把它變成一個苦甜巧克力塔的基底。一個巧克力塔皮抹上榛果巧克力醬，填入甘那許，再以大顆烤過的榛果做總結。只烤了11分鐘，冷卻到室溫後享用－這是最能品嚐出兩種巧克力內餡，相互對比的完美溫度。零食從來都沒這麼好吃過。

如果你想要，等塔涼了後，用紙捲成甜筒狀，填入榛果巧克力醬在塔上擠出細線條，就像我們在照片裡做的一樣。

■　我為我的妻子費德莉克Frédérick創造了這個塔，當時她正在寫一本書名為"plaisirs caches"－隱藏的樂趣。榛果巧克力醬是她的樂趣之一，不論是隱藏或公開，早從她童年時期開始。　■　PH

## THE CRUST 塔皮

- 1個直徑8¾吋（22公分）以甜塔皮麵團（235頁）完全烤焙好的空塔皮，冷卻到室溫

讓冷卻後的塔皮，維持不脫模的狀態，留在鋪著烤盤紙的烤盤上。（塔皮最多可以在8小時前先烤好，室溫下保存。）

## THE FILLING 內餡

- ⅔杯（200克）榛果巧克力醬（Nutella）
- 4¾盎司（140克）苦甜巧克力，偏好法芙娜美食 （Valrhona Gastronomie），切到細碎

- 7大匙（3½盎司；200克）無鹽奶油
- 1枚大顆雞蛋，室溫，以叉子打散
- 3枚大顆雞蛋的蛋黃，室溫，以叉子打散
- 2大匙砂糖
- 1杯（140克）榛果（273頁）烤過，去皮，略切

1. 在烤箱中層放一張網架並預熱烤箱到華氏375度（攝氏190度）。
2. 把榛果巧克力醬平均地抹在整個塔皮的底部，當你在製作甘那許時，置旁備用。
3. 把巧克力和奶油分別放在兩只碗裡，隔著微滾的熱水－碗底不碰到水，或者用微波爐加熱到融化。放涼到摸起來應該是剛好溫溫的（以立即感應式溫度計量起來是華氏104度／攝氏40度，就是完美的溫度。）。

可供6～8人享用

**KEEPING** 保存：塔皮可以事先做好，但內餡一完成就要立刻烤焙。雖然這個塔最好在室溫狀態時享用，如果你把剩下的冷藏冰起來，隔天有人會很開心。

4. 以一把小的打蛋器（whisk）或橡皮刮刀，把雞蛋拌入巧克力裡，以從裡向外擴大劃圈的方式，輕輕攪拌並且小心不要打發這個巧克力糊－你並不想把空氣打進甘那許裡。一次一點點的把蛋黃拌進去，接著是砂糖。最後，仍然很輕柔地，拌入融化了的溫熱奶油。把甘那許倒進塔裡的榛果巧克力醬上，再撒上烤過的榛果粒。
5. 烤焙11分鐘－這應該是剛好足夠讓塔凝結變黯淡的時間，像是蛋糕的表面。如果加以搖動，塔的中心會晃動－這正是它應有的模樣。讓塔冷卻20分鐘，或直到它變成室溫－最佳品嚐溫度。

120　CHOCOLATE DESSERTS BY PIERRE HERMÉ

# PUDDING, CREAMS,

# CUSTARDS, MOUSSES,

## AND MORE CHOCOLATE DESSERTS
布丁、奶油霜、卡士達、慕斯和更多的巧克力甜點

# SIMPLE
# CHOCOLATE
# MOUSSE
## 簡易巧克力慕斯

**慕**斯顧名思義就是要有輕柔如耳語般的質地，令人讚嘆的滋味。主要材料是苦甜巧克力，以打發蛋白使它質地輕盈，加個蛋黃讓它滋味更濃，並且以最少量的砂糖增加些許甜味。牛奶是這份食譜裡不在預期，但就是對的材料。因為它比鮮奶油輕爽，在不增加濃稠度或搶掉巧克力味的情況下，為慕斯帶來柔滑的質地。

■　我把這個慕斯當成一個基礎配方，一個我可以拿來變戲法，和隨意改變的食譜。我經常在上桌前為它增添口味或質地，在慕斯上加巧克力刨片（258頁）；米製脆片（256頁）；薄片香蕉，直接加或煎過；整顆的覆盆子或覆盆子庫利（255頁）；烤過的堅果；或切碎的新鮮薄荷葉。有時候我會在製作時為慕斯添加不同的調味，以磨碎的橙皮浸泡於牛奶中，一湯匙的即溶咖啡，一點點肉桂粉，或者一小搓的小荳蔻。　■　PH

- 6盎司（170克）苦甜巧克力，偏好法芙娜美食（Valrhona Gastronomie），切到細碎
- ⅓杯（80克）全脂牛奶
- 1枚大顆雞蛋的蛋黃
- 4枚大顆雞蛋的蛋白
- 2大匙砂糖

1.　把巧克力放在一只缽盆裡，隔微滾的熱水－碗底不碰到水－加熱至巧克力融化；或者用微波爐融化巧克力。如果需要，可以把巧克力倒入另一只大到足夠裝得下所有材料的缽盆裡。暫時把巧克力留在工作檯上備用。當你要用時，巧克力糊摸起來應該是剛好溫溫的。

可供6人享用

**KEEPING** 保存：如果你把這慕斯冰涼後，很快的就讓它上桌，嚐起來質地會比較輕盈，它還是可以在蓋好蓋子下，冰箱冷藏最多二天－超過二天後，如果質地稍微變稠密些，仍然非常美味。

2. 把牛奶加熱到滾，倒在巧克力糊上。使用一把小的打蛋器（whisk），輕柔地把牛奶拌入巧克力裡。把蛋黃加進來，並且拌至與巧克力融合，一樣，動作必須輕柔；蛋黃和巧克力一拌勻就要停止攪拌。

3. 攪拌機裝上網狀攪拌棒，以中速打發蛋白到溼性發泡（soft peaks）＊。轉到中高速，將砂糖慢慢逐漸地加入。持續打到蛋白呈硬性發泡（firm）＊但仍帶有光澤。從攪拌缸裡舀出⅓的蛋白霜，加入巧克力糊裡。使用一把打蛋器，以攪拌的方式讓蛋白霜稀釋巧克力糊。現在，以打蛋器或大支有彈性的橡皮刮刀，把剩下的蛋白霜以輕柔地動作，拌入巧克力糊裡，兩者必須確實混合。

4. 換用一只大的缽盆來盛裝慕斯，這款甜點用玻璃容器來裝會很好，或者用一人份的杯子來盛裝，並且冰涼一小時好讓它定型。

＊譯註：濕性發泡 soft peaks，舉起攪拌棒，附著在攪拌棒上的蛋白霜尖端呈略下垂的打發狀態。乾性發泡 firm peak，舉起攪拌棒，附著在攪拌棒上的蛋白霜尖端呈堅挺不下垂的打發狀態。

# CHOCOLATE
## RICE PUDDING
### 巧克力米布丁

並不是你祖母做的那種米布丁，甚至不是你媽媽會做的那種。這個米布丁具備童年時期甜點應有的可愛和溫暖，更兼具萬中選一的性感情趣。是的，一如我們所認知的滑順米布丁，但它使用亞伯里歐（Arborio）短米製作－小顆、圓粒的燉飯用米，它的米芯在加熱後，仍可保持彈牙不軟爛－飽滿的金黃葡萄乾和苦甜巧克力，讓這款布丁蛻變，使它的滋味更深邃，質地更濃稠，整體更具個性。

■ 這個米布丁，舀進小杯、細長的玻璃杯或義式濃縮咖啡杯裡，就可以直接上桌，無需任何頂層或佐料，但它也可以簡單地配上焦糖米製脆片（Caramelized Rice Krispies）、巧克力醬（253頁）、香草安格列斯奶油醬（217頁）、覆盆子庫利（255頁）或水果小丁，像是很快地在奶油和砂糖裡拌炒過的西洋梨或蘋果。 ■ PH

- 3¾杯（935克）全脂牛奶
- ½杯（100克）亞伯里歐（Arborio）短米
- 2大匙砂糖
- 1小搓鹽
- 2大匙（1盎司；30克）的無鹽奶油，室溫
- 7盎司（200克）苦甜巧克力，偏好法芙娜的瓜納拉（Valrhona Guanaja），融化備用。
- ½杯（60克）潤澤、飽滿的金黃葡萄乾

1. 把牛奶倒入一只中等大小的厚底湯鍋裡，加入米、砂糖和鹽。煮滾，中間經常加以攪拌－不要走開，因為牛奶很容易滾到冒出來－把火轉小，讓牛奶維持一種穩定，慢火小滾的狀態。不時的加以攪拌，讓牛奶以文火煮約12~15分鐘，或者直到米澈底煮

透。（所需時間取決於你的米和火力的強度。因爲用的是亞伯里歐短米，這種米，如果煮得正確，它會一直維持在輕微彈牙的狀態，意思是說它的米芯會是有彈性不軟爛的。）大約¼的牛奶會蒸發掉，這是正常的。

2. 把鍋子自爐上移開，接著以一把耐熱橡皮刮刀拌入奶油。待奶油融化且混合均勻後，倒一些些在融化的巧克力上，並且輕柔地拌一拌。現在把巧克力刮進米布丁的鍋子裡，並且把它和米布丁拌在一起，由裡到外以向外擴大劃圓的方式拌它，並且只拌到足以讓材料混合就好。拌入葡萄乾，接著把米布丁舀到上桌時要用的碗或個人份量的杯子裡。緊貼布丁的表面覆蓋一張保鮮膜，以製造出隔絕空氣的密封效果，一旦米布丁降溫到室溫，放入冰箱冷藏至冰涼。

可供6人享用

KEEPING 保存：裝在密封容器裡的米布丁，可以在冰箱冷藏最多二天。如果你要以焦糖米製脆片做最後裝飾，上桌時才撒上去。

## TO FINISH 最後裝飾 （可省略）

- 焦糖米製脆片 (256頁)

上桌前10分鐘把米布丁從冰箱裡取出。如果想要，可以在米布丁的表面撒些焦糖米製脆片。

# CHOCOLATE CRÊPES

## 巧克力可麗餅

美美式煎餅（pancake）和法式可麗餅（crêpe）很可能是親戚，但它們從來不會被誤認為雙胞胎。美式的煎餅厚實，法式的可麗餅纖薄；美式的煎餅走鄉村風，法式的，尤其是經過演譯的版本，則屬都會時尚；最後還有一點，美式煎餅是早餐限定，法式可麗餅可以是甜點或小點心，甚至從街邊小店買一份，就像美國人隨手抓顆甜甜圈，拿在手上邊走邊吃。

法式可麗餅可甜、可鹹，而且，在可麗餅專賣店（crêperie）裡，它可以是完整一餐裡的各種項目，從開胃菜到飯後甜點。但即便在一間有著眾多品項的可麗餅專賣店，你也不見得能夠找到巧克力可麗餅；肯定的是，你絕對找不到像這樣的巧克力可麗餅，它毫無疑問是巧克力口味，但只有一點點甜度。因為有著經典的薄，適當地濃郁，且充滿巧克力的美味，它既符合可麗餅應有的標準，也如同磅蛋糕般的多變化。

關於使用工具：不意外地，可麗餅用可麗餅鍋（crêpe pan）來做最簡單，一種非常淺、圓周略微外擴的小型煎鍋。傳統的可麗餅煎鍋是鐵製的，使用前必須烘乾。時至今日市面上有許多很好用，不需要太多特別養護的不沾可麗餅鍋。然而不論你用的是鐵鍋、不沾鍋，或甚至長柄淺煎鍋，你必須確保它煎餅的表面是光滑平坦的－刮痕坑疤可能會讓麵糊沾附，造成可麗餅破洞。

■ 這是一份非常簡單的配方，可以作出非常簡單的甜點。它可以只加上一點點打發鮮奶油，或任何你喜歡用來搭配巧克力的冰淇淋，就可以上桌了。　■　PH

- ⅔杯（95克）中筋麵粉
- 3½大匙荷式處理可可粉，偏好法芙娜（Valrhona）
- 1½大匙砂糖
- 2枚大顆雞蛋，最好是室溫
- 1杯（250克）全脂牛奶，最好是室溫
- 3大匙啤酒，最好是室溫
- 2大匙（1盎司；30克）無鹽奶油，融化備用

1. 將麵粉和可可粉一起過篩，篩在一只裝得下所有材料的缽盆裡，再拌入砂糖拌勻。在另一只缽盆或帶嘴的量杯裡，把雞蛋和牛奶攪拌到剛好混合就好，再拌入啤酒，最後是融化的奶油。

2. 把液體材料倒進裝有乾粉材料的缽盆裡，並拌勻－會變成相當稀的麵糊。（或者，你也可以使用果汁機或食物調理機－先把雞蛋、砂糖、牛奶和啤酒拌在一起。加入奶油並且打到麵糊很均勻。最後把混合好的麵粉和可可粉加進來，粗略拌在一起就好－不要過度攪拌。）把麵糊倒進一只水壺或者帶嘴的容器裡（Pyrex牌的量杯就很理想），在工作檯上輕敲幾下，好震出麵糊裡的氣泡，蓋好，冰箱隔夜冷藏。（這個可麗餅麵糊，可以在冰箱冷藏室裡保存最多三天。）

3. 當你準備好要來煎餅時，將麵糊輕輕攪拌，足夠把材料混在一起就好。如果麵糊太濃稠－加點牛奶，一次一滴，直到它可以倒得出來，有著液狀鮮奶油般的質地。在一只烘乾的鐵鍋，或直徑7½吋（19公分）不沾可麗餅鍋，或一只尺寸相仿的帶柄煎鍋，塗上薄薄的一層油（用一張揉成皺皺的廚房紙巾蘸油來塗），把鍋子放在爐上，開中大火。待鍋子一熱，立刻把鍋子自爐上拿起，倒入約3大匙的麵糊，轉動鍋子，好讓麵糊在鍋裡散開成平均、儘可能薄薄的一層。為了做出最平均的一層，你可能會發現最簡單的方法，就是把麵糊倒入得比需要的更多一點－這是個好方法。在轉動鍋子以後，把多餘的麵糊倒回壺裡。（如果你是製作可麗餅的新手，可能會需要一些練習，以抓住那個節奏，並且掌握其中的技巧－記住這點就好，雖然你可能和大多數人一樣，最後要丟掉最初的幾個練習品。）當麵糊穩定了，費時幾秒鐘，把因為將多餘麵糊倒回壺裡，而產生的不規則餅皮切掉，然後再繼續煎至直到表面定型。

約10～12張可麗餅

KEEPING 保存：做好的可麗餅可以立刻使用，或者密封包好冷藏保存一天，或冷凍保存一個月。在餅與餅之間鋪一張蠟紙，避免它們黏在一起，也方便一次取下一張可麗餅。

4. 以一把不太利的刀子，或小支裝飾用抹刀，劃過餅的邊緣好使它和鍋子脫離，然後瞄一眼底部那面－它應該呈現相當於可可般的金黃色。如果底面已經好了，把餅翻面（可以用手指來做－只是要小心），再繼續煎至另一面呈淡棕色。第二面會比第一面更快煎好，但它永遠不會－也不應該－和第一面的顏色一樣深。把可麗餅取出放在盤子上，並且在上面輕撒砂糖。繼續操作剩下的麵糊（這些麵糊足夠你煎出約10~12張可麗餅），必要時在鍋子上再塗一點點油，把煎好的餅層層相疊起來5~6張。現在就上桌，或者包起來保存。

# SAUCER-SIZED
## SPICY CHOCOLATE
## SABLÉS WITH ALLSPICE
### ICE CREAM

## 辛香巧克力沙布烈餅乾碟
## 佐多香果冰淇淋

入口即化的沙布烈（sablé）餅乾，因為美味單純、質地細滑而更形珍貴。這裡的沙布烈餅乾，如同所有的沙布烈融在你舌間，融化時彷彿唱著"哈利路亞Hallelujah Chorus"。辛香巧克力沙布烈的活力，得自一點點白胡椒，一小撮切到極細碎的哈瓦那辣椒，混入切碎的巧克力和杏仁粉中，大大的擀開再切成大圓片，澆上溫熱的巧克力醬，再加上幾乎要和聖誕節劃上等號的多香果冰淇淋。

多香果（Allspice）*，如此命名因為它讓人想到丁香、黑胡椒、肉豆蔻以及肉桂的混合，對冰淇淋而言是個奇特但絕頂聰明的選擇。拌入冰淇淋的卡士達基底後再冷卻，嚐起來所有的辛香味似乎更融合，也更馨香了。事實上，多香果冰淇淋會留下如同薑餅（gingerbready）*般的餘味。不論它是什麼，這款冰淇淋是美好的獨奏，和餅乾搭配更美妙，最棒的是澆上漩渦狀的巧克力醬；而且在每種版本裡，它極具啟發性－一旦你嚐過這款冰淇淋，你再也不會把多香果視為在節日裡，蘋果或南瓜派中的綜合辛香料。

關於餅乾麵團的重點：要把麵團擀成薄薄一片，需要保持工作檯面和麵團間充份撒上麵粉。或者，如果你喜歡，可以把麵團放在兩張保鮮膜之間擀。如果，你在擀的時候，麵團裂開了－這有可能發生－就把麵團揉成團，重頭再來一次。如果麵團太軟，把它拿去稍微冰一下，再繼續操作。這麵團裡的熟蛋黃使它比其它的麵團更耐揉。然而，雖然麵團在擀的過程中並不脆弱，但它烤好後會有點嬌嫩－同樣的，就是這種一碰即碎的質地，讓沙布烈餅乾如此的美味，如此的嬌嫩幾乎碰不得，當你把它們從烤盤移到蛋糕盤時，使用一把寬的，較長的裝飾用抹刀，就沒問題。

＊譯註：多香果（allspice）是種漿果類香料，哥倫布航行到加勒比海列島時發現，具胡椒、丁香、肉桂、肉豆蔻等綜合香味，辛嗆味突出，故稱多香果，別稱牙買加胡椒（Jamaica pepper）。Gingerbready譯為薑餅（或香料麵包），都加入了薑粉、肉桂、丁香、肉豆蔻…等香料製成。

■　你可以採另一種較隨興的風格來享用這道甜點：做成冰淇淋夾心餅乾，用餅乾夾上大量的多香果冰淇淋。把夾心餅乾裝在烤盤上拿去冷凍，凍硬後，用保鮮膜包好。可以把它當零食或盤裝甜點享用，一次盛上兩塊夾心餅乾，佐以些許巧克力醬。　■　PH

## THE ICE CREAM 冰淇淋

- 2杯（500克）全脂牛奶
- ½杯（125克）高脂鮮奶油
- 1大匙整顆的多香果（allspice berries），搗、磨或壓碎
- 5枚大顆雞蛋的蛋黃
- ½杯（100克）砂糖

1. 在一只中型湯鍋裡將牛奶、鮮奶油和壓碎的多香果一起煮滾。把鍋子自爐上移開，蓋上蓋子，靜置浸泡約15分鐘，讓液體有足夠的時間把多香果的香氣浸泡出來。過濾後將多香果碎丟棄。

2. 同時，準備冰水浴的設備：在一只大碗裡裝滿冰塊和冷水。準備另一只比較小的碗，但必須裝得下完成後的卡士達，且放得進冰水浴那只大的缽盆裡。在旁邊準備一把細網目的過濾網篩。

3. 在比較小的那只缽盆裡，把蛋黃和砂糖一起打到略變濃稠、砂糖溶解。繼續攪打的同時慢慢的把四分之一（步驟1）的熱液體加進來。完全混合後，再拌入一杯或更多的液體，接著把這蛋糊拌入裝著剩下液體的湯鍋裡。中火加熱湯鍋，以一把木鏟或木湯匙不斷地攪拌，煮到卡士達略變濃稠，顏色變淡，而且，最重要的是，以立即感應式溫度計測量，達華氏180度（攝氏80度）—整個烹煮過程費時少於5分鐘。（或者，你也可以用手指在攪拌卡士達的鏟子或木匙上劃過，如果劃出來的凹痕不會被醬汁填滿，就表示已經煮好了）。立刻將鍋子自爐上移開。把小缽盆洗淨並且擦乾，將卡士達過濾至小缽盆內，然後放進裝有冰塊和水的盆中讓它降溫。降溫的過程裡不時地加以攪拌。

4. 待卡士達冷卻後，倒入冰淇淋機；根據冰淇淋機的操作使用說明書，攪打製作冰淇淋。把完成的冰淇淋舀進冷凍專用的容器，冰凍至少二小時再使用。（冰淇淋密封包好可以冷凍保存一週，但在完成當天的味道最好。）

## THE COOKIES 餅乾

- 5¼盎司（150克）苦甜巧克力，偏好法芙娜的加勒比（Valrhona Caraïbe），切到細碎
- 1⅓杯外加2大匙（200克）中筋麵粉
- 1小搓雙效泡打粉
- 1小搓鹽
- 1小搓新鮮現磨白胡椒
- 1¾條（7盎司；200克）無鹽奶油，室溫
- 略少於1杯（100克）糖粉，過篩備用
- 5½大匙（1盎司；35克）杏仁粉（265頁），或者細磨的去皮杏仁（265頁）
- 2枚全熟大顆水煮蛋的蛋黃，放涼到室溫，以網篩過篩備用
- 1枚大顆雞蛋的蛋黃，室溫
- 1/10根哈瓦那（habanero）辣椒，去籽後切到細碎
- 1大匙深色蘭姆酒（dark rum）

1. 把巧克力以隔著熱水，但以碗底不碰到水的方式，或者用微波爐加熱融化後，暫置一旁備用。

2. 把麵粉、泡打粉、鹽和胡椒粉一起過篩後備用。

3. 將奶油放入攪拌缸，電動攪拌機裝上槳狀攪拌棒，以低速打成乳霜狀。以中低速拌入糖粉、杏仁粉、蛋黃（煮過的蛋黃屑和沒煮過的蛋黃都放進來）和哈瓦那辣椒碎。持續攪拌到均勻，必要時把缸邊沾附的刮下來。拌入蘭姆酒，接著是融化的巧克力。徐徐地將粉類材料加進來，只拌到拌勻就好。這是一個細緻的麵團，你不想過度攪拌它，所以只要看不到麵粉了就停機。你會打出一份非常柔軟的麵團。

4. 把麵團整成兩個圓盤狀，以保鮮膜包好，冷藏至少3小時。（這麵團可以冷藏二天，或密封包好冷凍長達一個月。）

5. 兩張烤盤舖上烤盤紙，放在手邊備用。

**6.** 一次操作一個麵團（另一個保存在冰箱），保持麵團和檯面之間一直維持著撒有足夠薄層麵粉的狀態。把麵團擀成介於 ⅛ 吋和 ¼ 吋（5~7 公分）間的厚度。操作時如果麵團變軟、變黏，把它拿去冰 15 分鐘後再繼續。把麵團表面多餘的粉刷掉。使用一個直徑介於 3~3½ 吋（約 8 公分）的圓形餅乾模，把麵皮儘可能切成最多的餅乾，在麵皮上穩穩的把餅乾模往下壓，隨及拿起餅乾模。（每一個圓盤應該可以切出 8 個餅乾。）全部切好後，把多餘的麵皮以切麵刀剷起拿掉。在輕度撒粉的鏟子協助下，把切好的圓形餅乾麵團移到舖了烤盤紙的烤盤上。待所有切出來的麵團都移到烤盤上，用叉子的鋸齒部份，在麵團上到處戳洞。蓋上保鮮膜後把烤盤放進冰箱冷藏至少 30 分鐘。用同樣的方法處理剩下的麵團。如果你想要，可以把剩下的麵團全聚集起來塑成一個球，拍平成圓盤，冰過，再次擀開後切出更多的餅乾。

**7.** 餅乾在冰箱的時候，在烤箱裡放置兩個網架把烤箱分成三等份，並預熱烤箱到華氏 350 度（攝氏 180 度）。

**8.** 拿掉烤盤上的保鮮膜，將烤盤送入烤箱烤焙 14~16 分鐘，烤到中途將烤盤上下交換，前後對調。餅乾烤好時會變得黯淡，摸起來是緊實固定的。把餅乾、烤盤紙一起都移到冷卻架上，放涼 5 分鐘後再上桌。

可供 8 人享用

**KEEPING 保存**：冰淇淋最多可以在一週前先做好，巧克力醬最多可以在二週前先做好。餅乾麵團可以事先做好，並且冷藏保存二天，或冷凍保存長達一個月。但是沙布烈餅乾一旦烤好，應該在當天就讓它上桌。

## TO FINISH 最後盤飾

- **巧克力醬**（253 頁），**溫熱的**

一人份的擺盤方式：在一只大盤子的中央擺上 1 或 2 片（你自己決定）的餅乾。在餅乾的周圍淋上足量的巧克力醬，再加上一大球的多香果冰淇淋後，立刻端上桌。

# MINT PROFITEROLES
## WITH HOT CHOCOLATE SAUCE
### 薄荷泡芙佐熱巧克力醬

**P**rofiteroles泡芙是一種讓法國人很難宣稱這是出自他們的甜點，對義大利人來說也一樣困難。在義大利，這個甜點有著相同的名稱，並且具備三個必要元素：一口大小的奶油泡芙；夾入一球冰淇淋，通常是香草口味但有時可以是咖啡口味；還有淋在上面的溫熱巧克力醬。這款泡芙兼具這些必要元素－以及一些其它的。泡芙本身用超乎尋常高成份的麵團製作，帶來甜度，柔軟如同卡士達般的內裡，以及撒上切碎的酥脆杏仁與結晶的糖粒，產生微微酥脆的外皮，相對應出鮮明美妙的口感對比。醬汁是經典的－溫熱，深黑濃郁帶有光澤－而且微苦多於甜，比其他多數的醬汁更嫵媚，因為它以最優質的巧克力製成。不僅如此，新鮮的薄荷冰淇淋更帶來驚喜。它以大把的新鮮薄荷葉製成－一部份浸泡過牛奶再拌入卡士達基底，一部份新鮮切碎後，加進快要冰凍攪拌好的冰淇淋中－風味是如此明朗暢快人心，就好像一陣微風從你口中吹出口哨一般。

冰淇淋有一個重點：雖然你可以在薄荷卡士達一放涼後，就立刻開始攪打，如果能讓這卡士達冰至隔天再進行，冰淇淋會更棒－更滑順、更有滋味。還有，這個食譜會做出1夸脫（quart）的冰淇淋，超過填入泡芙所需要的量。如果你想要，可以把所有材料減半，只做一半的份量。或者做整份，再把剩下的冰淇淋放進冰箱冷凍保存。

---

■　我熱愛薄荷的味道－但只限特定的薄荷。我不中意綠薄荷（spearmint），但喜歡比綠薄荷更辛辣的胡椒薄荷（peppermint），而且我偏好使用大片的薄葉，勝過小而捲曲的葉片。用在薄荷冰淇淋，或在做所有其它薄荷甜點時，我建議你嚐嚐看各種不同的薄荷後，再選出你最喜歡的。　■　PH

## THE ICE CREAM 冰淇淋

- 1大把（約2盎司；55克）新鮮薄荷葉
- 2杯（500克）全脂牛奶
- ½杯（125克）高脂鮮奶油
- 6枚大顆雞蛋的蛋黃
- ½杯（100克）砂糖
- 新鮮現磨黑胡椒（以胡椒研磨器轉約3～4下）

1. 把¾的薄荷取下葉子；把莖去掉，洗淨擦乾葉子。薄荷葉略切後保留備用。把剩下¼的薄荷放進冰箱－以一張沾溼的廚房紙巾，包住底部莖的部份，細枝的部份用塑膠袋裝起來。

2. 在一只中型湯鍋裡將牛奶和鮮奶油一起煮滾。把鍋子自爐上移開，拌入略切的薄荷葉，蓋上蓋子，靜置浸泡約15分鐘，讓液體有足夠的時間把薄荷葉的香氣浸泡出來。過濾後把液體和薄荷葉兩樣都保留下來。

3. 同時，準備冰水浴的設備：在一只大碗裡裝滿冰塊和冷水。準備另一只比較小的碗，但必須裝得下完成後的卡士達，且放得進冰水浴那只大碗裡。在旁邊準備一把細網目的過濾網篩。

4. 在比較小的那只碗裡，把蛋黃和砂糖一起打到略變濃稠、砂糖溶解。繼續攪打的同時慢慢的把四分之一（步驟2）的熱液體加進來。完全混合後，再拌入一杯或更多的液體，接著把這蛋糊拌入裝著剩下液體的湯鍋裡。中火加熱湯鍋，以一把木鏟或木湯匙不斷地攪拌，煮到卡士達略變濃稠，顏色變淡，而且，最重要的是，以立即感應式溫度計測量，達華氏180度（攝氏80度）－整個烹煮過程費時少於5分鐘。（或者你也可以用手指在攪拌卡士達的鏟子或木匙上劃一下，如果劃出來的凹痕不會被醬汁填滿，就表示已經煮好了）。立刻將鍋子自爐上移開。把小碗洗淨並且擦乾，把卡士達過濾到這小碗裡，並且拌入黑胡椒粉。把小碗放進裝有冰塊和水的大碗裡好讓它降溫。降溫的過程裡不時地加以攪拌。

5. 待卡士達冷後後，倒入果汁機裡，加入先前保留下來的，浸泡過牛奶的薄荷葉，打到葉子成泥，卡士達變均勻就好。（不要打太久，薄荷葉會變褐色。）把薄荷卡士達倒進一只冷藏適用的容器裡，蓋上蓋子，冰涼，隔夜更好。

**6.** 隔天，把先前保留整枝薄荷的葉片摘下來，莖丟掉，洗淨擦乾，切到非常細碎。把冰涼了的薄荷卡士達倒入冰淇淋機裡；根據冰淇淋機的操作使用說明書攪打製作冰淇淋；在冰淇淋幾乎要打成所需質地前，加入細切的薄荷葉。把完成的冰淇淋舀進冷凍專用的容器裡，冰凍至少二小時再使用。（薄荷冰淇淋密封包好可以冷凍保存一週，但完成當天的味道最好。）

## THE CREAM PUFFS 奶油泡芙

- **奶油泡芙麵團**（第233頁），**剛完成且仍溫熱的狀態**
- **去皮杏仁切成粗粒**
- **結晶糖**（crystal sugar）

**1.** 用兩張網架將烤箱均分成上中下三層，並且預熱烤箱到華氏375度（攝氏190度）。兩張烤盤舖上烤盤紙備用。

**2.** 將溫熱的奶油泡芙麵團，填入裝了直徑⅔吋（2公分）的圓孔擠花嘴的擠花袋裡。將奶油泡芙麵團擠在烤盤上，擠出約30個小圓球麵團，每一個直徑約1½吋（4公分）。或者，你也可以用湯匙將麵團舀在烤盤上。不管你用哪一種方法，麵團和麵團間務必保留2吋（5公分）的間隔。

**3.** 將杏仁粒及結晶糖撒在奶油泡芙麵團表面。將烤盤送入烤箱烤焙7分鐘後，在烤箱和烤箱門間用一根木匙的把手卡住，好讓烤箱門保持微微開啟，再繼續烤焙13分鐘左右，直到泡芙呈金黃色、並且形狀固定。（總烤焙時間20分鐘。）如果你在烤到12分鐘時，將分置上下層的烤盤交換，前後對調，烤出來顏色會最均勻。把泡芙移到冷卻架上，放涼到室溫。（還沒填餡的泡芙，可以在涼爽乾燥的室內保存幾個小時。）

# TO SERVE 擺盤

- **巧克力醬**（253頁）

1. 如果巧克力醬已經不熱了，以小火或者微波爐中等火力把它加熱。

2. 用一把鋸齒刀，以順著對角線的方式把泡芙切開來，從一邊頂部的⅓處，朝另一邊靠近底部的方向切下去，切到快把泡芙一分為二之前就要停止。輕輕地把每個泡芙打開來，可能的話讓它保持完整，並且填入一球薄荷冰淇淋。

3. 一人份的擺盤：在一只餐盤的中央上擺上3~4個夾好的泡芙，在表面淋上熱巧克力醬。立刻端上桌。

**KEEPING** 保存：薄荷冰淇淋可以冷凍保存一週，巧克力醬可以冷藏保存一星期，或冷凍保存一個月。然而，當你要讓甜點上桌時，需要很快地把它組合起來，並且立刻享用。

# TRIPLE CRÈME

## 三重美味

　　**三**種奶油霜，層層互相堆疊，讓這道三重美味極盡奢華。第一層是濃縮咖啡口味的奶油布蕾crèam brûlée少了布蕾（brûlée），或說頂層的燒烤焦糖。第二層是濃郁巧克力奶油霜，深邃純黑且非常的像巧克力布丁。第三層是冰涼的，清爽的無糖打發鮮奶油，出乎意料的簡樸。層疊間的不同口感非常微妙，而三者在風味上的協調則更是完美無缺。

---

■　這並非不同奶油霜的組合，比較像是一種加乘效應。每一層留有自己的滋味和質地，而且只在進入你口後的1～2秒左右，和其它層相結合。濃縮咖啡奶油布蕾輕盈且令人耳目一新；巧克力奶油霜比較濃郁，它的滋味會縈繞不散；打發鮮奶油，最輕盈的一層，幾乎是中性的，在兩個非常突出的風味間，提供了一個不可少的中間地帶。　■　PH

---

### THE CRÈME BRÛLÉE 奶油布蕾

- 1⅓杯（300克）全脂牛奶
- 3大匙濃縮咖啡豆，磨到非常細
- 1杯（250克）高脂鮮奶油，偏好室溫
- 5枚大顆雞蛋的蛋黃
- ½杯（100克）砂糖

1. 在烤箱的中層放一個架子，預熱烤箱到約華氏200度（攝氏95度）。（事實上最完美的溫度是華氏210度／攝氏100度。如果你的烤箱能設定成這樣的溫度，會更好。）在一個四周高起的深烤盤裡，放進8只淺的耐烤焗烤碟、常用來烤舒芙蕾的小圓盅（ramekin）或湯盤。理想上，這個烤碟應該是直徑4吋（10公分），並且只有1吋（2.5公分）高。（耐熱玻璃、陶瓷焗烤碟和舒芙蕾烤盅，可以在廚房用具專賣店裡買到。）

2. 把牛奶裝在一只中型湯鍋裡煮，或用微波爐以中火力加熱到滾，自爐上移開，拌入磨好的咖啡粉。浸泡一分鐘後，倒入舖了細紗布（cheesecloth-lined）的網篩內過濾；把咖啡渣丟掉。同時把鮮奶油煮滾，自爐上移開。

3. 在一只中型缽盆裡，把蛋黃和砂糖攪打在一起，打到混合均勻但不要打入空氣。不停攪打，把約¼的鮮奶油一滴一滴的加進來。等蛋黃已經適應了這個熱度，把剩下的鮮奶油、泡過咖啡的牛奶以比較穩定的流速加進來。在工作檯上敲幾下震出空氣後，把卡士達倒進一只帶尖嘴的壺裡。將卡士達分裝到焗烤碟中；它應該裝入碟邊約¾高處－記得，你會需要空間來裝巧克力奶油霜。

4. 烤焙約45分鐘，或直到卡士達定型；如果你輕敲碟子，卡士達的中央不會晃動。讓卡士達在冷卻架上放涼，然後，當它們達到室溫，送進冰箱冷藏至少二小時。（奶油布蕾最多可以在二天前先做好，密封蓋好並冷藏保存。）

## THE CHOCOLATE LAYER 巧克力夾層

- **濃郁巧克力奶油霜（224頁），放涼了但仍倒得出來的質地**

在冰過的卡士達上，倒進一層放涼了的濃郁巧克力奶油霜。（你會剩下一些奶油霜，把它吃了當作是特別招待。）放回冰箱冷藏至少一小時。（冰涼後，這些卡士達可以蓋好，並且保存在冰箱冷藏數小時，或者，如果奶油布蕾之前沒有冰太久，可以冰上兩天。）

## TO FINISH 最後裝飾

- **⅓杯（80克）高脂鮮奶油**
- **2大匙烤過的芝麻粒**

把鮮奶油打到五分發（medium peaks微微下垂）*的程度。在每個甜點表面舀上一匙，再撒上烤過的芝麻，立刻端上桌或者冷藏保存最多一小時。

可供**8**人享用

**KEEPING** 保存：三重美味可以事先完成－除了打發鮮奶油－緊密蓋好冷藏保存二天。你可以在要享用時，或最多一小時前把打發鮮奶油加上去－只要把它放回冰箱保存。不管你怎麼做，要確保這甜點上桌時是冰涼的。

＊譯註：鮮奶油打發至五分發（medium peaks 微微下垂）已經不具流性，但還不到很硬的發泡或堅挺的程度，攪拌器尖端的鮮奶油還呈下垂狀，也有人形容成鷹嘴狀。

# PISTACHIO
# WAFFLES WITH
# CHOCOLATE CREAM

## 開心果格子鬆餅佐巧克力冰淇淋

**忘**掉所有美式早餐的格子鬆餅吧，甚至不要去想楓糖漿。這是法式的格子鬆餅，法國風格，當作餐後甜點享用。格子鬆餅本身很美味－外皮薄酥，內裡柔軟、甜美、蛋糕般的質地，並且佈滿了開心果－鬆餅並非單獨上桌。它們是一道包括了：一球濃郁巧克力奶油霜，滿滿一湯匙以番紅花糖漿煮過的葡萄乾在內，三項元素甜點裡的一部份。這道甜點不只在質地上耍花樣－有鬆餅的酥脆，奶油霜的絲滑，葡萄乾的咬勁－它同時也巧妙討好地在溫度上作文章：熱鬆餅和冰涼的巧克力奶油霜之間的對比，影響了奶油霜，讓它變得似乎更冰涼，事實上，會感覺和冰淇淋一樣冰。如此的與眾不同，使這道甜點更為迷人。

這份食譜裡格子鬆餅的部份，以比利時格子鬆餅機測試－比利時鬆餅機的格痕最深，可以製作出6個4½吋（11.5公分）正方形的鬆餅；如果你使用的是不同的鬆餅機，做出來的鬆餅還是沒問題，但可供應的份量會有所不同。

■　你可以提早做好格子鬆餅。當你準備端上桌時，只需在表面撒上糖粉，並且用烤箱加熱幾分鐘，直到糖稍微上色即可。同時加熱了鬆餅，並且讓表面焦糖化。　■　PH

## THE RAISINS 葡萄乾

- ½杯（60克）金黃葡萄乾
- 1⅓杯（330克）水
- 1½大匙蜂蜜
- 3薄片新鮮薑片，去皮

- 1小撮鹽，1小撮現磨黑胡椒
- 4~6絲番紅花（這樣就夠了，不需要更多），依你的口味調整
- 1小匙玉米粉，以1大匙冷水攪散

1. 把葡萄乾放在一只濾網裡，以流動的水沖洗一分鐘。把葡萄乾和水、蜂蜜、薑片、鹽和黑胡椒一起放在一只中型湯鍋裡攪拌後煮滾。待水一開始冒泡，把火轉到最小，以文火煮約15分鐘，直到葡萄乾膨脹。

2. 以一把有孔湯杓把葡萄乾和薑片撈出來，丟掉薑片，保留糖漿，葡萄乾放在一只小碗裡。把番紅花和王米粉加進糖漿裡攪拌後煮滾。把糖漿過濾到葡萄乾上，放涼到室溫，蓋上蓋子冰箱冷藏至少二小時，直到享用前。（葡萄乾可以前一天做好，蓋好冰箱冷藏。）

## THE WAFFLES 格子鬆餅

- 1枚大顆雞蛋的蛋白，室溫
- ⅔杯（165克）冰涼的高脂鮮奶油
- ½杯外加2½大匙（100克）中筋麵粉
- 1小匙雙效泡打粉
- 3枚大顆雞蛋的蛋黃，室溫
- 2大匙全脂牛奶
- ⅓杯砂糖（70克）
- 1小撮鹽
- 5大匙（2½盎司；70克）無鹽奶油，融化放涼備用
- 2¾盎司（約⅔杯；80克）去皮開心果，略切備用

1. 打發蛋白到堅挺（stiff）的乾性發泡＊但仍帶有光澤；置旁備用。打發鮮奶油到五分發（medium peaks 微微下垂）＊；一樣暫時置旁備用。

2. 把麵粉和泡打粉攪拌在一起，暫時置旁備用。在一只大缽盆裡，把蛋黃、牛奶、砂糖和鹽攪拌在一起。待所有材料都混合均勻，以一把橡皮刮刀把打好的蛋白拌入，接著拌入打發鮮奶油。不用擔心是否現在就完全混合均勻。慢慢分次把粉類材料以橡皮刮

＊譯註：乾性發泡 firm peak，舉起攪拌棒，附著在攪拌棒上的蛋白霜尖端呈堅挺不下垂的打發狀態。鮮奶油打五分發（medium peaks 微微下垂）已經不具流性，但還不到很硬的發泡或堅挺的程度，攪拌器尖端的鮮奶油還呈下垂狀，也有人形容成鷹嘴狀。

刀拌入。仍然很輕柔地，把融化的奶油拌入，待完全混合後再加入開心果。這麵糊會很濃稠，看起來比較像個蛋糕麵糊，而不像傳統的鬆餅麵糊。以保鮮膜包住這缽盆，並且放進冰箱靜置冷藏至少一小時。

3. 大約在你準備要做鬆餅的10分鐘前，預熱你的鬆餅機。如果想要把做好的鬆餅保留15分鐘，那就預熱烤箱到華氏200度（攝氏95度）。必要時替鬆餅機的格子薄薄的塗或噴上一層奶油；只有在後續製作的鬆餅會沾黏時，才需要再次在格子上塗或噴油。

4. 把麵糊舀在熱了的鬆餅鐵格上－你需要的麵糊量取決於你的鬆餅機（大部份的時候一塊鬆餅會需要 ½~¾ 杯／約100克的麵糊）。使用一把金屬鏟子或一把木匙，把麵糊鏟平攤開在鐵格上。蓋上蓋子烤到鬆餅變成棕色並酥脆。如果你現在要讓鬆餅上桌，把它移到砧板上；如果你要把它留至將所有的麵糊作完，就把它單層不要重疊地放在一張網架上，放進預熱的烤箱裡保溫。繼續製作鬆餅直到用完所有的麵糊。（鬆餅可以事先做好，放涼，包好，室溫下保存長達6小時，或者密封包好冷凍保存長達一個月。上桌前，在鬆餅上撒上糖粉，再放進烤箱以上火重新加熱，並且讓表面的糖焦糖化。）

## TO SERVE 擺盤

▪ **濃郁巧克力奶油霜（224頁），冰涼的**

每人份的盛盤，將格子鬆餅延著正方形對角線，切成三角形，擺在一只溫熱的餐盤中央。在鬆餅的中間擺上一杓濃郁巧克力奶油霜，再舀一些葡萄乾和番紅花糖漿撒在鬆餅四周。趁鬆餅還溫熱，奶油霜和葡萄乾還涼涼的立刻上桌。

可供6人享用

KEEPING 保存：葡萄乾可以在一天前先做好，濃郁巧克力奶油霜在二天前做好；鬆餅麵糊使用前需要約一小時的鬆弛。鬆餅一旦做好，可以立刻享用，或是室溫下保存約6小時，或冷凍長達一個月。

# CHOCOLATE, COFFEE,
# AND WHISKEY CAPPUCCINO

## 巧克力咖啡威士忌卡布奇諾

如果你請法國人吃這道甜點，他或她絕對會大叫出來"Épatant精采！"真的，這道甜點就是很"amazing驚奇"。雖然並不是因為它的四個組成元素有多不可思議，而是它們湊在一起，就變成一種在風味、質地和溫度上很驚人的組合。這款甜點的底部，是Pierre皮耶的濃郁巧克力奶油霜，事實上它就是品質優良又非常濃郁的巧克力布丁（chocolate pudding）。在它的上面是一層義大利濃縮咖啡，和麥芽威士忌冰砂（Granité）。法文Granité，源自義大利文Granita。將冰刮成砂粒狀，似乎冷凍庫裡沒比它更冰的，但冰砂可不只是極冰而已，它還有些刺激且非常的醉人，和柔滑的巧克力奶油霜，與再上一層輕盈不甜的打發鮮奶油－賦予了這道甜點卡布奇諾的外觀－形成令人愉悅的對比。撒上米製脆片（Rice Krispies）這甜點就完成了，有點瘋狂但絕對美妙。一旦被奶油霜稍微軟化後，米製脆片的質地會感覺像是介於布丁的柔滑，和冰砂冰晶的刺激感之間。Pierre皮耶以馬丁尼杯來盛裝這道甜點，可以馬上看到每一層，但用葡萄酒高腳杯或者是咖啡杯來盛裝也可以。

■ 這道甜點是各種元素之間反差的卓越結合，使得它從一道超級簡單的食譜，演變成在味覺和感官上不斷變化的戲法。因為每一匙在不同的比例裡呈現不同的變化，每一匙都提供了不同的歡愉感受－我喜歡甜點能這樣表現。　■　PH

### THE GRANITÉ 冰砂

- 1杯特濃的濃縮咖啡（250克），熱的
- ⅓杯（70克）砂糖
- ¼杯（60克）蘇格蘭威士忌，最好是單一純麥
- 從¼柳橙上刮下來的柳橙皮屑

1. 把濃縮咖啡、砂糖、威士忌和柳橙皮屑拌在一起後，再倒入一只淺的金屬烤模裡一一個8吋（20公分）正方形烤模就很適合。把這烤模送入冰箱冷凍室，冰到剛結凍還呈泥濘狀就好－不要讓它冰到成固體－約1~2小時。

2. 當冰砂凍好時，以打蛋器（whisk）攪拌1分鐘左右－要確實攪拌到角落的部份，直到它再次變成液狀，把這烤模送回冷凍庫再冰3~4小時，直到冰砂凍硬。（冰砂攪拌好後，可以蓋好在冰箱冷凍1~2天。）

## THE CHOCOLATE CREAM 巧克力奶油霜

▪ **濃郁巧克力奶油霜（224頁），剛完成仍溫熱**

倒入足夠的巧克力奶油霜入馬丁尼杯、紅酒杯或咖啡杯中，你選來裝這款甜點的杯子約⅓~½的高度。（你會有一些剩餘的巧克力奶油霜可以享用。）在每個杯子裡緊貼奶油霜的表面，蓋上一張保鮮膜－製造一個密封效果，可以避免奶油霜表面結皮－並且冰涼至少二小時。（奶油霜可以事先做好，蓋好，冰箱冷藏二天。）

## THE WHIPPED CREAM 打發鮮奶油

▪ **1杯（250克）高脂鮮奶油，冰涼**

在上桌前，或者最多在30分鐘前，把鮮奶油打到濃稠、剛剛好快到五分發（soft peaks）＊的程度。你想要這個鮮奶油比較像波浪般而不是堅挺的。蓋好放冰箱冷藏到需要的時候。

## TO ASSEMBLE 組合

▪ **½杯（7克）米製脆片（Rice Krispies）＊**

當你準備要端上這道甜點時，把裝在杯子裡的巧克力奶油霜從冰箱裡拿出來。冰砂從冷凍庫裡取出，快動作地，用湯匙的尖端在冰砂的表面刮出碎冰和冰晶－想像一下剉冰（Snow Cone）。刮好冰砂後，分盛在玻璃杯裡。在每份甜點上加上一匙輕度打發的鮮奶油，撒上一些米製脆片，接著立刻把它端上桌。

＊譯註：鮮奶油打五分發（soft peaks 微微下垂）已經不具流性，但還不到很硬的發泡或堅挺的程度，攪拌器尖端的鮮奶油還呈下垂狀，也有人形容成鷹嘴狀。米製脆片 Rice Krispies 是一類似玉米脆片的穀物早餐脆片的名稱，不同的是它是米做成的。可用已經爆好，還沒拌麥芽糖做成爆米花的爆米粒取代。

可供6人享用

KEEPING 保存：一旦組合起來，一刻都不能浪費，要立刻上桌。然而，巧克力奶油霜和冰砂可以事先做好－它們必須在幾個小時前先做好，而且可以保存1~2天－打發鮮奶油可以提早30分鐘做好，而米製脆片呢，不需任何事先的準備。

## 西洋梨和新鮮薄荷葉天婦羅佐巧克力米布丁

如果你已經嚐過Pierre皮耶的巧克力米布丁，或許你會認爲在裡頭多加任何東西都是個錯誤。但是你還沒嚐過巧克力米布丁，佐上香噴噴、溫熱、沾裏了麵糊炸的切片西洋梨和新鮮薄荷葉。這種組合－冷熱交融、柔滑與紮實、酥脆又多汁－實在太精采了，尤其是表面再加上如細雨般的熱巧克力醬。

西洋梨和薄荷天婦羅應該在一炸好，或者仍有點溫熱時就享用，所以先準備好米布丁並且提早冰涼。你也可以事先做好巧克力醬，上桌時，隔著小滾的熱水或以微波爐重新加熱。

■　如果你已經有一份喜愛的「天婦羅麵糊」配方，儘管用吧無妨。但這可是一個以多數超市亞洲食物區就可找到，盒裝天婦羅麵糊預拌粉做出來的美味甜點－我就是用這個。　■　PH

- ¾杯（100克）天婦羅麵糊預拌粉，像是 Kame牌
- ¾杯（185克）水
- ¼小匙鹽
- 大約4杯（1公升）植物油，用來炸天婦羅
- 3顆大顆、熟的西洋梨，偏好Comice考密斯或Anjou安茹品種
- 2顆檸檬新鮮現榨出來的檸檬汁
- 1把新鮮薄荷葉
- 砂糖，撒在表面

I. 在一只小缽盆裡，把天婦羅麵糊預拌粉、水和鹽拌在一起。暫置一旁直到需要時。（你可以把麵糊在數小時前先調好，蓋好冰箱保存。冰過後如果有點厚重，可以加個幾滴冷水把它調稀。）

2. 把油倒進一只深鍋裡，並且加熱到以油炸溫度計或立即感應式溫度計測量，在華氏325~350度（攝氏165~180度），不要更高了。準備一個盤子墊三倍厚的廚房紙巾在爐旁。

3. 同時，一次一個，把西洋梨削了皮，從蒂頭到蒂尾對切成半，並且以一把蜜瓜挖球器，把核挖掉，把半個西洋梨切成3~4片－可以切成幾片要看梨的大小。切好的梨拌些檸檬汁，可以預防它顏色褐變。從薄荷葉的主要枝幹上，把帶著3~4片葉子的嫩枝摘下來。

4. 一次只操作幾塊西洋梨，把它浸入天婦羅麵糊裡，接著把裹了麵糊的水果浸到熱油裡；不要讓鍋子裡太擁擠。只把梨炸到每一面都呈淺金色－大約1.5分鐘－以漏杓或網杓把它們自油鍋裡撈出，移到舖了廚房紙巾的盤子裡瀝乾。繼續把所有的梨都炸完，再沾裹和炸薄荷葉，薄荷葉在油裡的時間會少於1分鐘；同樣地也把炸好的薄荷葉瀝乾。在每片天婦羅上輕撒砂糖，並且擠上幾滴新鮮檸檬汁。

## TO FINISH 擺盤

- **巧克力米布丁**（125頁）
- **巧克力醬**（253頁），**溫熱的**

爲每一份甜點，在一只寬淺碟的中央，舀上一座迷你山狀的巧克力米布丁。擺上3~4片天婦羅西洋梨，靠著米布丁立著，再疊上幾枝炸好的薄荷葉。在西洋梨上淋些涓流般的熱巧克力醬汁，立即上桌。

可供6人享用

**KEEPING 保存**：巧克力米布丁和巧克力醬汁兩者都可以事先完成。你甚至可以提早數小時先完成天婦羅麵糊。但是西洋梨天婦羅和薄荷天婦羅，在完成後要在很短的時間內享用才會是熱的－或者至少是溫的。

# WARM CHOCOLATE CROQUETTES
# IN COLD COCONUT-MILK
# TAPIOCA SOUP

## 溫熱巧克力炸丸佐冰涼椰香西米露

**這** 道甜點的關鍵字是對比，從炸丸子
（croquettes）開始，它們本身在質地上
自成一格。丸子是裹了滿滿椰子絲的松露巧克力，冷凍，再炸到外皮定型且金黃，內餡是
柔軟且誘人的巧克力泥。當這道甜點完成組合，兼具炸丸的酥脆和流動的西米露湯汁，西
谷米在其中沈浮。西米露湯裡加了大顆的珍珠西谷米，椰奶和鮮奶油，慢煮到像道豐盛的
濃湯。想當然爾，還有炸丸和西米露之間冷熱交融的戲碼，然後，再來是味道上的對比：
湯裡有著點點的辛辣糖漬薑絲和幾瓢酸而強烈的百香果，兩者都扮演著像是與濃郁巧克
力，以及西米露對抗的閃耀煙火。這款甜點的外觀很簡單－它以平凡的姿態呈現－但所帶
來的歡愉卻無比精巧而豐盛。

### THE CROQUETTES 炸丸子

- 5盎司（145克）苦甜巧克力，偏好法芙娜瓜納拉（Valrhona Guanaja），切到細碎
- 1條（4盎司；115克）無鹽奶油
- 1片哈瓦那（habanero）辣椒（可省略）
- 3枚大顆雞蛋，其中1枚室溫
- 3枚大顆雞蛋的蛋黃
- 1½大匙砂糖
- 約1½杯（125克）無糖乾燥椰子絲，磨到非常細

1. 把巧克力放在一只缽盆裡，隔微滾的熱水－碗底不碰到水－加熱到巧克力融化；或者
   用微波爐融化巧克力。把巧克力放在工作檯上讓它冷卻；在你要用時，它摸起來應該
   是溫溫的。

2. 在一只小湯鍋裡加熱融化奶油，如果你有準備辣椒，也一起加入；融化後把辣椒丟掉，
   奶油暫時放著備用。在一只中型缽盆裡輕柔地把室溫狀態的那枚雞蛋，和蛋黃還有砂

糖攪拌在一起。（不要太用力－你並不想把空氣打進去。）一樣很輕柔地，拌入巧克力，接著是奶油。把這拌好的甘那許倒進烤模裡，放進冰箱冷藏至少二個小時，直到它變涼且定型。（一旦甘那許變涼了，就可以蓋好冷藏隔夜。）

3. 烤盤裡舖上烤盤紙備用。在一只小缽盆裡把剩下的二枚雞蛋打散；把椰子絲放在另一只小碗裡。將甘那許自冰箱裡取出，以一把小湯匙，舀出足夠做成一個直徑約1吋（2.5公分），或者大一點的球狀。（你可以用兩手手掌心將甘那許揉出球狀，但這不是必要的－不圓的球狀也可以。）先把這甘那許球浸在打散的蛋汁裡，接著在椰子絲裡滾一滾，完整的沾裹上一層椰子絲；把這炸丸放在舖了烤盤紙的烤盤上。繼續同樣的步驟，直到你把所有的甘那許都裹成炸丸狀－你會做出24個或者更多－把烤盤送進冰箱，讓炸丸冷凍至少30分鐘。蛋汁和椰子絲置旁備用。

4. 炸丸定型後，再次沾裹上蛋汁和椰子絲。（好好裹上雙層椰子絲是很重要的步驟，因為可在炸時隔離內層的巧克力。）把炸丸放回冷凍庫，再一次冰凍至少30分鐘，再久一點更好。（凍好了的炸丸可以密封包好，冷凍保存長達一個月。）

## THE GINGER CONFIT 糖漬薑

- **1顆乒乓球大小的薑塊，去皮備用**
- **⅔杯（165克）水**
- **¼杯（50克）砂糖**

使用一把檸檬刮皮刀，或一把鋒利的刀子，把薑塊切成非常細的細絲。（如果你使用刀子，先橫向切成非常薄的薄片，再切成絲。）在一只小湯鍋裡，把水和砂糖煮滾，加入薑絲，轉到最小火好維持糖漿接近小滾的狀態。煮約20分鐘，或直到薑絲變軟，且每一絲都裹上糖漿。放涼，以有蓋的罐子裝起來。（薑絲可以先煮好，蓋緊蓋子冰箱冷藏保存長達一個月。）

## THE TAPIOCA SOUP 西米露

- **2杯（500克）全脂牛奶**
- **2大匙砂糖**
- **3條柳橙皮**

- 2塊美金25分＊大小的薑塊，去皮備用
- 5½大匙 (65克) 大的珍珠西谷米＊(非碎粒或即食的)
- 1杯 (250克) 高脂鮮奶油
- 1罐13½盎司 (400克) 無糖椰奶

1. 將牛奶、砂糖、柳橙皮屑和薑以一只中型厚底湯鍋煮滾。持續地攪拌，把西谷米以緩慢而穩定的速度加入。轉最小火繼續煮，頻繁地攪拌約10分鐘，或直到西谷米軟化。

2. 西谷米在煮的同時，把鮮奶油煮滾。自爐上移開，暫時置旁備用。

3. 把椰奶和鮮奶油加到西谷米裡，持續地攪拌，以小火煮3分鐘。把煮好的西米露倒進一只容器裡 (一只帶嘴的量杯就很理想)，冷卻到室溫。

4. 等這西米露涼了後，把柳橙皮屑和薑拿掉，蓋上蓋子後冷藏，直到它完全冰涼，約二小時。(西米露可以事先做好，蓋好冰箱冷藏二天。)

## TO FINISH 最後盤飾

- 約4杯 (1公升) 食用油，油炸用
- 3個成熟的百香果，切對半

1. 把油倒入一只深鍋，並燒熱到以油炸溫度計或立即感應溫度計測量，達華氏350度 (攝氏180度)。同時準備甜點盤：舀一點點百香果到八只淺湯盤或淺湯杯中。冰涼的西米露和糖煮薑絲放在工作檯面備用。鋪了三倍厚廚房紙巾的盤子，也置旁備用。

2. 等油熱了，放入幾個炸丸到油鍋裡炸約3分鐘，不要超過3分鐘。如果你的炸丸冰了6個小時或超過6小時，它們會需要約3分鐘，讓外皮酥脆內裡融化；然而，如果它們只經快速冰凍，可能只需要1分鐘或更少。小心起見，先炸1或2個試試。以漏杓或網杓把炸丸自油鍋裡撈出，移到鋪了廚房紙巾的盤子裡瀝乾。快速地把剩下的炸丸炸好。

3. 在每一份甜點盤裡，擺3~4個炸丸 (數目取決於你做了幾個炸丸) 在百香果上。在炸丸四周淋些西米露，在西米露上撒一些糖漬薑絲。立刻上桌。

可供8人享用

**KEEPING** 保存：所有的組成元素真的可以－也必須－事先完成，但炸丸一旦炸好，且甜點組合完畢就要立刻享用。

＊譯註：美金 25 分介於台幣 5 元和 10 元間的大小。大的珍珠西谷米儘量用你找得到的，比較大顆的白粉圓或西谷米即可。

# CHOCOLATE AND
# BANANA BROCHETTES

## 香蕉巧克力串

**對**那些熱愛巧克力與香蕉這種經典組合的人來說，這款甜點是在經典裡加點小變化的作法。它只是把巧克力甘那許小方塊和香蕉圓片串在烤肉串上，如此就讓它變得格外與眾不同。想當然爾，香蕉巧克力串作法和名字聽起來一樣的簡單，而且也和看起來一樣的美味。（請看第vi頁）

組合時要注意的是：香蕉巧克力串最好以長形冷盤用竹籤，或短的烤肉串用竹籤來做。如果你找不到其中任一種，你可以把甘那許和香蕉片排在盤子上，提供刀叉一起上桌。

- 苦甜巧克力奶油霜甘那許（215頁），食譜裡的2倍份量。微溫並且倒得出來的質地
- 從1顆檸檬擠出檸檬汁
- 3根香蕉（大），成熟但不軟爛
- 裝飾用荷式處理可可粉，偏好法芙娜（Valrhona）

1. 把甘那許倒進一個8吋（20公分）的正方形烤模裡；這會是一層約1吋（2.5公分）厚的巧克力。把這烤模放進冰箱裡冰至少一小時，或者等到甘那許定型。（如果比較方便，你也可以把甘那許蓋好，冷藏隔夜。）

2. 待甘那許定型後，把它切成1公分立方的方塊。暫時放回冰箱冷藏。

3. 把檸檬汁放進一只大缽盆裡備用。香蕉剝皮切成約¼吋（7公厘）厚的圓片；香蕉圓片一切好要立刻放進檸檬汁裡以避色它變黑。

4. 當你準備要把這甜點端上桌時，把可可粉裝在一只大缽盆裡。把甘那許方塊從冰箱裡拿出來，放進裝了可可粉的缽盆裡。輕拌，使每一塊都沾裹上可可粉，然後小心翼翼地以兩手互換巧克力方塊的方式，抖掉多餘的可可粉。把甘那許和香蕉片以叉子或竹籤串起來，甘那許方塊和香蕉圓片以穿插的方式串起：每一支應該有二塊甘那許和二片香蕉圓片。儘可能快速上桌。

**24串或8～12人份**

**KEEPING 保存**：香蕉巧克力串理應完成立刻享用。你可以把它放進冰箱冷藏幾分鐘，但最好不要放太久。

# TRUFFLES AND OTHER LUXURIOUS

# CHOCOLATE CANDIES

松露巧克力和其它精緻的巧克力糖果

# BLACK-ON-BLACK TRUFFLES

## 黑上加黑松露巧克力

漆黑、絲絨般、圓形、表面崎嶇不平的松露巧克力和松露一樣珍貴，這正是它們命名的由來，仿松露外形而成。這種奢華巧克力是松露家族裡最簡單的，材料不外乎鮮奶油、奶油和苦甜巧克力而已，就可以做出來。在法國，苦甜巧克力（dark chocolate）叫 chocolat noir，意指：黑巧克力，所以你可以明白 Pierre 皮耶爲什麼將這款巧克力命名爲 "黑松露 black truffles"。這些黑松露一旦以手掌完成塑形，它們跳進可可粉裡；成了名符其實的黑上加黑。

---

■　松露巧克力我通常從冰箱拿出後就直接吃，一方面因為冰涼的松露巧克力比較硬，而我喜歡那樣硬一點的口感；另一方面也因為可可粉，一旦冰涼了，不會像回溫後那般乾乾粉粉。　■　PH

---

- 9盎司（260克）苦甜巧克力，偏好法芙娜的加勒比（Valrhona Caraïbe），切到細碎
- 1杯（250克）高脂鮮奶油
- 3½大匙（1¾盎司；50克）的無鹽奶油，室溫，切成4塊
- 荷式處理可可粉，撒在松露巧克力表面，偏好法芙娜（Valrhona）

1. 把巧克力放在一只耐熱且裝得下所有材料的缽盆裡。將鮮奶油以湯鍋或微波爐加熱到大滾；接著把熱的鮮奶油倒進巧克力的中央。以一把橡皮刮刀，由裡到外以向外擴大畫圓的方式拌它，拌到甘那許均勻平滑。讓這個甘那許在工作檯上靜置約一分鐘，再加入奶油。

2. 把奶油以一次二塊的方式加進來，輕柔地拌勻。當所有的奶油都拌入巧克力糊裡，把巧克力糊倒進一只烤模或碗裡。把烤模放進冰箱冷藏室，待這甘那許冷卻後，蓋上一張保鮮膜再冰至少3小時。（可以讓這甘那許在冰箱冷藏隔夜，如果這樣對你比較方便。）

3. 當你準備要開始替松露巧克力塑型時，舀一大匙的可可粉到碗裡，並且準備一張舖了烤盤紙或蠟紙的烤盤。把松露巧克力糊從冰箱裡取出，舀出略少於滿滿一大匙的甘那許，來做成一顆松露巧克力。把這份甘那許放在舖了紙的烤盤上。兩手蘸些可可粉，一次一顆，以兩手手掌搓揉的方式把松露巧克力塑成圓球形。不用在意是否能把它們弄得很平均－它們應該是粗糙不完美的。當你每塑好一球，就把它丟進裝了可可粉的碗裡。用拌的讓它在可可粉裡翻滾一下，好讓它充份沾裹上可可粉，接著讓巧克力球在兩手掌間，以被輕輕地互拋的方式，彈掉多餘的可可粉。或者，你也可以把這松露巧克力，在網篩上輕滾好去掉多餘的可可粉。每完成一顆松露巧克力後，就把它放回舖了紙的烤盤上。

約40顆松露巧克力

**KEEPING** 保存：松露巧克力一沾裹好可可粉，就可以立刻上桌，或者也可以在冰箱冷藏保存1～2天，要包好並且遠離帶有強烈氣味的食物。

# SICHUAN-PEPPER
## CHOCOLATE TRUFFLES
### 四川花椒松露巧克力

因為四川花椒有著比較多的風味與香氣而不是辣，帶有甜味而不是衝，它很討好－並且出乎意料的溫和－所以可以作為松露巧克力的配料。需要注意的是：不要用那種圓形白色的四川胡椒，超市常見的那種。在這個食譜裡，你要用的是玫瑰色澤般、薄片狀，米糠般的四川花椒粒，可以在專賣店和香料市場裡找到。（請參考食材購買來源指南）

■　你可以用乾鍋，中火輕烤的方式，替花椒粒增添風味。　■　PH

- 9盎司（260克）苦甜巧克力，偏好法芙娜加勒比（Valrhona Caraïbe），切到細碎
- 1杯（250克）高脂鮮奶油
- 2大匙四川花椒粒，壓碎
- 3½大匙（1¾盎司；50克）的無鹽奶油，室溫，切成4塊
- 荷式處理可可粉，撒在松露巧克力表面，偏好法芙娜（Valrhona）

1. 把巧克力放在一只耐熱且裝得下所有材料的缽盆裡。
2. 把鮮奶油和花椒一起放在一只湯鍋裡煮到大滾。把鍋子自爐上移開，以保鮮膜輕輕覆蓋，讓這鮮奶油靜置10分鐘，好讓它充滿花椒的風味。
3. 把鮮奶油倒進舖了沾溼的紗布巾（cheese-cloth）過濾後，再倒回湯鍋裡，舀進大約⅓濾網裡的花椒；把剩下的花椒丟掉。再次把鮮奶油煮滾，將鍋子自爐上移開，把鮮奶油過濾至巧克力裡。以一把橡皮刮刀輕柔地把鮮奶油以從裡向外，擴大畫圓的方式拌入巧克力，直到甘那許變均勻和柔滑。讓甘那許在工作檯上冷卻約一分鐘再加入奶油。

4. 奶油以一次二塊的方式加進來，輕柔地拌勻。當所有的奶油都拌入巧克力糊裡，把甘那許倒進一只烤模或碗裡。把這烤模放進冰箱冷藏室，待這甘那許冷卻後，蓋上一張保鮮膜再冰個至少3小時。（可以讓這甘那許在冰箱冷藏隔夜，如果這樣對你比較方便。）

5. 當你準備要開始替松露巧克力塑型時，舀一大匙的可可粉到碗裡，並且準備一張舖了烤盤紙或蠟紙的烤盤。把松露巧克力糊從冰箱裡取出，舀出略少於滿滿一大匙的甘那許，來做成一顆松露巧克力。把這份甘那許放在舖了紙的烤盤上。兩手蘸些可可粉，一次一顆，以兩手手掌搓揉的方式把松露巧克力塑成圓球形。不用在意是否能把它們弄得很平均－它們應該是粗糙不完美的。當你每塑好一球，就把它丟進裝了可可粉的碗裡。用拌的讓它在可可粉裡翻滾一下，好讓它充份沾裹上可可粉，接著讓巧克力球在兩手掌間，以被輕輕地互拋的方式，彈掉多餘的可可粉。或者，你也可以把這松露巧克力，在網篩上輕滾好去掉多餘的可可粉。每完成一顆松露巧克力後，就把它放回舖了紙的烤盤上。

# 焦糖松露巧克力

**對**任何熱愛焦糖的人來說，這是一個終極松
露巧克力。焦糖味跑在前段和中段，但當
你讓松露在口中慢慢化開來，它的奧妙就開始釋放。你嗜到的是一點點鹹味，那使得焦糖
味更鮮明，接著是醇厚的巧克力味，混合了一點點奶香和不太苦的苦甜芬芳，形成了巧克
力的基底，當然，也強化了焦糖的滋味。就像所有傳統的松露巧克力，這些松露巧克力也
裹滿了可可粉，一個美好的對比旋律。

■　這份食譜的關鍵步驟在於將砂糖煮成焦糖。如果煮到顏色太深，焦糖的味道
會太苦；太淺，味道會不夠濃郁。為了煮到恰當顏色，可以在煮的過程裡，以滴
個幾滴焦糖，在白色盤子上的方式加以測試。　■　PH

- 1杯（250克）高脂鮮奶油
- 10盎司（285克）苦甜巧克力，偏好法芙娜的加勒比（Valrhona Caraïbe），切到細碎
- 6盎司（170克）牛奶巧克力，偏好法芙娜吉瓦哈（Valrhona Jivara），切到細碎
- 1杯（200克）砂糖
- 2½大匙（1¼盎司；40克）的含鹽奶油，室溫，切成小塊（或者無鹽奶油外加1小撮鹽）
- 荷式處理可可粉，撒在松露巧克力表面，偏好法芙娜（Valrhona）

1. 用一只小湯鍋或者微波爐來加熱鮮奶油到滾，並且保持在熱的狀態。（或者你可以把它
   煮滾了後，要用時以微波爐很快地將它再次加熱。）在一只裝得下所有材料的耐熱碗
   裡，把巧克力碎混合在一起；置旁備用。

2. 準備一只厚底中型湯鍋以中火融化約3大匙的砂糖。當糖開始變色，以一把木匙或
   耐熱的鏟子來攪拌它，並且再加入3大匙砂糖。不停地攪拌，把這新加入的砂糖也煮

成焦糖後，再加入3大匙。重覆直到所有的砂糖都加完，且變成深琥珀色。檢查顏色的方法是，滴個幾滴在一只白色的盤子上。把火轉小，持續攪拌的同持，加入奶油。焦糖會冒泡，變成泡沫狀－就把奶油拌進來，然後，仍然持續攪拌下，站離鍋子遠一點，把熱的鮮奶油以緩慢而穩定的速度加進來。焦糖會冒泡得更誇張－繼續攪拌直到它變平滑。（如果焦糖成團或結塊，不必擔心，持續攪拌和加熱，會把它煮到平整。）待焦糖回復平靜且光滑，將鍋子從爐上移開。

3. 把大約⅓的焦糖倒進巧克力中，以一把木匙或橡皮刮刀把奶滑的焦糖以從裡向外、擴大畫圓的方式拌入巧克力裡。待甘那許變均勻柔滑後，把剩下的一半的焦糖加進來。以畫圓的方式拌入巧克力裡，以同樣的手法把剩下的焦糖加入混合完畢。把甘那許倒進一個烤模或碗裡，放進冰箱冷藏，等甘那許涼了後，蓋上一張保鮮膜再冰至少4小時。（甘那許可以留在冰箱裡一個晚上，如果這對你來說更方便的話。）

4. 當你準備要開始替松露巧克力塑型時，舀一大匙的可可粉到碗裡，並且準備一張舖了烤盤紙或蠟紙的烤盤。把松露巧克力糊從冰箱裡取出，舀出略少於滿滿一大匙的甘那許，來做成一顆松露巧克力。把這份甘那許放在舖了紙的烤盤上。兩手蘸些可可粉，一次一顆，以兩手手掌搓揉的方式把松露巧克力塑成圓球形。不用在意是否能把它們弄得很平均－它們應該是粗糙不完美的。當你每塑好一球，就把它丟進裝了可可粉的碗裡。用拌的讓它在可可粉裡翻滾一下，好讓它充份沾裹上可可粉，接著讓巧克力球在兩手掌間，以被輕輕地互拋的方式，彈掉多餘的可可粉。或者，你也可以把這松露巧克力，在網篩上輕滾好去掉多餘的可可粉。每完成一顆松露巧克力後，就把它放回舖了紙的烤盤上。

約55顆松露巧克力

KEEPING 保存：如果這款焦糖松露巧克力不是太軟（因為焦糖的關係，這款松露巧克力有很快就變軟的傾向。）一沾裹好可可粉就可以立刻上桌，或者也可以在冰箱冷藏保存1~2天，要包好並且遠離帶有強烈氣味的食物。

# MILK CHOCOLATE
## AND PASSION FRUIT
# TRUFFLES
## 百香果松露牛奶巧克力

**這** 款松露巧克力的一切都不尋常，從百香
果開始。百香果是一個帶著異國情調的
水果，有著強烈的味道與一層柔軟的外皮。它濃郁和鮮明的風味，你可能無法預期如何與
巧克力搭配。但是藉由加入另一項不尋常的材料：牛奶巧克力，Pierre 皮耶讓百香果和巧
克力的組合，變得如此容易和完美。在美國受到熱愛的牛奶巧克力，在法式食譜裡並不常
見。但在這裡，它溫和的滋味非常理想，微甜且融合的－它可以調合百香果，反過來說，
百香果果泥也給了牛奶巧克力一點起伏變化的風味。讓這兩樣的對比和互補更顯著，這款
松露巧克力還加了一點點的蜂蜜來潤滑它，綴以細小的酸甜杏桃乾，再裹上白糖粉。

- 14¾盎司（420克）牛奶巧克力，偏好法芙娜吉瓦哈（Valrhona Jivara），切到細碎
- 1¾盎司（50克）杏桃果乾（大約8個），潤澤、飽滿，切成小小塊
- 2大匙水
- 略少於⅔杯（160克）百香果果泥（參考食材購買來源指南）
- ⅓杯外加2大匙（90克）高脂鮮奶油
- 1大匙蜂蜜
- 4大匙（2盎司；60克）的無鹽奶油，室溫，切成4塊
- 糖粉，撒在松露巧克力表面

1. 把巧克力放在一只耐熱且裝得下所有材料的缽盆裡。

2. 把杏桃和水一起放在一只小湯鍋裡，並且以小火來加熱幾分鐘，直到杏桃變溼潤。將
   鍋子從爐上移開，必要時將杏桃過濾，以雙倍厚的廚房紙巾拍乾。

3. 用一只小湯鍋或者微波爐來加熱百香果泥、鮮奶油和蜂蜜到滾沸後，倒進巧克力裡。以一把橡皮刮刀輕柔地把鮮奶油以從裡向外擴大畫圓的方式，拌入巧克力裡直到甘那許變得均勻和柔滑。讓甘那許在工作檯上冷卻約一分鐘再加入奶油。

4. 奶油以一次二塊的方式加進來，輕柔地拌勻。當所有的奶油都拌入巧克力糊裡，再拌入杏桃塊，將甘那許倒進一只烤模或碗裡。把這烤模放進冰箱冷藏室，待這甘那許冷卻後，蓋上一張保鮮膜再冰至少3小時。（可以讓這甘那許在冰箱冷藏隔夜，如果這樣對你比較方便。）

5. 當你準備要開始替松露巧克力塑型時，舀一大匙的可可粉到碗裡，並且準備一張舖了烤盤紙或蠟紙的烤盤。把松露巧克力糊從冰箱裡取出，舀出略少於滿滿一大匙的甘那許，來做成一顆松露巧克力。把這份甘那許放在舖了紙的烤盤上。兩手蘸些可可粉，一次一顆，以兩手手掌搓揉的方式把松露巧克力塑成圓球形。不用在意是否能把它們弄得很平均－它們應該是粗糙不完美的。當你每塑好一球，就把它丟進裝了可可粉的碗裡。用拌的讓它在可可粉裡翻滾一下，好讓它充份沾裹上可可粉，接著讓巧克力球在兩手掌間，以被輕輕地互拋的方式，彈掉多餘的可可粉。或者，你也可以把這松露巧克力，在網篩上輕滾好去掉多餘的可可粉。每完成一顆松露巧克力後，就把它放回舖了紙的烤盤上。

約50顆松露巧克力

**KEEPING** 保存：松露巧克力一沾裹好可可粉，就可以立刻上桌，或者也可以在冰箱冷藏保存1～2天，要包好並且遠離帶有強烈氣味的食物。

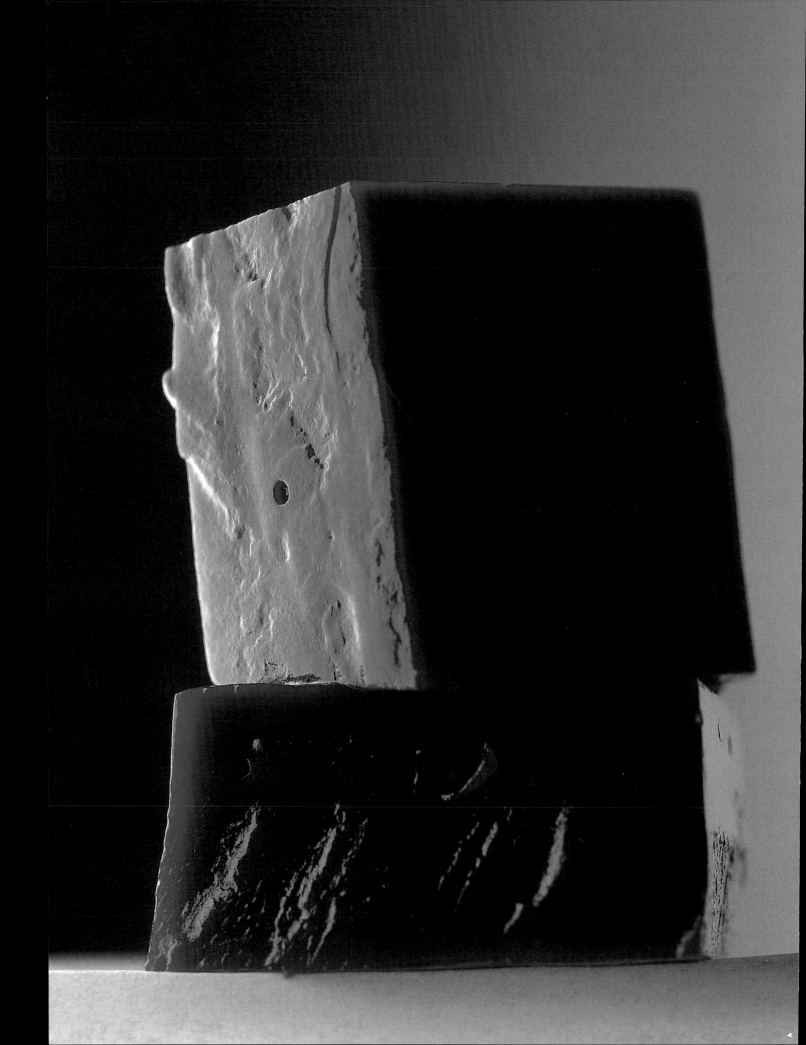

# 檸檬巧克力牛奶糖

就像它的基底材料砂糖，牛奶糖是個變色龍，它的風味轉濃或變淡，顏色是深或淺，質地與口感，都會因為煮的時間，火侯強弱，煮的溫度或者煮糖的程度，而有所差異。對這款糖果來說，砂糖（包括細砂糖和玉米糖漿－這裡是指天然的糖漿）被加熱，且攪拌到成深紅木色才加入所有其它材料；也就是說，顏色要煮得夠深，才能創造出足夠的味道深度。接著－稍待片刻－混合物煮到剛剛好超過軟球狀（soft ball）的階段，以致等它涼了後，會硬到足以切成俐落的方塊，但又柔軟到會在你舌上悄悄地化開。這些牛奶糖，就像法國人說的，mou，或者說柔軟。它們也是巧克力，甘醇，完美，還帶有檸檬味，奇特而微妙。苦甜巧克力在中間的階段加入，介於將糖煮到上色和把甘那許煮到華氏243度（攝氏117度）之間的步驟。巧克力和奶油及鮮奶油一起加進去，再澈底煮到超過多數專家所告訴你，適合優質巧克力這樣嬌嫩材料的程度。不必怕：巧克力毫髮無損的誕生，並且和焦糖的微苦拌合得無比美妙，更加上檸檬皮屑所貢獻的一抹清新。

■　牛奶糖一定要加點鹽，做為煮好糖果甜味的對比。在這份食譜裡，鹽份來自含鹽奶油。如果你沒有含鹽奶油，記得要在鍋子裡加1小搓的鹽。　■　PH

- 1¾杯（435克）高脂鮮奶油
- 1⅔杯（340克）砂糖
- ¾杯外加2大匙（280克）淡色玉米糖漿（light corn syrup）
- 從½顆檸檬上刮下來磨碎，或切碎的檸檬皮屑

- 3大匙（1½盎司；45克）含鹽奶油，切成3塊（或者無鹽奶油再加1小搓鹽）
- 4盎司（115克）苦甜巧克力，偏好法芙娜瓜納拉（Valrhona Guanaja），切到細碎

1. 在一張8吋（20公分）的方形烤模裡鋪上鋁箔紙。（或者你也可以使用一個9吋／24公分的烤模－只是會做出比較薄的牛奶糖。）在鋁箔紙上噴上植油性的防沾噴油像是Pam，或者替它塗上奶油，置旁備用。準備一只煮果醬專用或立即感應式溫度計在手邊。

2. 將鮮奶油以湯鍋或微波爐加熱到滾，置旁備用。

3. 將砂糖、玉米糖漿和檸檬皮屑放進一只厚底湯鍋－一個4夸脫（4公升）的荷蘭鍋或砂鍋最好。（你必須使用一只深鍋，因為當你把其它材料加進來時，砂糖會沸騰的很厲害。）將砂鍋放在中火上，以木鏟或木匙加以攪拌，煮到砂糖融化且整鍋沸騰。繼續煮，規律地攪拌，直到砂糖變成很深的焦糖；顏色要像鐵鏽色或紅木色。仍然持續攪拌－但小心地站離鍋子遠一點－把奶油一次一塊的加入、再來是溫熱的鮮奶油，接著是巧克力。現在，不停的攪拌，把牛奶糖煮到以煮糖專用或立即感應式溫度計測量，達到華氏243度（攝氏117度）。牛奶糖一達到應有的溫度時，就立即把鍋子自爐上移開，倒入鋪了鋁箔紙的烤模裡。

4. 把烤模放在冷卻架上或工作檯上，好讓牛奶糖在不受干擾下冷卻到室溫且定型。牛奶糖會需要至少5個小時，才可以定型到可以分切和包裝，並且，如果你有時間，最好讓它放隔夜。（如果廚房裡很暖－特別是，如果很潮溼－牛奶糖不能恰當的變硬，那麼必要時就讓它涼到室溫後，把烤模放進冰箱冷藏幾個小時。）

約60顆糖果

KEEPING 保存：包好或裝在密封容器裡，牛奶糖可以在室溫下保存至少四天。

5. 當準備好要分切牛奶糖，把它倒出來在一只砧板上，拿掉鋁箔紙，把牛奶糖翻過來正面朝上。使用一把薄長刀，把牛奶糖切成1吋（2.5公分）正方體。（最好是只切出你所需要的量，把剩下的以蠟紙或保鮮膜包好。）如果你喜歡，可以把牛奶糖切成大塊點或小塊點，甚至細長方形。立刻享用，或者以玻璃紙、蠟紙、保鮮膜個別包裝好。

# CHOCOLATE-COATED
## CARAMELIZED
# ALMONDS
## 脆皮巧克力焦糖杏仁

**這** 個名稱說明了關於這糖果的一切，但並沒
有告訴你它有多美味－它"非常非常"的美
味。眞的，品嚐起來就像任何你會嚐到的巧克力糖果，脆皮巧克力焦糖杏仁單吃已經非常
棒，用它們來搭配一杯充滿力道的義大利濃縮咖啡，更是出色。使得脆皮巧克力焦糖杏仁
如此特別的因素，在於它的三種風味和質地。完整，果肉豐實，烤成金黃褐色的杏仁，是
這糖果的核心。下一個，包住杏仁的是薄薄一層甜美的脆焦糖。最後，裹了焦糖的杏仁，
更蘸上調溫的巧克力，一個精采且奢華的總結。

---

■ 　如何替杏仁裹上焦糖，覆以巧克力糖衣，這是一個可以用於其它堅果的技
巧。這份食譜以夏威夷豆或核桃來做也同等的美味。而且，如果你使用鹹味花
生，會升級為一款美國人童年零嘴的成人版。　■　PH

---

- ⅓杯（70克）砂糖
- 3大匙水
- 7盎司（200克）整顆去皮杏仁，烤過仍溫熱，或室溫（275頁）
- 5盎司（145克）苦甜巧克力，偏好法芙娜的加勒比（Valrhona Caraïbe），完成調溫
  備用（260頁）

Ⅰ. 準備一張烤盤舖上Silpad或其它品牌的矽利康烘焙墊，或者使用烤盤紙，放在工作檯
上備用。將砂糖和水放入中型厚底湯鍋以中火煮滾。轉動湯鍋好讓砂糖溶解，讓整鍋
在不攪拌下煮滾，直到以煮糖專用或立即感應式溫度計測量，達到華氏248度（攝氏

119度)。(如果有砂糖黏在鍋邊,在烹煮的一開始可能發生,以一支蘸了冷水的西點用毛刷,把它刷下來。)

2. 把所有的杏仁一次加進來,以木匙或木鏟把杏仁拌進糖裡,繼續以中火煮並攪拌。當你攪拌著杏仁,一開始它會結塊,之後它們會分開,糖衣會變成白色的砂狀。繼續煮並攪拌,漸漸糖衣會開始變成焦糖。(焦糖糖衣會成團-而且那是它們應該有的模樣。)當糖變成淡焦糖色時,把杏仁倒出來在舖了紙的烤盤上。過一分鐘左右,以湯匙或鏟子儘可能把杏仁粒分開。不要擔心如果有兩、三顆或一些杏仁粒黏在一起。讓杏仁在烤盤上冷卻到室溫。(降溫到室溫的焦糖杏仁,可以用密封容器裝好,在室溫下保存長達四天。)

約半磅(225克)的
脆皮巧克力焦糖杏仁

KEEPING 保存:焦糖
杏仁可以在四天前先做
好,裝在密封容器裡,
保存於陰涼室溫裡。

3. 把調溫完成的巧克力放在工作檯上,並且準備一張舖了Silpat或者烤盤紙的烤盤在手邊。

4. 把杏仁倒進巧克力裡,並且使用一把叉子,輕輕地加以攪拌個2~3下,只是要確定所有的杏仁都沾裹了巧克力。把披附了巧克力的杏仁,倒進舖了紙的烤盤上,並且以叉子將杏仁分開。把烤盤放進冰箱冷藏直到巧克力固定,約15分鐘。待巧克力乾了後,脆皮巧克力焦糖杏仁已經可以吃了。

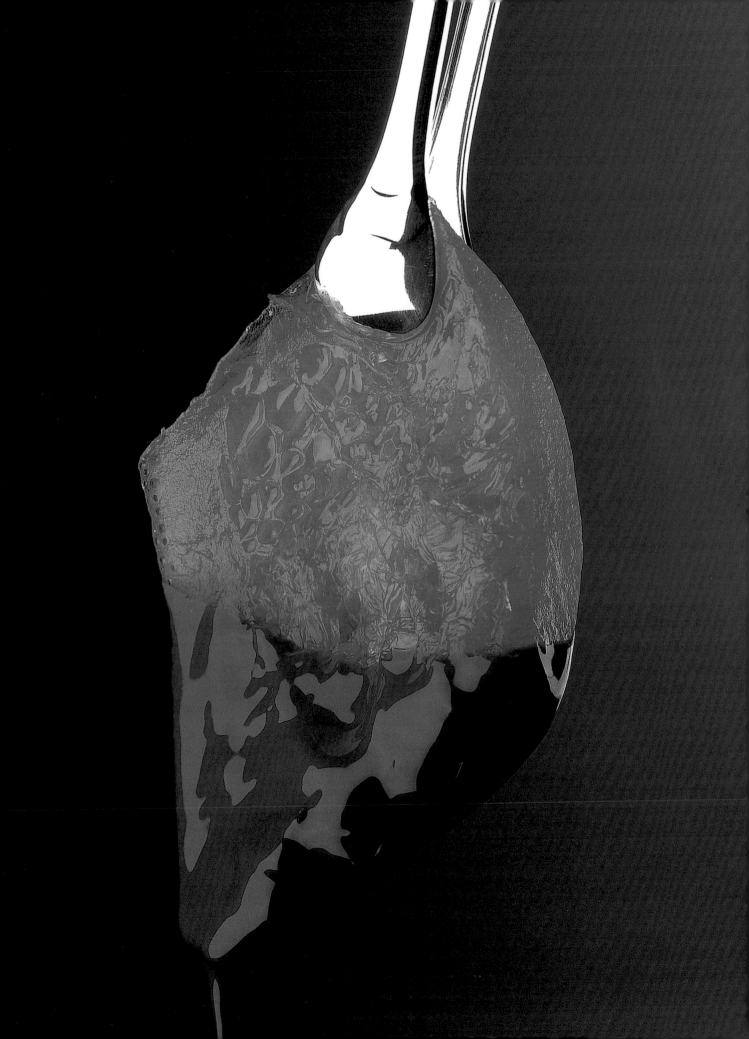

# CHOCOLATE-COATED
## CANDIED CITRUS PEEL
### 巧克力裹糖漬橙皮

**就**像脆皮巧克力焦糖杏仁（171頁），這是那種你會在最好的巧克力店裡看見的糖果，裝在透明的玻璃小紙袋中，以緞帶束起或用印有店家商標的貼紙封起來。使用優質的苦甜巧克力，那麼你的糖果就可以媲美那些最好的巧克力。最傳統的方式是，把糖漬果皮切成細長條來蘸巧克力，但是沒人說你必需抱住傳統不放－這裡的作法非常獨特且出色，將果皮切成英吋般寬而非小條狀。同樣地，最常見用來沾裹巧克力的果皮是柳橙，但你也可以用糖漬檸檬和葡萄柚皮來製作。

關於份量的一個重點：最好一次糖漬很大量的橙皮，因為它可以冷藏保存三週，但是只要沾裹了巧克力，它就應該被吃掉－所以你只沾裹當天所需的量就好。

■  因為糖漬果皮甜而香氣撲鼻，所以選用一個不那麼苦的巧克力，會得到最佳的成果。我推薦用來作為外層沾裹的巧克力，是圓潤而帶果香氣息的，像是法芙娜孟加里。　■　PH

- **糖漬橙皮**（257頁）
- **1磅（450克）苦甜巧克力，偏好法芙娜孟加里（Valrhona Manjari），完成調溫備用**（260頁）

1. 瀝乾果皮，以雙倍厚的廚房紙巾拍拭擦乾。讓果皮以不重疊的方式晾在冷卻架上，室溫下隔夜蔭乾。

2. 準備一張鋪了烤盤紙的烤盤，放在完成調溫的巧克力附近。一次一片，把果皮浸入巧克力裡，讓多餘的巧克力滴回容器中，再放在烤盤紙上。把果皮放進冰箱15分鐘好讓巧克力定型。

約2磅（900克）的
巧克力裹糖漬橘皮
（或者說20多人份）

**KEEPING 保存**：沾裹了巧克力的果皮最好當天享用。

# DRIED FRUIT
# AND NUT MENDIANTS
## 果乾與堅果巧克力

**M**endiant 這個字在法文裡原本的意思是乞丐，但在糖果的領域裡，是圓形巧克力上面加了果乾和堅果，通常混合了金黃葡萄乾、榛果、杏仁和開心果－但是，就像 Pierre 皮耶一樣，你大可以依自己喜好加以增減添加的內容。可以只用一種果乾或堅果，或者在上面釘滿6~7種把它弄得像聚寶盆一樣，而且你也可以自由選擇苦甜、牛奶或白巧克力。

　　這份食譜可以視你的需要，減半或按比例加倍製作。

- 1磅（450克）巧克力，苦甜、牛奶或白巧克力，或每種各一些，**調溫後備用（260頁）**
- 1杯（140克）果乾和堅果，像是金黃葡萄乾、片狀杏桃乾、無花果乾小丁、小塊的櫻桃乾、整顆的榛果、半顆的腰果、長條狀的杏仁，或者胡桃、核桃或開心果

1. 兩張烤盤鋪上烤盤紙、醋酸纖維板（acetate）或矽利康烘焙墊。舀出大約1½ 小匙調溫好的巧克力來做一個圓形巧克力：舉著湯匙在烤盤的上方約3吋高，讓巧克力從湯匙上倒出，流到烤盤上。不需要刻意繞圓，巧克力會從湯匙裡散成完美的圓形。

2. 在每個圓形巧克力上綴以等量的果乾和堅果後，把烤盤放進冰箱冷藏，好讓巧克力定型，大約15分鐘。

約 50 個圓形巧克力

**K E E P I N G** 保存：用烤盤紙或蠟紙將巧克力隔開疊成一層層，再裝進密封罐裡，可以在室溫下保存三天。

# CHOCOLATE-DIPPED
## CANDIED MINT LEAVES
### 糖漬薄荷葉蘸巧克力

薄荷是一種如此生動、多功能、美麗的香草，雖然它經常是甜點領域裡毫無新意，被用來做最後裝飾，或擺在盤子上以添加些許顏色之用－Pierre皮耶嫌棄的作法，因為薄荷通常和它所裝飾的甜點沒有任何關係。但是在這裡，糖果注入了新時尚，薄荷得到了明星級的待遇。這款糖漬薄荷葉蘸巧克力，薄荷葉裹上了一層糖衣，再蘸上調溫的巧克力，成了充滿活力、適口大小的糖果。

　　看起來像是個奇特的食譜，其中沒有確定的份量，但是材料很少，技巧很簡單，而且不論你是糖漬或沾裹一把薄荷葉，或兩手滿滿的量都一樣。也不會產生浪費－如果你倒出太多的砂糖或調溫太多的巧克力，不管哪一項都可以重覆使用。

■　你可以使用相同的技巧來沾裹馬鞭草葉；它們清爽的檸檬風味和巧克力糖衣形成有趣的對比。　■　PH

- 新鮮薄荷葉
- 蛋白
- 砂糖
- 苦甜或牛奶巧克力，偏好法芙娜的加勒比（Valrhona Caraïbe）或吉瓦哈（Jivara），調溫備用（260頁）

I.　把薄荷葉自它們的枝上取下；如果你喜歡，可以留下和葉子連在一起的小梗－事實上，如果留下它們，在處理葉子時可能更容易。把葉片洗乾淨，多餘的水甩掉，以雙倍厚廚房紙巾澈底擦乾。

**KEEPING 保存**：如果房間很涼爽乾燥的話，覆蓋了糖衣的葉片可以室溫下保存一天。蘸了巧克力的葉片，可以裝在有蓋子的盒子裡冰箱冷藏保存一天。

2. 把蛋白放在一只小缽盆裡，輕輕攪打，打到起泡就好。將一些砂糖倒在一個小盤子上；不要比¼吋（7公厘）厚，薄薄一層就好。（如果你需要更多，隨時都可以再添加。）準備一張烤盤紙備用。

3. 一次只處理一片薄荷葉，將葉子沾裹打到起泡的蛋白，只要覆蓋上一層就好，然後讓多餘的蛋白流回去缽盆裡。把裹了蛋白的葉片壓在砂糖上，翻面好讓葉子兩面都薄薄裹上砂糖。把裹好的葉子放在烤盤紙上，再繼續處理剩下的葉片，直到完成所需的量。讓這些葉片留在烤盤紙上，室溫下蔭乾。

4. 準備要將葉片沾裹巧克力時，在工作檯上準備一張乾淨的烤盤紙，放在調溫完成的巧克力附近。握住葉片的梗，浸入巧克力直到葉片的一半高度。拉起葉片，讓多餘的巧克力滴回容器裡，用葉片刮一下容器的邊緣，將多餘的巧克力刮掉，再把葉片放在烤盤紙上。

5. 當你蘸好所需的葉片份量，把裝了葉片的烤盤紙移到一張烤盤上，再放進冰箱好讓巧克力定型，大約15分鐘。糖漬薄荷葉蘸巧克力現在可以上桌了。

# ICE CREAM SCOOPS, COUPES, SUNDAES, SPLITS, AND OTHER FROZEN CHOCOLATE DESSERTS

冰淇淋甜筒、冰淇淋杯、聖代、香蕉船以及其它的冰凍巧克力甜點

# BITTERSWEET
## CHOCOLATE SORBET
### 苦甜巧克力雪酪

因為這個雪酪是以頂級品質的苦甜巧克力，而非可可粉所做成，它擁有引人入勝的，滋味上的深度，並且通常是和冰淇淋相提並論的強度。而且正因這個雪酪只用了巧克力、砂糖和水做成，使得它的滋味甚至更突出。

■　為了讓這款雪酪擁有頂級的巧克力風味，你必須使用最好的巧克力。這個食譜裡沒有任何可以減少省略，因為，總共就只有三項材料，無可替代的巧克力滋味。　■　PH

- 7盎司（200克）苦甜巧克力，偏好法芙娜瓜納拉（Valrhona Guanaja），切到細碎
- 1杯再少一點點（200克）砂糖
- 2杯（500克）水

1. 在開始攪打雪酪前，可先把雪酪混合液冰到涼，並在一只大缽盆裡盛裝一些冰塊和冰水，製成一套冰水浴裝備。準備一只裝得下所有材料，但小一點的缽盆備用。

2. 將所有材料放進一只厚底中型湯鍋以小火加熱。烹煮的同時，不斷的攪拌，直到沸騰－這可能要花十分鐘左右。接著不停的攪拌並且留意：可能會冒泡得很誇張。讓它滾沸二分鐘後，倒進小缽盆裡。把小缽盆放進冰水浴的大缽盆裡。讓巧克力糊冷卻，不時地加以攪拌。

3. 遵照使用說明書的使用方法，把雪酪放進冰淇淋機裡製作完成。你可以把雪酪從冰淇淋機裡取出直接享用，或者裝進一只密封容器裡，冷凍到需要的時候。

超過1品脫（約½公升）

KEEPING 保存：雖然雪酪最好是在攪拌冰凍完成的幾個小時內就享用，如果密封包好，冷凍保存可以維持柔滑質地約一週。

# CHOCOLATE ICE CREAM, PLAIN AND VARIED
## 原味和變化口味的巧克力冰淇淋

這 是所能製作出最純的巧克力冰淇淋了。不
同於 Pierre 皮耶的多香果或焦糖冰淇淋
（132頁和194頁），那些是以蛋黃和鮮奶油爲基底所製成，辛香料和濃郁口味冰淇淋的完
美配方，這款冰淇淋是美國人認知裡的費城式冰淇淋－它既不含蛋，也不含鮮奶油。每一
匙你嚐到的都是巧克力的滋味，純粹且簡單，沒有其它濃郁醇厚或滋味強烈的材料搶去了
巧克力的風采。

在完成一批純粹的巧克力冰淇淋後，你可能會想做些變化口味。若眞如此，可以考慮
以薰衣草浸泡用來做冰淇淋的牛奶，或者在冰淇淋開始攪拌前，拌入一些布朗尼，或裹上
了焦糖的夏威夷豆（參考後述的變化）。

■　我對巧克力冰淇淋有很明確的定義：我從不認爲它應該以雞蛋製成。雞蛋
會讓冰淇淋變得太厚重，蛋黃也會改變巧克力的滋味。而且，我認爲巧克力冰淇
淋，就應該以巧克力製成－你甚至不必考慮用可可粉。　■　PH

- ⅓杯（30克）奶粉
- 3杯（750克）全脂牛奶
- ⅓杯（70克）砂糖
- 8盎司（230克）苦甜巧克力，偏好法芙娜加勒比（Valrhona Caraïbe），切到細碎

1. 在開始攪打冰淇淋前，可先把冰淇淋糊冰到涼，並在一只大缽盆裡盛裝一些冰塊和冰
   水，製成一套冰水浴裝備。準備一只裝得下所有材料，但小一點的缽盆備用。

2. 將奶粉放進一只厚底中型湯鍋，並且緩緩地將牛奶拌入。待奶粉溶解後，拌入砂糖。
   煮滾後，將巧克力拌入並且煮到大滾。將鍋子自爐上移開後，把巧克力糊倒進先前準

備好的小缽盆裡。把小缽盆放進冰水浴的大缽盆裡。讓這巧克力糊停留在冰塊上，不時地加以攪拌，直到它降溫到室溫或再冷一點。

3. 遵照使用說明書的使用方法，把冰淇淋放進冰淇淋機裡製作完成。把冰淇淋裝進一只冷凍適用的容器裡冷凍至少二小時，足夠讓它凍硬和熟成。

薰衣草巧克力冰淇淋製作方法：在熱牛奶和砂糖混合液裡，加進約2小搓的薰衣草花。將鍋子自爐上移開，蓋上蓋子，浸泡10~15分鐘。過濾去掉薰衣草，再次煮沸後加入巧克力，繼續完成整份食譜。

布朗尼巧克力冰淇淋製作方法：在冰淇淋快要凍硬*之前，加入約2杯（¼磅；115克）切成小塊的布朗尼（61頁）。

夏威夷豆巧克力冰淇淋製作方法：在冰淇淋快要凍硬之前，加入約1杯（4盎司；115克）略切或對半切，裹上了焦糖的夏威夷豆（195頁）。

約1½品脫（¾公升）

**KEEPING** 保存：密封包好冷凍的冰淇淋可以保存約一週。

*譯註：冰淇淋在冰淇淋機裡，是以邊攪打邊結凍的方式凍到硬，所以快要凍硬前指的是攪拌的末期。

# CHOCOLATE SEMIFREDDO
# WITH COCONUT DACQUOISE

## 巧克力半凍冰糕與達克瓦茲

Semifreddo是一個存在於語言學中，比夢幻島還夢幻（Never-Never Land）的甜點，搖擺在義大利文的名字，指它是一種半冰凍的，而實際上它是一款類似慕斯，可以在冷凍、半冰凍或冷藏冰涼下享用的甜點。這份食譜的半凍冰糕，要在冰凍到完全硬了再享用，這或許對澄清上述混淆沒什麼幫助，繞了一圈倒是可以做爲這類型甜點的一個範例。它的基底，必然的巧克力風味，是一個慕斯與冰淇淋的組合，並且創造出一個把兩者之長相結合的甜點：它和最優質的冰淇淋一樣的誘人絲滑，和最正點的慕斯一樣的輕盈。並且它還蘊藏了一個驚喜：在這款甜點的夾層之間，是三片酥脆的椰子達克瓦茲圓餅，剛好足夠隨興地在各處，添加了些許酥脆口感。

這款甜點以舒芙蕾模組合起來，而且，如果你用一個6杯連模（6-cup mold），就會塑出一個高度超過模型邊緣的半凍冰糕，如此一來就會有著和傳統冷凍舒芙蕾一樣的外觀。但如果你使用一個比較大的模，達克瓦茲圓餅可能不會碰到模的邊緣，那極有可能，會失去邊緣高高的突起－不需擔心。事實上，沒有那個超過杯口的高度，更容易脫模。不管哪一種方法都會是完美的。

■ 我喜歡甜點裡慕斯的質地稠密一點，但是如果你偏好口感輕盈一些的慕斯，可以在混合物裡多加一顆蛋白。 ■ PH

- 3個直徑6½吋（16公分）椰子達克瓦茲圓餅（231頁）
- 1杯（250克）全脂牛奶
- 8枚大顆雞蛋的蛋黃
- 1¼杯（250克）砂糖
- 1¾杯（435克）高脂鮮奶油
- 2枚大顆雞蛋的蛋白
- 12½盎司（350克）苦甜巧克力，偏好法芙娜的加勒比（Valrhona Caraïbe），切到細碎

1. 這個半凍冰糕必需以6杯（1.5公升）容量的舒芙蕾連模來製作。在你開始前，要確認椰子達克瓦茲可以裝得進這個模。如果有點太大，以一把鋸齒刀把它們修成適當大小的形狀；置旁備用。（不要驚慌，如果這圓餅裂開來－你仍然可以把破掉的圓餅組合拼放在模裡，之後半凍冰糕會把它們黏合在一起。）還有，準備一張裁成約25吋長（65公分）條狀的鋁箔紙，延著長邊折成3等份，當作舒芙蕾模的衣領，備用。如果你用的是比較大的模，必要時將達克瓦茲加以修剪，以符合它的大小，不用擔心如果達克瓦茲太小。省略掉衣領－不需要它了，因為一旦你把材料放進模裡，可能不會有任何剩下，超過模高需要衣領固定的材料。

2. 為了可以快速讓安格列斯奶油醬－半凍冰糕的卡士達基底，快速冷卻，在一只大碗裡裝入冰塊和冰水。在旁邊準備一只小一點，裝得下所有材料的碗。同時在旁邊準備一只細網目濾杓。

3. 製作安格列斯奶油醬，牛奶以厚底中型湯鍋加熱到滾。同時在一只大缽盆裡，把蛋黃和¾杯（150克）的砂糖打到變白、變濃稠。

4. 不停地攪打著的同時，滴個幾滴煮滾了的熱牛奶到蛋糊裡。當蛋黃已經適應了這個溫度，把剩下的液體以比較穩定的流量加進來。把這混合液倒回湯鍋裡，以中大火加熱，並且以木頭湯匙或刮刀不斷攪拌，煮到奶油醬汁微微黏稠，顏色變淡，而且，最重要的是，以立即感應溫度計測量，醬汁溫度達華氏180度（攝氏80度）－烹煮所需時間會少於5分鐘。（或者你也可以把這安格列斯奶油醬攪拌後，用手指劃過刮刀或湯匙，如果劃出來的凹痕不會被醬汁填滿，表示已經煮好了）。立刻把鍋子自爐上移開。把比較小的那只碗洗淨擦乾，以網篩將醬汁過濾到這只小碗裡，接著把小碗放進裝有冰塊的大碗裡。保持卡士達在冰上，不時地加以攪拌，直到安格列斯奶油醬完全冷卻。等它涼了，從冰塊上移開。

5. 將鮮奶油打發到五分發（soft peaks）*；留在工作檯上備用。

6. 把蛋白以裝了網狀攪拌棒的攪拌機（或者一台手提電動打蛋機）以中速打到濕性發泡（soft peaks）*。緩緩地把剩下的½杯（100克）的砂糖加進來，繼續打到蛋白霜乾性發泡（firm peak）*但仍非常有光澤。

＊譯註：鮮奶油打五分發（medium peaks 或 soft peaks 微微下垂）已經不具流性，但還不到很硬的發泡或堅挺的程度，攪拌器尖端的鮮奶油還呈下垂狀，也有人形容成鷹嘴狀。蛋白霜的濕性發泡（soft peaks），舉起攪拌棒，附著在攪拌棒上的蛋白霜尖端略下垂的打發狀態。乾性發泡（firm peak），舉起攪拌棒，附著在攪拌棒上的蛋白霜尖端呈堅挺不下垂的打發狀態。

**7.** 把巧克力放在一只碗裡，隔著微滾的熱水－碗底不碰到水－加熱到巧克力融化；或者用微波爐融化巧克力。一旦巧克力融了就立刻把它自爐上移開，放在工作檯上備用；你希望巧克力在和其它材料混合時是溫溫的。如果摸起來太燙了，讓它再放涼個3~5分鐘。

**8.** 以一把大而有彈性的橡皮刮刀，先把約⅓的打發鮮奶油輕輕地拌入巧克力裡，再把剩下的鮮奶油拌入。把巧克力與打發鮮奶油倒進裝了卡士達的碗裡，再輕輕把這兩者拌合－這時不需要澈底拌勻。先舀一匙打發蛋白霜進來攪拌均勻，再把剩下的蛋白霜加進來，並且把所有材料拌到均勻。慕斯現在已經可以使用了，事實上，應該立刻使用。

**9.** 把甜點組合起來：把足夠的巧克力慕斯舀進舒芙蕾模底，到模邊½吋(1.5公分)高。擺上一片修好大小的達克瓦茲在慕斯上。把剩下的⅓的慕斯抹平於其上，加上第二片達克瓦茲，並輕搖使其就定位。把剩下的一半的巧克力慕斯加進來，到快碰到模的頂端。蓋上第三片達克瓦茲，並且一樣輕搖使其就定位。

可供10~12人享用

**KEEPING** 保存：椰子達克瓦茲圓餅可以在一個月前先完成，密封包好冷凍保存，但巧克力慕斯必需在完成後立刻裝進舒芙蕾模裡。一旦組合完畢，這款甜點必需冷凍保存，可以長達一個月。

**10.** 把你先前折好的鋁箔長條，繞著舒芙蕾模包起來，好形成一個超過模約3吋高(7.5公分)的衣領。重疊的地方以耐凍膠帶、大頭針或迴紋針先固定好，接著以棉線把它束緊，好讓它不會下滑。把剩下的慕斯舀進來－它可能不會高到衣領頂端－把表面抹平。(如果你使用比較大的舒芙蕾模，只接把慕斯裝進去，表面抹平就好。)

**11.** 把舒芙蕾模放進冰箱冷凍室－這是半凍冰糕的部份－冷凍至少6小時。(一旦凍好，甜點可以緊密包好，冷凍保存長達一個月。)

**12.** 上桌前，把鋁箔衣領拿掉，並且把半凍冰糕切成楔形。如果你的半凍冰糕沒有衣領，可以直接在模裡將它切成楔形，或者把模在熱水裡快速熱過再脫模。如果這個冰糕冰了很長一段時間，可能會需要讓它在室溫下軟化5~10分鐘再享用。

FRENCH BANANA
# SPLIT
## 法式香蕉船

這 是一道獻給熱愛巧克力人士的香蕉船。冰
淇淋是巧克力口味的－沒有如果，和，但
是，或者...香草和草莓口味的冰淇淋－那些傳統上會出現在冰淇淋店裡，小球狀巧克力冰
淇淋兩邊，用來搭配香蕉船的口味。而且沒有其它淋醬，除了最好的－巧克力醬。然而還
是有一項非巧克力的佐料：Pierre 皮耶在每艘香蕉船上，撒了些浸泡過蘭姆酒的金黃葡萄
乾。它當然不是一種你可能在多數美國賣汽水小舖看得到的佐料，而多了些非常法式的手
法，有別於我們美國人在吧檯享用的香蕉船，這款甜點與眾不同，適合奢華地在茶沙龍的
餐桌上品嚐。

■ 要做出更具風味的香蕉船，試著把香蕉放在奶油和砂糖裡，以大火煎過直到
它們沾滿焦糖。在上桌前再進行這個步驟，你會因此擁有溫熱香蕉、巧克力醬、
冰涼冰淇淋以及打發鮮奶油間，冷熱交融的美妙對比。　■　PH

## THE RAISINS 葡萄乾

- ½杯（60克）金黃葡萄乾
- 3大匙深色蘭姆酒（dark rum）
- 3大匙水

把所有材料放在一只小湯鍋裡以小火加熱，邊煮邊攪拌，煮到葡萄乾軟化漲起就好。將鍋
子自爐上移開，讓葡萄乾浸漬至少二小時，最多一天。

## TO ASSEMBLE 組合

- 4根香蕉，成熟但不軟爛，去皮縱切成兩半
- 巧克力冰淇淋（184頁）

可供4人享用

**KEEPING** 保存：你可以早在一週前先做好巧克力冰淇淋和巧克力醬，葡萄乾可提早一天製作，香蕉可以早幾個小時完成，但是一旦你把所有搭配冰淇淋的元素組合成香蕉船，必須立刻將它端到你的賓客們面前。

- 1杯（250克）高脂鮮奶油，加一點糖稍微打發
- 巧克力醬（253頁），溫熱的

每一客的香蕉船裡，把一根切成兩半的香蕉，排在香蕉船杯或缽盆裡的兩邊。挖三球巧克力冰淇淋進去，並且延著香蕉撒上些許葡萄乾。再加上打發鮮奶油，可用湯匙舀了放在冰淇淋上或者裝在擠花袋裡，以星形擠花嘴用繞圓方式，擠出大朵的鮮奶油花。淋上巧克力醬立即享用。

# CHOCOLATE,
# CARAMEL, AND PEAR
# BELLE HÉLÈNE

## 美麗的海琳娜西洋梨－
## 佐巧克力冰淇淋與焦糖醬

這是一款獻給巧克力熱愛者的"美麗的海琳娜西洋梨poire belle héleène"。傳統的版本裡，煮過的西洋梨安置在兩球香草冰淇淋上，聖代上淋的是些許巧克力醬。全新演譯的版本裡保留了西洋梨的部份，以香草籽糖漿來浸泡，選擇巧克力口味的冰淇淋，並且以西洋梨、巧克力冰淇淋的冠軍拍檔－滑順的焦糖醬，取代了巧克力醬。和原始版本相同的是，這是一道三重組合的聖代，但也沒人反對你錦上添花。當你想要來點奢侈的犒賞，可以在上面加一些輕度打發的鮮奶油，或在焦糖醬外再淋上一點巧克力醬（253頁），你甚至可以鮮奶油和巧克力醬兩種都加－有時候太多其實只是剛剛好而已。

### THE PEARS 西洋梨

- 1罐29盎司（825克）西洋梨罐頭，半粒裝浸泡在糖漿裡
- 1杯（250克）水
- ½杯（100克）砂糖
- 1大匙新鮮現榨檸檬原汁
- 從½條飽滿潤澤的香草豆莢裡刮出來的香草籽（第279頁）

1. 瀝乾西洋梨並置於一只大碗裡（深型碗尤佳）；暫時放在一旁備用。

2. 以一只中型湯鍋將水、砂糖、檸檬汁和香草籽一起煮滾，或者裝在碗裡以微波爐加熱。將糖漿自爐上移開，並且倒在西洋梨上。將一張蠟紙緊貼蓋在西洋梨上，如果這張蠟紙不足以讓所有的西洋梨浸泡在糖漿裡，在上面再加一只盤子。將這整個覆以保鮮膜，放進冰箱冷藏隔夜。（西洋梨可以在三天前事先製作完成，包起來置冰箱冷藏儲存。）

＊譯註：這款以糖漿煮西洋梨，搭配巧克力醬與香草冰淇淋的甜點由喬治•奧古斯都•艾斯考菲 Georges Auguste Escoffier 於1864年所創，後因著名的"美麗的海琳娜 La Belle Héleène"歌劇而命名 Poire Belle Héleène。

## THE CARAMEL SAUCE 焦糖醬

- ½杯（125克）高脂鮮奶油
- ½杯（100克）砂糖
- 3大匙（1½盎司；45克）含鹽奶油（或使用無鹽奶油，外加1小撮鹽）

1. 鮮奶油以厚底湯鍋或微波爐加熱到滾，置旁備用。

2. 準備另一只厚底中型湯鍋，開中火，撒下2大匙的砂糖到鍋底。當糖開始融化和變色， 以一把木匙攪拌直到它變為焦糖。把剩下一半的砂糖撒在焦糖上，只要糖一開始融化，把它拌入鍋子裡的焦糖中；重覆相同步驟處理剩下來的糖，煮到糖轉成深棕色。（滴在一只白色盤子上來檢查顏色）。站離鍋子遠一點，持續攪拌下，把奶油加進鍋裡，然後，待奶油融合進去，加入鮮奶油。繼續煮到再次沸騰，把鍋子自爐上移開，把這醬汁倒進一只碗裡，並且冷卻到室溫。（焦糖醬可以在二週前先做好，並裝在密封罐子裡冷藏保存。使用前讓它回溫到室溫或稍微加熱。）

## TO ASSEMBLE 組合

- 巧克力冰淇淋（184頁）

每份聖代組合：在一只高腳氣球形狀的葡萄酒杯底，放上二球巧克力冰淇淋。再加上一些切半的西洋梨，並且淋上些許焦糖醬。

可供4人享用

KEEPING 保存：聖代裡的每個組成元素都應該事先做好：冰淇淋要至少二小時前完成，但它可以冷凍保存一星期；焦糖醬可以二週前先做好；西洋梨要在至少一天前先完成。但這美麗的海琳娜西洋梨只要一組合起來，就該立即上桌。

# COUPE MALSHERBES

## 馬塞爾布聖代盃

這 道冰淇淋聖代以巴黎第八區一條長而優雅
的大道命名,但名字完全看不出它有多奢
華—而且豐盛—千真萬確。這款甜點應該以高腳氣球形狀的葡萄酒杯來盛裝,如此一來,
所有的元素可以誘人的展現出來。從聖代盃底開始到底端,你會看到:一球近似黑色的巧
克力雪酪,中間是一球濃郁巧克力奶油霜,接著是一球金黃,滋味超濃郁的焦糖冰淇淋;
接著是頂端的打發鮮奶油,和表層的焦糖夏威夷豆。看著酒杯裡的每個成份都很吸引人,
但全部一起品嚐才是重點—而且你可以確信,它們非常棒,一部份因為焦糖,那是巧克力
最要好的朋友之一。焦糖同時提昇了巧克力的滋味且讓它更香醇。雖然巧克力奶油霜和雪
酪單獨享用已各有所長,我們來看看當它們和焦糖冰淇淋,以及焦糖堅果串聯在一起時,
你是否會更加的欣賞。

■ 對我而言,這道甜點之於老饕,絕對是純粹的歡愉。 ■ PH

## THE CARAMEL ICE CREAM 焦糖冰淇淋

- 2杯(500克)全脂牛奶
- ⅔杯(165克)高脂鮮奶油
- 5枚大顆雞蛋的蛋黃
- 1⅓杯(270克)砂糖

1. 牛奶以中型厚底湯鍋加熱到滾,熄火。在等牛奶煮滾的同時,將鮮奶油以中型厚底湯
   鍋加熱到滾,暫時置旁備用。

2. 在一只缽盆裡,把蛋黃和½杯(100克)砂糖攪打,打到砂糖溶了,暫時置旁備用。

**3.** 準備冰水浴的設備，好讓你在開始攪打冰淇淋前，能把冰淇淋基底先冷卻：在一只大碗裡裝滿冰塊和冷水，另外準備一只比較小的缽盆，但必須裝得下打好的冰淇淋基底，且放得進裝冰水和冰塊的那只大缽盆裡。同時在旁邊準備一把細網目的過濾網篩。

**4.** 將一只厚底大湯鍋或砂鍋置於中火上，並且撒下約⅓的砂糖在鍋底。當糖開始融化和變色，以一把木匙攪拌直到它變爲焦糖。把剩下一半的砂糖撒在焦糖上，只要糖一開始融化，把它拌入鍋子裡的焦糖中；重覆相同步驟處理剩下來的糖，煮到糖轉成紅木色。（滴在一只白色盤子上來檢查顏色）。站離鍋子遠一點，持續攪拌下，把鮮奶油倒進鍋裡。不要擔心如果焦糖成團或結塊；持續攪拌和加熱下，它最後會化爲平整均勻。

**5.** 一等它變柔滑了，把這個焦糖鮮奶油糊倒進裝了牛奶的湯鍋裡拌勻。以打蛋器（whisk）很快的將步驟**2**的蛋黃混合物攪拌一下，然後，把約¼的熱焦糖鮮奶油糊滴進來。待這液體混合了，再攪入一杯或更多，接著把蛋黃混合物全部倒回剩下焦糖鮮奶油的湯鍋裡。把湯鍋置於中火上，持續地以木匙或刮刀攪拌，煮到安格列斯奶油醬微微黏稠，而且以立即感應溫度計測量，達華氏180度／攝氏82度－烹煮所需時間少於5分鐘。（或者你也可以把安格列斯奶油醬攪拌後，用手指劃過刮刀或木匙，如果劃出來的凹痕不會被醬汁填滿，表示已經煮好了）。立刻把鍋子自爐上移開。把比較小的碗洗淨擦乾，把安格列斯奶油醬過濾到碗裡，並且把碗放進裝有冰塊的大碗裡；冷卻的同時加以攪拌。（安格列斯奶油醬可以在事先做好，並蓋好冷藏保存最多三天。）

**6.** 待安格列斯奶油醬冷卻後，倒入冰淇淋機；根據冰淇淋機的操作使用說明書攪打製作冰淇淋。把完成的冰淇淋舀進冷凍專用的容器裡，冰凍至少二小時才使用。（冰淇淋密封包好可以冷凍保存一週，但在完成當天的味道最好。）

## THE NUTS 堅果

- ½杯（100克）砂糖
- 3大匙水
- 從¼根潤澤飽滿的香草莢裡刮出來的香草籽（279頁）
- 1½杯（7盎司；200克）烤過的夏威夷豆（275頁），保持微溫狀態或是室溫

1. 準備一張鋪了Silpat或其它的矽利康烤墊，或烤盤紙的烤盤，放在工作檯上方便取用處。將砂糖、水和香草籽以中型厚底湯鍋中火煮滾。轉動湯鍋好讓砂糖溶解，讓整鍋在不攪拌下煮滾，直到以煮糖專用或立即感應式溫度計測量，達到華氏248度／攝氏119度。（如果有砂糖黏在鍋邊，這在烹煮的一開始可能發生，以一支蘸了冷水的西點用毛刷，把它刷下來。）

2. 把所有的夏威夷豆一次加進來，以木匙或木鏟將夏威夷豆拌進糖裡，繼續以中火煮和攪拌。當你攪拌著這些堅果，一開始它會結塊，之後它們會分開，糖衣會變成白色的，像砂一樣。繼續煮和攪拌，糖衣會開始變成焦糖。當糖變成淡焦糖色時，把夏威夷豆倒出來，在鋪了紙的烤盤上。把夏威夷豆在烤盤上分開，並且冷卻到室溫。待夏威夷豆涼了，你可以把它們剁成一塊塊，或把它們剁成一口大小，或敲碎。（這些夏威夷豆可以在二天前先披附上焦糖，室溫保存在緊密封好的容器裡，遠離高溫和溼氣。）

## TO ASSEMBLE 組合

- 苦甜巧克力雪酪（183頁）
- 濃郁巧克力奶油霜（224頁）
- 1杯（250克）高脂鮮奶油，微甜打發的

可供約6人份享用

KEEPING 保存：所有的元素都可以事先做好，但是一旦組合完畢，就像所有的冰淇淋甜點，必須立刻享用。

每份聖代盃：在高腳氣球形的葡萄酒杯裡放進雪酪、巧克力奶油霜，和焦糖冰淇淋各一球。再加上一大杓的打發鮮奶油－你可以用湯匙來舀鮮奶油，或者用裝了星形擠花嘴的擠花袋來擠－並且撒上一些焦糖夏威夷豆來完成這道甜點。

## 三重巧克力瑪琳冰淇淋泡芙

嗜 起來和外觀一樣的精緻、不落俗套，而且
這道三重巧克力瑪琳冰淇淋泡芙，吃起來
和小朋友的冰淇淋三明治一樣有趣。事實上，稱它爲冰淇淋三明治也沒什麼不可以，因爲
巧克力瑪琳泡芙也算是冰淇淋三明治，眞的，它夾了巧克力冰淇淋（或者，如果你喜歡，
巧克力雪酪也行）。至於加在單份甜點上，擠成像霜淇淋般的打發巧克力鮮奶油，在冰淇
淋夾心餅乾的領域裡，你找不到其它的替代品，能夠像它一樣，除了極度美味之外，還爲
甜點添加了另一種質地和濃郁的巧克力味。把泡芙裝在一只大盤子中央，瑪琳尖端的地方
朝向左右兩邊，雪酪在中間，打發巧克力鮮奶油在頂層，並且確認每個人都拿到一支叉子
和一根大湯匙－它們是最有效率的拆解工具。

■ 這是一道變化自非常老式的瑪琳香醍 meringue chantilly（瑪琳中間夾入，表面也
綴以打發鮮奶油），和瑪琳冰淇淋 meringue glacée（瑪琳中間夾入，表面也綴以冰淇
淋）的甜點。我的特殊版本則在於巧克力－甜點裡的每個元素都是巧克力口味，
因而有了如此創新和經典的組合。如果你想要澈底的改變經典，那麼在瑪琳中間
夾入多香果冰淇淋（131頁）吧。 ■ PH

## THE MERINGUES 瑪琳

- 1杯（100克）糖粉
- 3大匙荷式處理可可粉，偏好法芙娜（Valrhona）
- 4枚大顆雞蛋的蛋白，室溫（請參考步驟3）
- ½杯減掉1大匙（90克）砂糖
- 糖粉和可可粉，裝飾用

1. 在烤箱中層放一張網架，並且預熱烤箱到華氏250度（攝氏120度）。在兩張大烤盤裡鋪上烤盤紙，置旁備用。大型擠花袋裝上直徑 ½~¾ 吋（1.5~2公分）的圓孔擠花嘴。你要使用大擠花嘴好擠出大量的瑪琳之吻。（如果你沒有夠大的擠花嘴，可以不要用擠花袋，改用束口袋代替。把蛋白霜麵糊舀進塑膠袋裡，拉起束口，剪掉一角，以做出一個大小剛好的"擠花孔"。

2. 把糖粉和可可粉在一起過篩，置旁備用。

3. 蛋白在室溫下可以打出最大的體積。讓蛋白快速回溫到室溫的方法是，把它放進一只微波爐適用的缽盆裡，以最低火力微波加熱10秒鐘。把蛋白攪一攪後以5秒鐘一次的方式，加熱幾次直到蛋白達到華氏75度（攝氏23度）。如果有點熱過頭也沒關係。

4. 把蛋白放在一個乾淨且乾燥的缽盆裡，用乾淨且乾燥的網狀攪拌棒以高速打到蛋白呈不透明，並且呈溼性發泡（soft peaks）*。繼續以高速攪打的同時加入一半的砂糖，繼續打到蛋白霜出現光澤並且呈乾性發泡（firm peaks）*。攪拌機轉成中低速並且逐漸加入剩下的砂糖。

5. 把攪拌缸自攪拌機上取下後，以一把大的橡皮刮刀輕柔的把過篩的糖粉和可可粉拌入蛋白霜裡。動作要快而輕柔，如果你打好的漂亮且充滿空氣的蛋白霜略微消泡，不要感到沮喪－這是必然的現象。

6. 一次操作一半的蛋白霜麵糊，把蛋白霜麵糊輕輕地舀入一只擠花袋，並且開始擠出大的，鼓起的圓形，直徑約2½吋（約6.5公分），結束於中間尖尖突起（換句話說，麵糊要看起來像巨大版的巧克力之吻*。）擠在烤盤上。在麵糊與麵糊間留約1吋（2.5公分）的空隙。你應該會做出20個瑪琳泡芙。（如果有多的，你就有了絕佳的零食。）在瑪琳泡芙上撒糖粉，讓它們在工作檯上靜置十分鐘後，再撒上可可粉。

7. 把烤盤放入烤箱，烤箱門用一根木匙卡住使之微微打開，烤焙二個小時。

8. 關掉電源，烤箱門關著，讓瑪琳繼續再乾燥二小時，或者最多可到隔夜之久。把瑪琳、烤焙紙等全部自烤箱裡取出，移到冷卻架上放涼到室溫。用一把細薄的金屬抹刀從瑪琳泡芙的底部鏟過，讓瑪琳泡芙自烤焙紙上鬆脫開來。（瑪琳泡芙可在一星期前事先做好，存放在陰涼乾燥處，例如：一只密封的盒子裡。）

*譯註：濕性發泡 soft peaks，舉起攪拌棒，附著在攪拌棒上的蛋白霜尖端呈略下垂的打發狀態。乾性發泡 firm peaks，舉起攪拌棒，附著在攪拌棒上的蛋白霜尖端呈堅挺不下垂的打發狀態。巧克力之吻 Chocolate Kisses 是賀喜 Hershey's 出品的巧克力糖名稱，形狀像是巨大版的水滴巧克力。

## TO ASSEMBLE 組合

可供約10人份享用

**KEEPING** 保存：冰淇淋或雪酪可以在一週前先完成，瑪琳泡芙也可以，只要把它們保存在陰涼乾燥處。巧克力鮮奶油也可以先做好－真的，它需要事先完成。即便是瑪琳泡芙夾心也可以事先做好，冷凍保存一週。（只要記得把凍到硬的瑪琳泡芙夾心在冷藏室軟化10~15分鐘再享用。）一旦這甜點組合完畢，你應該讓它立刻上桌。

- **打發巧克力鮮奶油**（223頁）
- **巧克力冰淇淋**（184頁）**或苦甜巧克力雪酪**（183頁）
- **巧克力刨片**（258頁）（可省略）

1. 爲了讓組合甜點的期間，第一個完成的不會融化掉，把烤盤舖上烤盤紙後放進冷凍庫。在冷凍的這部份如果你想要更安心，可以把甜點盤一併拿去冷凍。替一只擠花袋裝上直徑½吋（1.5公分）星形擠花嘴，填入打發巧克力鮮奶油，放入冰箱冷藏。

2. 爲每一份甜點，舀上一大匙或兩小匙巧克力冰淇淋或巧克力雪酪，在瑪琳泡芙平坦的那一面，把另一片瑪琳泡芙以平坦面壓在冰淇淋上，兩個瑪琳泡芙組成一個夾心。接著讓瑪琳泡芙夾心以側邊立著的方式進冰箱冷凍。（一旦瑪琳泡芙夾心凍好了，可以緊密包好冷凍保存長達一週。已經凍到硬的瑪琳泡芙夾心，在冷藏室軟化10~15分鐘再享用。）

3. 上桌前，在每一只甜點盤裡放一塊瑪琳泡芙夾心，並且在上面加一圈漩渦狀的打發巧克力鮮奶油。如果你有準備巧克力刨片，把它撒在打發鮮奶油上，立即端上桌。

# CHOCOLATE DRINKS

冷熱巧克力飲品

# THE ORIGINAL
# HOT CHOCOLATE
## 傳統熱巧克力

**時**至今日，大部分我們想到熱巧克力時，想的都是一杯以牛奶沖製而成的濃郁巧克力飲。但最傳統的熱巧克力，其實是以熱水製成，並且當你照著這份食譜製作，就會明白，它仍然非常濃郁。事實上，以各種角度來看，這是巧克力風味最濃的熱巧克力飲，因為負責提供巧克力風味來源的苦甜巧克力，添加了一點點可可粉，也因為以水製成，也就沒有任何食材會搶了巧克力的風味。

■　這款熱巧克力，帶給你最純粹的巧克力風味。　■　PH

- 2杯（500克）水
- ¼杯（50克）砂糖
- 4¼盎司（130克）苦甜巧克力，偏好芙娜黑美食（Valrhona Noir Gastronomie），融化備用
- ¼杯（25克）荷式處理可可粉，偏好法芙娜（Valrhona）

以一只中型湯鍋將水和砂糖一起煮滾，同時不斷攪拌直到砂糖溶解。加入巧克力和可可粉，加熱的同時以打蛋器（whisk）持續攪拌，直到表面冒出一顆氣泡。整鍋自爐上移開，以手持式均質機或一般的果汁機，將熱巧克力攪打一分鐘左右。裝在大杯子裡立刻上桌，或者裝進容器裡放涼。（熱巧克力飲最多可以在兩天前先準備好，緊密蓋好後放冰箱冷藏保存。）

　　冰過的巧克力飲再加熱的方法是：將它倒入一只中型湯鍋，鍋子放在爐上開小火，一邊煮一邊輕輕攪打，煮到表面冒出第一顆氣泡。將鍋子自爐上移開，以手持式均質機（或以一般的果汁機）將熱巧克力飲攪打約一分鐘即可上桌。

可供2人享用

# CLASSIC
## HOT CHOCOLATE

**經典熱巧克力**

可能最傳統的熱巧克力飲是以熱水製成（203頁），但這個以牛奶、一點點水、巧克力和砂糖製成的熱巧克力飲，是我們所能想到最經典、最完美的巧克力飲。這就是那種濃稠、馥郁的熱巧克力，讓你非常樂意在巴黎許多茶沙龍裡的任一間，佇足享用。

經典熱巧克力在一完成就可以立即享用，或者你可以把它放涼後冰起來，再小心地把它覆熱。此外，只要再加一點點水，可以把它變成奢華版的，冰涼的熱巧克力（參考下面的變化版本做法），因為它超濃又如此純萃的巧克力味，嚐起來像是在喝融化的巧克力冰淇淋。

■ 你可以用這份食譜做出維也納熱巧克力 Viennese Hot Chocolate。只需在每杯熱巧克力上加上滿滿一杓的 schlag（甜味打發鮮奶油的德文名稱）。 ■ PH

- 2杯（500克）全脂牛奶
- ¼杯（60克）水
- ¼杯（50克）砂糖
- 4盎司（115克）苦甜巧克力，偏好法芙娜黑美食（Valrhona Noir Gastronomie），融化備用

以一只中型湯鍋將牛奶、水和砂糖一起煮滾，同時不斷攪拌直到砂糖溶解。加入巧克力，加熱的同時以打蛋器（whisk）持續攪拌，直到表面冒出第一顆氣泡。整鍋自爐上移開，以手持式均質機或一般的果汁機，將熱巧克力攪打一分鐘左右。裝在大杯子裡立刻上桌，或者裝進容器裡放涼。（熱巧克力飲最多可以在兩天前先準備好，緊密蓋好後放冰箱冷藏保存。）

冰過的巧克力飲再加熱的方法是：將它倒入一只中型湯鍋，鍋子放在爐上開小火，一邊煮一邊輕輕攪打，煮到表面冒出第一顆氣泡。將鍋子自爐上移開，以手持式均質機（或以一般的果汁機）將熱巧克力飲攪打約一分鐘即可上桌。

製作冰涼的熱巧克力（Cold Hot Chocolate）：讓熱巧克力放到涼後再放入冰箱冷藏。待巧克力冷了後，拌入¼杯（60克）的冷水，接著以手持式均質機或一般的果汁機，將放涼了的巧克力飲攪打一分鐘。在一只高高的玻璃杯中放入1～2塊冰塊，再倒入巧克力。附上吸管後上桌。

可供2人享用

# CARAMELIZED
# **CINNAMON**
# HOT CHOCOLATE

## 焦糖肉桂熱巧克力

你 你可以以拿這款熱巧克力飲充當甜點，沒有
人會覺得缺了什麼而不滿足，因爲它的滋
味是如此的誘人。這款巧克力飲的組成元素和經典熱巧克力（205頁）極爲相像，非常重要
的不同在於，這個食譜裡的砂糖會煮成焦糖，並且是和一根帶有香氣的肉桂棒一起煮成焦
糖。這是一個小小的不同，但改變了熱巧克力的一切，快速地讓它變得不尋常，並且，對
那些熱愛焦糖、肉桂和上等巧克力組合的人來說，焦糖肉桂熱巧克力令人完全無法抗拒。

■ 作為成人限定的熱巧克力，在一個冬日下午戶外活動後享用，非常的美妙，
記得在每一杯裡加上一滿匙的深色蘭姆酒，或一些香橙甘邑（Grand Marnier又稱柑
曼怡）。 ■ PH

- 2¼杯（560克）全脂牛奶
- ¼杯（60克）水
- ⅓杯（70克）砂糖
- 1根肉桂棒
- 4盎司（115克）苦甜巧克力，偏好芙娜黑美食（Valrhona Noir Gastronomie），
  融化備用

1. 以一只中型湯鍋將牛奶、水一起煮滾，熄火。
2. 同時，在另一只中型厚底湯鍋裡，以中火不攪拌的方式，將砂糖和肉桂棒一起加熱煮
   到砂糖融化、變色、轉爲焦糖。一旦你看到糖的顏色加深，開始以一支木匙邊煮邊攪
   拌。要確定肉桂棒和砂糖一起加熱，直到焦糖變成深琥珀色。

**3.** 持續攪拌的同時，把步驟 | 混合在一起的熱牛奶和水，倒在焦糖和肉桂棒上。不要在意如果焦糖成團或結塊－繼續邊煮邊攪拌，它會再度變成液狀。當焦糖變平滑後，拌入融化的巧克力。繼續邊煮邊攪拌，直到表面冒出一顆氣泡。將鍋子自爐上移開，拿掉肉桂棒，以手持式均質機（或以一般的果汁機）將熱巧克力攪打一分鐘，盛在大杯子裡立刻上桌，或倒入容器裡放涼。（熱巧克力最多可以在兩天前先準備好，緊密蓋好後放冰箱冷藏保存。）

冰過的巧克力飲再加熱的方法是：將它倒入一只中型湯鍋，鍋子放在爐上開小火，一邊煮一邊輕輕攪打，煮到表面冒出第一顆氣泡。將鍋子自爐上移開，以手持式均質機（或以一般的果汁機）將熱巧克力飲攪打約一分鐘即可上桌。

可供2人享用

**把** 熱香料蘋果酒（mulled cider）或蛋酒
（eggnog）＊忘了吧，這款熱巧克力飲註定
要變成你家聖誕節的私房特調飲料。它以水做基底，加入巧克力和可可粉做成熱巧克力
飲，並且再大膽地以肉桂、香草、蜂蜜、檸檬皮屑和磨碎的黑胡椒，爲它添加了異國風
情。這配方可以等量加倍，如果你要招待一群人，而且不論數量多寡，可以事先做好，需
要時再加熱即可。

---

■ 當你宴客招待朋友，端上這道熱巧克力時，可以佐以充滿奶油風味的小塊香
料麵包（gingerbread）一起上桌。把香料麵包切成適口大小的方塊，並且以奶油稍
微煎過，好讓表皮香酥。上桌時每杯附上一只湯匙。　　■　PH

- 3杯（750克）水
- ¼杯（50克）砂糖
- 1大匙蜂蜜
- ½根肉桂棒
- ½根潤澤飽滿的香草莢，縱向切開後刮下來的香草籽（279頁）
- 12顆沙嘮越黑胡椒（266頁），壓碎備用
- 從½顆檸檬上刮下來的檸檬皮屑（以蔬果刮刀取下）
- 6½盎司（185克）苦甜巧克力，偏好法芙娜黑美食（Valrhona Noir Gastronomie），
  融化備用
- 6大匙（40克）荷式處理可可粉，偏好法芙娜（Valrhona）

＊譯註：蛋酒Eggnog，美國人在聖誕節喝的含酒精飲料，傳統配方裡內含生蛋、牛奶和酒，喝起來有點像有酒味的
蛋蜜汁。

以一只中型湯鍋將水、砂糖、蜂蜜、肉桂、香草籽、胡椒碎和檸檬皮屑一起煮滾。加入巧克力和可可粉，邊煮邊以打蛋器（whisk）攪拌，煮到表面冒出一顆氣泡。將鍋子自爐上移開，把巧克力糊過篩；濾出的辛香料丟掉。再把巧克力糊倒回湯鍋裡，以手持式均質機（或以一般的果汁機）攪打一分鐘後，盛在大杯子裡立刻上桌，或倒入容器裡放涼。（熱巧克力最多可以在兩天前先準備好，緊密蓋好後放冰箱冷藏保存。）

　　冰過的巧克力飲再加熱的方法是：將它倒入一只中型湯鍋，鍋子放在爐上開小火，一邊煮一邊輕輕攪打，煮到表面冒出第一顆氣泡。將鍋子自爐上移開，以手持式均質機（或以一般的果汁機）將熱巧克力飲攪打約一分鐘即可上桌。

可供4人享用

# HOT CHOCOLATE
## WITH COFFEE
### 咖啡熱巧克力

配方裡加了足量的咖啡，使它成為一杯真正的摩卡（mocha）飲料，同時也因為加了足量的優質苦甜巧克力，保證這是一杯名符其實的熱巧克力。如果作為美國連鎖咖啡專賣店的特製飲品，它或許可以命名為「摩卡巧克奇諾」。

■　即使你通常不在咖啡裡加牛奶－我是從來都不加的－你也會喜歡這個熱巧克力，而且要加上滿滿一大匙的打發鮮奶油。溫和、幾乎可以說是中性的鮮奶油，在濃縮咖啡和巧克力的強烈味道間穿針引線，讓兩者間有了美妙的連結。　■　PH

- 2⅔杯（665克）全脂牛奶
- ¼杯（60克）水
- 5大匙（10克）以新鮮咖啡豆現磨咖啡粉，偏好磨成適用於煮義大利濃縮咖啡，中等細的程度
- ¼杯（50克）砂糖
- 4盎司（115克）苦甜巧克力，偏好法芙娜黑美食（Valrhona Noir Gastronomie），融化備用

1. 以一只中型湯鍋將牛奶和水一起煮滾。加入磨好的咖啡粉，加以攪拌1~2分鐘，接著立刻用加倍厚、沾溼了的紗布（cheese-colth）加以過濾。

2. 過篩後再倒回湯鍋裡，小心不要讓它再次煮開，以中火溫熱它就好。加入砂糖，以手持攪拌器攪打，接著加入巧克力；當整鍋煮到平滑，把鍋子自爐上移開。 以手持均質機或一般的果汁機攪打約一分鐘，裝在大杯子裡立刻上桌，或者倒入容器裡放著讓它冷卻。（熱巧克力最多可以在二天前先準備好，緊密蓋好後放冰箱冷藏保存。）

   冰過的巧克力飲再加熱的方法是：將它倒入一只中型湯鍋，鍋子放在爐上開小火，一邊煮一邊輕輕攪打，直到巧克力變熱。將鍋子自爐上移開，以手持式均質機（或以一般的果汁機）將熱巧克力飲攪打約一分鐘即可上桌。

可供2人享用

# COLD PASSION FRUIT
# HOT CHOCOLATE

## 冰涼百香果熱巧克力

這 個不尋常的飲品以熱巧克力作出發點，但
會加一塊冰塊或一些些碎冰，目的在冰涼
的飲用，而且上桌時一定要附上吸管。因為 Pierre 皮耶以百香果純果汁（或者百香果飲料）
混入他的經典熱巧克力裡，你立刻有了兩個不太常和濃郁的苦甜巧克力，以及牛奶相提並
論的特性－輕盈且清爽的巧克力飲品。

- 2杯（500克）全脂牛奶
- ¾杯（185克）百香果純果汁或百香果飲料（nectar）
- 2大匙砂糖
- 4盎司（115克）苦甜巧克力，偏好法芙娜黑美食（Valrhona Noir Gastronomie），
  融化備用

1. 在一只大碗裡裝滿冰塊和冷水來準備一套冰水浴的設備，能夠把熱巧克力糊快速冷
   卻。另外準備一只比較小的缽盆，必須裝得下所有的材料，且放得進冰水浴那只大缽
   盆裡。

2. 以一只中型湯鍋將牛奶、百香果汁和砂糖一起煮滾。不必在意如果有分離現象－當你
   用果汁機來攪拌它，會再度結合在一起。把巧克力加進來，以一把打蛋器（whisk）來
   攪拌，把這鍋液體加熱到第一顆氣泡冒出表面。把鍋子自爐上移開，並且把熱巧克力
   倒進先前準備好的小缽盆裡。將小缽盆放進裝了冰塊和冰水的缽盆中，並且勤快地加
   以攪拌，讓巧克力降溫且放涼。

3. 待巧克力涼了後，以手持式均質機或一般的果汁機將巧克力攪打一分鐘左右。倒入加
   了一塊冰塊（不要加太多冰塊，因為並不想把味道稀釋變淡。）或者一些碎冰的高腳玻
   璃杯裡，立刻上桌。（熱巧克力最多可以在兩天前先準備好，緊密蓋好後放冰箱冷藏
   保存。食用前以手持式均質機稍微打一下，或用果汁機攪拌一下。）

可供2人享用

# BASE RECIPES

基礎食譜

# BITTERSWEET
# CHOCOLATE CREAM
# GANACHE

## 苦甜巧克力奶油霜甘那許

**這是一道典型黝黑、濃郁、絲滑的巧克力甘那許。它在舌尖上慢慢融化，並且，像上等葡**萄酒一樣，有著深邃的尾韻。這款甘那許很適合作為許多不同類型派塔的內餡，搭配瑪德蓮和巧克力雪茄也很美妙。

- 8盎司（230克）的苦甜巧克力，偏好法芙娜瓜納拉（Valrhona Guanaja），切成細碎
- 1杯（250克）高脂鮮奶油（heavy cream）
- 4大匙（2盎司；60克）無鹽奶油，室溫

1. 把巧克力放進一只裝得下所有材料的缽盆裡，置旁備用。鮮奶油以厚底湯鍋加熱到滾。在等鮮奶油煮滾的時間裡，以一把橡皮刮刀把奶油拌到非常柔軟滑順，暫時置旁備用。

2. 待鮮奶油滾了後，將鍋子自爐上移開，以一把橡皮刮刀，輕輕地將這鮮奶油拌入巧克力裡。從中央開始，以同心圓方式向外拌。繼續拌－在不製造出氣泡的情況下－直到巧克力完全融化且變得很平滑。把缽盆留在工作檯上冷卻1~2分鐘，再加入奶油。

3. 將奶油分二次加進巧克力糊裡，以鏟子從中央以畫圓的方式往外拌。當奶油完全混進去後，甘那許應該很平滑且帶有光澤。視甘那許的用途而定，你現在就可以使用，也可以把它留在檯面上，直到它變成可以抹開或擠得出來的質地（這可能需要超過一個小時的時間，取決於你室內的溫度），或者把它放進冰箱冷藏冰涼，中間不時地加以攪拌。（如果甘那許太過冷卻，變得太硬，你可以用微波爐很快地把它稍微加熱一下下，讓它回到你需要的質地，或者放室溫回溫也可以。）

可做出大約2杯的量
（550克）

**KEEPING** 保存：放冰箱冷藏的甘那許可保存二天，或者冷凍保存長達一個月。冷藏過的甘那許，要放室溫退冰或用微波爐快速加熱，好讓它回溫到可以抹開的程度。（小心起見，以每次5秒的方式進行微波，每加熱一次先檢查一下，不夠再加一次。）冷凍過的甘那許先放冷藏隔夜解凍，再以上述方式回溫到可以抹開的質地。

# BITTERSWEET
# CHOCOLATE MILK
# GANACHE

## 苦甜巧克力牛奶甘那許

這個甘那許的與眾不同，在於它的成份裡使用牛奶而不是鮮奶油。牛奶讓甘那許的質地和滋味都較輕盈，也因為它比較細緻，攪拌時手法要輕一些。

可做出大約2杯的量

（550克）

- 9盎司（260克）的苦甜巧克力，偏好法芙娜瓜納拉（Valrhona Guanaja），切成細碎
- 1杯（250克）全脂牛奶
- 1條外加1大匙（4½盎司；130克）無鹽奶油，室溫

**KEEPING 保存**：放冰箱冷藏的甘那許可保存二天，或者冷凍保存長達一個月。冷藏過的甘那許要放室溫退冰，或用微波爐快速加熱，好讓它回溫到可以抹開的程度。（小心起見，以每次5秒的方式進行微波，每加熱一次先檢查一下，不夠再加一次。）冷凍過的甘那許先放冷藏隔夜解凍，再以上述方式回溫到可以抹開的質地。

1. 把巧克力放進一只裝得下所有材料的缽盆裡，置旁備用。牛奶以厚底湯鍋加熱到滾。在等牛奶煮滾的時間裡，以一把橡皮刮刀把奶油拌到非常柔軟滑順，暫時置旁備用。

2. 待牛奶滾了後，將鍋子自爐上移開，以一把橡皮刮刀，輕輕地將這牛奶拌入巧克力裡。從中央開始，以同心圓方式向外拌。繼續拌－在不製造出氣泡的情況下－直到巧克力完全融化，且這巧克力糊變得很平滑。把這缽盆留在工作檯上冷卻1~2分鐘再加入奶油。

3. 將奶油分三次加進巧克力糊裡，以刮刀從中央以畫圓的方式往外拌。當奶油完全混進去後，甘那許應該很平滑且帶有光澤。視甘那許的用途而定，你現在就可以使用，也可以把它留在檯面上，直到變成可以抹開或擠得出來的質地（這可能需要超過一個小時的時間，取決於你室內的溫度），或者把它放進冰箱冷藏冰涼，中間不時地加以攪拌。（如果甘那許太過冷卻，變得太硬，你可以用微波爐很快地把它稍微加熱一下下，讓它回到你需要的質地，或者放室溫回溫也可以。）

# VANILLA CRÈME ANGLAISE

## 香草安格列斯奶油醬

**安格列斯奶油醬Crème anglaise－如果從法文字面上看，意思是英式奶油霜－可以做為**
冰淇淋的基礎配方，或是常用於蛋糕、塔，以及各種水果甜點搭配的佐醬。它只是簡單地
把蛋黃、鮮奶油和全脂牛奶加以混合，再以香草莢調味，但是，如果製作得恰當，它可以
是卓越出眾而且無比美味的。為了達到這樣的境界，在安格列斯奶油醬達到所需溫度和質
地時，不要立刻冷卻－讓它留在鍋子裡燜1~2分鐘，再讓它降溫：你會做出更滑順的奶油
醬。此外，如果你在使用前先把它冷藏一天，有助於"熟成ripen"，讓雞蛋和牛奶裡的乳
酸（lactates）有時間產生完美的滲透作用。

- 1杯（250克）全脂牛奶
- 1杯（250克）高脂鮮奶油（heavy cream）
- 2條飽滿潤澤的香草豆莢，縱向切開後，刮出籽來備用（請參考第279頁）
- 6枚大顆雞蛋的蛋黃
- ½杯（100克）砂糖

1. 用一只小湯鍋，以中火加熱牛奶、鮮奶油和香草（包括莢和籽）到滾（或者用微波爐來
   做也可以），蓋上蓋子，從熱源上移開，讓混合液靜置10分鐘，好讓液體有足夠的時
   間浸泡出香草的溫暖氣息。

2. 用一只大缽盆裝滿冰塊，同時準備一只之後要放在裝有冰塊的大缽盆裡，且足以盛裝
   完成的奶油醬的小缽盆備用。準備一個細網目的網篩，備用。

3. 把蛋黃和砂糖放在一只中型厚底湯鍋裡，攪拌到濃稠且顏色發白，費時約3分鐘。不
   停攪拌的同時，把熱牛奶和鮮奶油，以非常小的流量分次加進來。差不多⅓的液體加
   進來後，蛋黃已經適應了這個熱度，把液體以比較穩定的流量加進來。當所有的液體
   都攪進蛋黃裡時，取出香草莢、丟棄（或者留下來另作它用－請參考279頁），把湯鍋

可做出大約2½杯
（725克）

**KEEPING** 保存：以保
鮮膜壓平緊貼在表面，
包好的安格列斯奶油醬
最多可冷藏保存三天。
不要冷凍它。

放在中火上加熱，並且用一支刮刀或湯匙不斷攪拌，煮到奶油醬汁微微黏稠，顏色變淡，而且，最重要的是，以立即感應溫度計測量，醬汁溫度達華氏180度／攝氏80度，整個烹煮所需時間少於5分鐘。（或者你也可以把醬汁攪拌後，用手指劃過刮刀或湯匙的凹槽，如果凹痕不會被醬汁填滿，表示你已經煮到所需程度，完成了。）

4. 立刻把湯鍋從熱源上移開，並且讓醬汁靜置或燜到溫度達華氏182度／攝氏83度，同樣的，這也只需一下下的時間。立刻用網篩將醬汁過濾到之前準備好的小缽盆裡，並且把小缽盆放進裝有冰塊的大缽盆裡（你可以在這時加一些冷水到冰塊上）。讓醬汁墊著冰塊冰鎮著，期間可拌一下，直到它完全冷卻。

5. 醬汁冷卻後，蓋上一張保鮮膜，讓保鮮膜緊貼著醬汁的表面，製造出密封的效果，放入冰箱冷藏至少24小時才使用。

# VANILLA
## PASTRY CREAM
### 香草甜點奶油霜

甜點奶油霜,是千層派、閃電泡芙和奶油泡芙...等糕點傳統而優雅的內餡,就是以安格列

斯奶油醬(217頁)添加了玉米粉增加濃稠度,並以奶油提高其柔滑感。

---

■ 　如果你等到甜點奶油霜稍微冷卻了再加入奶油,奶油霜就不會油水分離,奶
油也不會失去它獨特的質地。　　■　　PH

- 2杯(500克)全脂牛奶
- 1條飽滿潤澤的香草豆莢,縱向切開後,刮出籽來備用(請參考第279頁)
- 6枚大顆雞蛋的蛋黃
- ½杯(100克)砂糖
- ⅓杯(45克)玉米粉,過篩備用
- 3½大匙(1¾盎司;50克)的無鹽奶油,室溫

1. 用一只小湯鍋,以中火加熱牛奶和香草(包括莢和籽)到滾(或者用微波爐來做也可以),蓋上蓋子,從熱源上移開,讓醬汁靜置10分鐘,好讓液體們有足夠的時間浸泡出香草的溫暖氣息。

2. 用一只大缽盆裝滿冰塊,同時準備一只之後要放在裝有冰塊的大缽盆裡且足以盛裝完成的奶油醬的小缽盆,把這小缽盆放進大缽盆裡。準備一個細孔網篩,備用。

3. 把蛋黃、砂糖和玉米粉放在一只中型厚底湯鍋裡攪拌。攪拌的同時,以很慢的速度把¼的熱牛奶一次一點點的加到蛋黃糊裡。繼續攪拌,把剩下的液體以穩定的速量加到已經加溫的蛋黃糊。取出香草莢、丟棄(或者留下來另作它用—請參考279頁)。把湯鍋移到大火上,同時大力不斷的攪拌,煮滾。保持滾的狀態下,大力攪拌1到2分鐘,把湯鍋自熱源上移開,用網篩將這奶油霜過濾到之前準備好的小缽盆裡。

可做出大約2杯
（800克）

**KEEPING** 保存：以保
鮮膜覆蓋密封包好（把
保鮮膜壓平緊貼在奶
油霜的表面可製造出
密封的效果）可冷藏保
存二天。

4. 把小缽盆放進裝有冰塊的大缽盆裡冰鎮（你可以在這時加一些冷水到冰塊上），並且頻繁地攪拌，如此可讓奶油霜保有平滑的質地，讓這奶油霜冷卻到以立即感應溫度計測量爲華氏140度／攝氏60度。將奶油分3~4次加入。保持這奶油霜在冰缽盆裡冰鎮著，期間可不時加以攪拌一下，直到完全冷卻。這奶油霜可以立即使用或冷藏起來。

這款巧克力甜點奶油霜擁有與香草甜點奶油霜相同的多用途外，更多了巧克力的性感吸引力。它很濃稠、絲滑、芬芳，並且在許多食譜裡，可以和香草甜點奶油霜美妙地互換。

- 2杯（500克）全脂牛奶
- 4枚大顆雞蛋的蛋黃
- 6大匙（75克）砂糖
- 3大匙玉米粉，過篩備用
- 7盎司（200克）苦甜巧克力，偏好法芙娜瓜納拉（Valrhona Guanaja），融化備用
- 2½大匙（1¼盎司；40克）的無鹽奶油，室溫

1. 用一只大缽盆裝滿冰塊，同時準備一只可放進裝有冰塊的大缽盆裡，且足以盛裝完成的奶油醬的小缽盆，把這小缽盆放進大缽盆裡。準備一個細網目的網篩，備用。

2. 用一只小湯鍋，加熱牛奶到滾。同時把蛋黃、砂糖和玉米粉放在一只中型厚底湯鍋裡攪拌。攪拌的同時，以很慢的速度把¼的熱牛奶一次一點點的加到蛋黃糊裡。繼續攪拌，把剩下的液體以穩定的流速，加到已經適應溫度的蛋黃糊中。

3. 用網篩將奶油霜過濾到一只湯鍋，以中火加熱，同時持續不斷的攪拌，煮滾。保持滾沸的狀態下，持續不斷攪拌1到2分鐘，並繼續加熱，拌入巧克力，把湯鍋自熱源上移開，用網篩將奶油霜過濾到之前準備好的小缽盆裡。

4. 把小缽盆放進裝有冰塊的大缽盆裡冰鎮，並且頻繁地攪拌，如此可讓奶油霜保有平滑的質地，讓奶油霜冷卻到以立即感應溫度計測量，爲華氏140度／攝氏60度。將奶油霜自冰水缽盆裡取出，奶油分3~4次加入拌均勻，再把奶油霜放回冰水缽盆裡，保持奶油霜在冰水缽盆裡冰鎮著，期間可不時攪拌一下，直到完全冷卻。巧克力甜點奶油霜可以立即使用，或冷藏起來。

可做出大約2½杯（900克）

**KEEPING** 保存：以保鮮膜覆蓋密封包好（把保鮮膜壓平緊貼在奶油霜的表面可製造出密封的效果），巧克力甜點奶油霜可冷藏保存二天。

# WHIPPED CREAM

## 打發鮮奶油

**打發鮮奶油是如此的無所不在，以致常因為習以為常而受到輕忽，但是如果將它打發得恰**
當，且適度的調以甜味，可以是糕點師傅最簡單也最感性的材料。要把鮮奶油打發到什麼
程度，取決於將它使用在什麼地方。當打發鮮奶油加在一道甜點、一片蛋糕、或一塊派
塔上面作為配料時，最好只把它打到非常柔軟的微微下垂狀態（soft peaks）就好。當你
要以打發的鮮奶油來替一款內餡，同時增添輕盈感和存在感，常見例子像是：把打發鮮
奶油和甜點奶油霜混合，或把打發鮮奶油拌入慕斯裡，最好就只打到接近完全打發（firm
peaks），但尚未完全打發的狀態就好。

　　這份食譜用了1杯（250克）的鮮奶油。如果需要更多，就打更多－鮮奶油和糖的比例
維持不變。

■　　鮮奶油在冰涼狀態下可以打發得最好，理想上，華氏40度（攝氏4度）。如
果你用打蛋器打發鮮奶油，你可能要把裝鮮奶油的缽盆放在一只裝了冰塊和冰水
的大缽盆裡來打。如果你用電動攪拌機來打發鮮奶油，維持中速－在打的過程裡
你比較能掌握打發程度，就不必冒著打發過度的風險。　■　PH

可做出大約2杯
（250克）

- 1杯（250克）高脂鮮奶油，冰涼的
- 1大匙砂糖

**KEEPING 保存**：打發
鮮奶油可以蓋好冰箱冷
藏最多三小時：只要確
保它遠離帶有強烈氣味
的食物－打發鮮奶油，
就像奶油和巧克力，是
專門吸附氣味的磁鐵。

以一把打蛋器（whisk），手持攪拌機，或裝了網狀攪拌棒的電動攪拌機，打發鮮奶油（如
果可以，選用中速來打），打到起泡開始變濃稠就好。將砂糖以輕而穩定的流速加進來，
並且繼續打到你需要的打發程度－柔軟（soft peaks）、中等（medium-firm peaks）或者
堅挺（firm peaks）。

# CHOCOLATE
## WHIPPED CREAM
### 打發巧克力鮮奶油

這個鮮奶油是要用來當成冰淇淋甜點、蛋糕和小型糕點的內餡或加在其上，但它也很美妙地滑順－嫵媚，真的－並且是如此絕對的美味，沒有人會因為你想要把它當成甜點單獨享用而責備你。

■　製作打發巧克力鮮奶油的秘密是溫度－在你開始將它打發前，它必須是非常冰涼的。事實上，在鮮奶油和巧克力拌在一起且冰涼後，最好的方法是隔著冰水浴來打發它。這麼做，你會發現每次都會打出完美的鮮奶油。　■　　PH

- 3½盎司（100克）苦甜巧克力，偏好法芙娜的加勒比（Valrhona Caraïbe），切到細碎
- 2杯（500克）高脂鮮奶油
- 2大匙砂糖

1. 把巧克力放進一只大到足夠用來打發鮮奶油的缽盆裡。把鮮奶油和砂糖一起裝在一只厚底中型湯鍋裡煮到大滾。將鍋子自爐上移開，並且將鮮奶油倒在巧克力上，以打蛋器用力攪拌，好讓巧克力和鮮奶油澈底拌勻。把這巧克力鮮奶油放進冰箱冷藏至少5小時，或者冰至隔夜更好。（鮮奶油要冰到以立即感應式溫度計測量，大約華氏40度／攝氏4度。）

2. 準備要打發鮮奶油時，把裝了鮮奶油的缽盆，放進一只裝了冰塊和冰水的缽盆裡。以打蛋器把鮮奶油打到接近完全打發（firm peaks），但尚未完全打發的狀態。放輕鬆－因為巧克力和冰水浴的關係，鮮奶油會很快地就變濃稠。你追求的質地是硬到足夠抹開，但柔軟到在嘴裡的觸感仍是很輕盈且滑順。

可做出大約3杯（600克）

KEEPING 保存：還沒打發的巧克力鮮奶油，可以冰箱冷藏保存隔夜，要蓋好並遠離強烈氣味。一旦打發，鮮奶油最好立刻使用，它可以在蓋好的情況下，在冰箱冷藏最多三小時。

# DEEP CHOCOLATE
# CREAM

## 濃郁巧克力奶油霜

**這真的是一個好濃、好柔滑、苦中帶甜，如同巧克力布丁般的奶油霜，它以安格列斯奶油醬Crème anglaise做基底，而且雖然它單獨作為一道甜點也綽綽有餘，Pierre皮耶常把濃郁巧克力奶油霜和其它奶油霜及元素組合在一起。它構成了巧克力咖啡威士忌卡布奇諾（146頁）的基底，並且伴著焦糖冰淇淋和巧克力雪酪作搭配，加在超乎尋常美味的馬塞爾布聖代盃（194頁）上。**

### THE CREAM 奶油霜

- 9½盎司（270克）苦甜巧克力，偏好法芙娜孟加里（Valrhona Manjari），**切到細碎**
- 1⅔杯（415克）全脂牛奶
- 1½杯（375克）高脂鮮奶油
- 5枚大顆雞蛋的蛋黃
- ⅔杯（140克）砂糖

1. 把巧克力放進一只大到裝得下所有材料的缽盆裡。（如果你有帶嘴的缽盆，用這個最好。）在一只湯鍋裡，以中火加熱牛奶和鮮奶油到滾，或者用微波爐也可以。

2. 等待鮮奶油和牛奶煮滾的同時，把蛋黃和砂糖放在一只中型厚底湯鍋裡，攪拌到濃稠且顏色略發白。不停攪拌的同時，把¼熱牛奶和鮮奶油，以非常少的量慢慢的加進來。待蛋黃已經適應了這個熱度，把剩下的熱牛奶和鮮奶油，以比較穩定的流量加進來。

3. 把湯鍋放到爐上以中火加熱，並且用一支木頭刮刀或湯匙不斷持續攪拌，煮到奶油醬汁微微黏稠，顏色變淡，而且最重要的是，以立即感應溫度計測量，奶油醬汁溫度達華氏180度／攝氏80度，整個烹煮所需時間少於5分鐘。（或者你也可以把醬汁攪拌後，用手指劃過刮刀或湯匙的凹槽，如果凹痕不會被醬汁填滿，表示你已經煮到所需程度。）把湯鍋從熱源上移開。

4. 用網篩將一半的奶油醬汁過濾到巧克力上，並且以一把小橡皮刮刀慢慢地把醬汁和巧克力拌在一起：從缽盆的中央開始，以畫同心圓的方式，由裡向外攪拌均勻後，再把剩下的奶油醬汁的一半，以濾網過篩後加進來，並以相同的方式攪拌好；接著再加入剩下的奶油醬汁，一樣地拌好。濃郁巧克力奶油霜現在就可以根據個別食譜的指示來使用了，或者也可以倒進容器裡再冰起來。奶油霜一旦冷卻了，要包好。在一倒進容器時，就以緊貼奶油霜表面的方式覆以一張保鮮膜，可以避免奶油霜的表面結一層皮。

可做出大約 3 杯
（950 克）

---

**KEEPING** 保存：濃郁巧克力奶油霜最多可以在二天前做好，保持冰箱冷藏。

# LADYFINGER
## BATTER

### 手指餅乾麵糊

這是用來製作纖巧、輕盈，帶有空氣感，搭配紅茶很受歡迎的那種法式小西餅的餅乾麵糊。你會使用這款麵糊來製作白巧克力大黃夏洛特的圓餅（43頁），但仍會剩下足夠擠出一些手指餅乾的麵糊－它們是額外的福利和獎勵。

- 6枚大顆雞蛋的蛋白，室溫
- ⅔杯外加2大匙（160克）砂糖
- 5枚大顆雞蛋的蛋黃，室溫
- ¾杯外加2½大匙（270克）中筋麵粉

1. 在開始混合麵糊前，請先檢查使用這份手指餅乾的特定食譜，或者先閱讀後述關於預熱烤箱，和準備烘焙容器的指示。

2. 把蛋白放在一個絕對乾淨且乾燥的打蛋盆裡，以裝好乾淨且乾燥的網狀攪拌棒的電動攪拌機，以高速打到蛋白呈不透明濕性發泡（soft peaks）＊狀態。仍然以高速繼續攪打，逐漸加入⅔杯（140克）的砂糖。繼續打到蛋白霜帶有光澤並且呈堅挺不下垂的硬性發泡（firm peaks）＊狀態。蛋白霜有沒有打到非常堅挺的狀態很重要－這是可以讓蛋白霜在檯面上靜置15分鐘，仍維持不變形的關鍵。把蛋白霜靜置一旁備用。

3. 另一個碗裡，把蛋黃和剩下的2大匙砂糖打到均勻，約1~2分鐘。用另一把橡皮刮刀，把蛋黃糊輕柔的拌入打好的蛋白霜裡。接著拌入麵粉，將麵粉分幾次過篩進來，輕柔的拌合。麵糊現在已經可以根據你的食譜裡的特定指示，或下述指示進行擠和烤焙了。

### TO PIPE AND BAKE 擠和烤焙

以下是書中所需擠和烤焙手指餅乾麵糊的基本通則。如果還有什麼特定需要注意的事項，你可以在使用到手指餅乾麵糊的個別食譜裡找到。

- 白糖粉（Confecioner's sugar）

＊譯註：濕性發泡（soft peaks），舉起攪拌棒，附著在攪拌棒上的蛋白霜尖端呈略下垂的打發狀態。乾性發泡（firm peaks），舉起攪拌棒，附著在攪拌棒上的蛋白霜尖端呈堅挺不下垂的打發狀態。

1. 在烤箱裡放置二個網架把烤箱分成三等份，預熱烤箱到華氏450度（攝氏230度），大型擠花袋裝好直徑½吋（1.5公分）的圓孔擠花嘴備用。剪二張大小剛好符合二個大型烤盤的烤盤紙。二張烤盤紙的一邊，用鉛筆畫一個直徑9吋（24公分）的圓形，烤盤紙的另一邊都畫出一個長8吋（20公分）、寬4吋（10公分）的長方形範圍（圓形是用在蛋糕圓餅，長方形用在手指餅乾）。把烤盤紙翻面（如果翻面後看不清楚描繪的形狀，把烤盤紙翻過來再描繪得深一點），分別鋪在兩張烤盤上。

2. 把比一半多一點的麵糊輕柔的舀入擠花袋。把要擠上長排狀餅乾的烤盤拿過來，擺放成長排的第一塊餅乾到最後一塊，是從左邊排到右邊的方向。開始擠成排的餅乾，由上往下，在鉛筆畫好的範圍裡擠出一條又一條的餅乾麵糊。每一塊都要緊貼著上一塊－它們會黏在一起，也必須黏在一起。以固定的力道擠，你應擠出1吋（2.5公分）寬、⅔~¾吋（1.7~1.9公分）高的餅乾。當你擠完全部8吋長（約20公分），排成一列的餅乾麵糊時，輕撒些白糖粉，再繼續以同樣的方式擠第二排，擠完也要撒上白糖粉。如果麵糊不夠了，就再裝一些。（這兩排餅乾差不多會用掉⅔的麵糊。）接下來擠圓盤的部份。記住，圓盤的餅乾高度應該只有排狀長條麵糊的一半，所以你要擠的比較小力些（如果你想要，也可以替換成較小的圓孔擠花嘴。）擠的時候兩個圓盤都是從中心點開始，以螺旋狀的方式，慢慢往外擠到鉛筆畫好的圓形邊緣，每一圈都要和裡面的前一圈貼著。如果有任可空隙，可用一把抹刀以輕快的手勢抹平修飾。讓這些擠好的麵糊在檯面上靜置15分鐘，在這段時間裡，白糖粉會形成如珍珠或水珠的顆粒。

3. 再次替長條排狀餅乾表面輕撒白糖粉（圓盤的不用撒糖粉），把烤盤送入烤箱。烤焙8~10分鐘，直到圓盤和長條排狀餅乾都呈非常淺的金黃色－你不想要這些餅乾過度上色。連同烤盤紙一起把餅乾自烤盤上拿起，移到冷卻架上。放涼到室溫。

4. 當餅乾已放涼，用一把抹刀從圓盤和長條排狀底部，把餅乾自烤焙紙上鏟開。如果你想要手指餅乾分開獨立，用一把尖刀或披薩刀把它們切開。如果你想要的是可用來圍在蛋糕，或夏露蕾特（charlottes）外圍的裝飾排狀手指餅乾，保持連接的狀態但縱向分切成二個長條，或根據個別食譜切出需要的尺寸。

足夠做出二個直徑9吋（24公分）圓盤，和二個長條8吋（20公分）排狀的手指餅乾的麵糊

KEEPING 保存：麵糊一打好就要立刻使用。烤好的手指餅乾可以用保鮮膜包起來，或裝在密封罐裡，室溫保存二天或冷凍一個月。

# COCOA CAKE

## 可可蛋糕

**這份食譜做出來的蛋糕輕盈如空氣,且有著可可般的色澤,因此被用來做為法布石板路** (17頁)和黑森林蛋糕(11頁)的蛋糕體。可可蛋糕因為混合了低筋麵粉和馬鈴薯澱粉而有了細緻碎屑的口感,輕盈感則來自打發蛋白霜。單吃的時候,可可蛋糕可能會讓你覺得沒什麼,只是款簡單的佐茶蛋糕-但那正是它該有的模樣,因為它從來不是要拿來單獨享用的。這是一個設計來扮演烘托者角色的蛋糕。為它刷上糖漿,以甘那許或打發鮮奶油將它作成夾層蛋糕,接著就能看出可可蛋糕的另一面:它是讓所有明星糕點閃耀的光芒。

　　這食譜可以做出一個黑森林的圓形蛋糕,或兩條可以做成兩個法布石板路的可可蛋糕。如果你不需要兩個,就把多的蛋糕包起來並且放入冷凍庫-可以保存一個月好好的。

- ⅓杯外加1大匙(40克)荷式處理可可粉,偏好法芙娜(Valrhona)
- ¼杯(35克)低筋麵粉
- 3½大匙馬鈴薯澱粉
- 5½大匙(2¾盎司;75克)無鹽奶油
- 9枚大顆雞蛋的蛋黃,室溫
- 1¼杯(150克)砂糖
- 5枚大顆雞蛋的蛋白,室溫

1. 在烤箱中央放一張網架,並且預熱烤箱至華氏350度(攝氏180度)。如果你做的是法布石板路Faubourg Pavé,把兩個7½吋×3½吋(18×9公分)的條狀蛋糕模塗上奶油後,舖上烤焙紙。如果你要做的是黑森林蛋糕Black Forest Cake,把一個直徑8¾吋(22公分)的蛋糕圈模,放在一張舖了烤盤紙的烤盤上。

2. 把麵粉、可可粉和馬鈴薯澱粉一起過篩,置旁備用。將奶油融化後暫置一旁冷卻,要用時摸起來是應該是幾乎沒有溫熱感覺的。

3. 以裝了網狀攪拌棒的攪拌機,以中速打發蛋黃以及 ½杯外加2大匙(75克)砂糖,必要時刮缸(將沾附在缸邊的刮下來),打到濃稠且顏色變白,費時約5分鐘。如果你沒有另外一只攪拌缸,把濃稠的蛋黃糊刮進一只大碗裡,把攪拌缸洗淨擦乾;儘可能的也把攪拌棒洗淨擦乾。

**4.** 攪拌機裝上乾淨且乾燥的攪拌缸和網狀攪拌棒，以中速打發蛋白到濕性發泡(soft peaks)*。逐漸的把剩下的½杯外加2大匙(75克)砂糖加進來，打到蛋白霜堅挺並帶有光澤的乾性發泡(firm peaks)*。

**5.** 用一把大的橡皮刀，以輕柔的手勢，把過篩好的乾性材料和¼的蛋白霜，拌入蛋黃糊裡。取數大匙的混合物，加進冷卻的融化奶油裡加以攪拌，儘可能把奶油攪拌均勻，接著把混勻的奶油和剩下的蛋白霜加到蛋黃糊裡。以輕而快的手勢，把所有材料拌勻。

**6.** 把拌好的麵糊倒進準備好的蛋糕模裡－側邊應該會滿到¾的高度－把蛋糕模送入烤箱。長條蛋糕烤焙約25~30分鐘，圓形蛋糕烤20~25分鐘。檢查兩種形狀蛋糕烤好沒的方法一樣：以一把薄刀插入蛋糕中央取出後，刀片應該是乾乾淨淨沒有沾黏麵糊的狀態。

**7.** 長條蛋糕冷卻的方法是，先讓它留在蛋糕模裡靜置3分鐘，然後輕柔地將之脫模到冷卻架上，輕輕地把烤焙紙往上提，接著把蛋糕倒過來正放，冷卻到室溫。圓形蛋糕，把烤盤紙移到冷卻架上，以一把刀劃過蛋糕圈模內側的邊緣*，讓蛋糕保留在圈模裡冷卻到室溫。

---

可做出二條7½吋 ×3½吋(18×9公分)長條蛋糕，或一個直徑 8¾吋(22公分)的圓形蛋糕。

**KEEPING** 保存：可可蛋糕可以保鮮膜密封包好，室溫下保存二天或冷凍一個月。

---

＊譯註：濕性發泡(soft peaks)，舉起攪拌棒，附著在攪拌棒上的蛋白霜尖端呈略下垂的打發狀態。乾性發泡(firm peaks)，舉起攪拌棒，附著在攪拌棒上的蛋白霜尖端呈堅挺不下垂的打發狀態。劃過蛋糕圈模內的邊緣，是為了讓蛋糕和圈模鬆脫、散熱。

# COCONUT
## DACQUOISE
# 椰子達克瓦茲

**達克瓦茲Dacquoise －這個名字指的既是蛋糕，也是蛋糕裡的瑪琳圓餅meringue disk －** 傳統上，達克瓦茲是帶有堅果味的瑪琳餅（參考39頁的榛果巧克力達克瓦茲），而且說眞的，這個達克瓦茲既含堅果，也含椰子。事實上，椰子達克瓦茲幾乎含有和杏仁一樣多的椰子，而且這樣的組合讓這款瑪琳有著不凡的質地，和難以捉摸的異國風味。

- ½杯（40克）無糖乾燥椰子粉，細磨
- ⅓杯（45克）去皮杏仁
- ¾杯（75克）糖粉
- 3枚大顆雞蛋的蛋白，室溫
- ⅓杯（70克）砂糖

1. 預熱烤箱到華氏325度（攝氏165度）。如果你要做三個直徑6½吋（16公分）的圓餅，使用在巧克力半凍冰糕與達克瓦茲（186頁），在烤箱中層放一張網架並且在一張大烤盤裡舖上烤盤紙。如果你要做二個直徑9吋（24公分）的圓餅以用在克里奧羅Criollo（34頁），以二張網架將烤箱分成三層，並且在二張烤盤裡舖上烤盤紙。以鉛筆在烤盤紙上畫出直徑6½吋（16公分）或9吋（24公分）的圓形。將烤盤紙翻面；如果翻面後看不清圓形的輪廓，就再描繪得深一些。中型擠花袋裝上直徑⅓吋（1公分）的圓孔擠花嘴。

2. 這份食譜，椰子粉要磨得像粉末一樣細（在健康食品店有可能買到），杏仁要磨過，所以把乾燥椰子、杏仁和糖粉放進食物調理機裡，以瞬間跳打鍵（pulse鍵）打到呈粉末狀。（它不可能是輕而膨鬆的，因爲堅果裡含有油脂。）把這堅果混合物以不要太細網目的網篩，過濾到一張烤盤紙或蠟紙上，置旁備用。

KEEPING 保存：瑪琳
圓餅可以事先做好，保
存在密封盒裡以避免潮
溼，可以保存四天，或
密封包裝好冷凍一個
月。瑪琳圓餅可以不必
先解凍，如果你要在上
面抹上慕斯夾層（就像
你在做克里奧羅Criollo
或巧克力半凍冰糕與達
克瓦茲時）－當你把甜
點組合起來的過程時，
它就正在解凍了。

3. 蛋白放在一個乾淨且乾燥的攪拌缸裡，以網狀攪拌棒轉中速打到蛋白呈不透明狀。持續攪打中，把砂糖以不急不徐的速度加入，繼續打到蛋白霜變硬但仍帶有光澤的乾性發泡（firm peaks）*。把攪拌缸自攪拌機上取下（如果需要），改用一把有彈性的橡皮刮刀，把過篩好的粉類材料分3~4次拌入蛋白霜裡。

4. 舀一半的麵糊到擠花袋裡。從描好的圓形中央開始擠出達克瓦茲麵糊，以螺旋狀的方式向外擠，試著讓一圈圈纏繞的麵糊彼此相連接；以輕而連續的施壓方式擠出。再度填充麵糊並且擠出更多圓盤。（任何剩下來的麵糊可以烤成小鈕扣－它們可是棒極了的餅乾。）如果你看到圓餅有任何空隙或不平均的地方，以一把金屬抹刀用輕而快的手法，一下、一下、飛快的把它們抹平。

5. 將烤盤送進烤箱，並且以一把木匙將烤箱門卡住好讓門略微開啓。烤焙30~35分鐘，直到它們變成非常淡的焦糖色；如果你同時烤兩盤，烤焙中途將它們上下，前後對調兩次。把烤好的瑪琳圓餅連同烤盤紙，移到一張冷卻架上冷卻到室溫。

6. 待瑪琳圓餅冷卻後，以一把裝飾用抹刀從圓餅下面把它們從紙上剷起。

＊譯註：乾性發泡（firm peaks），舉起攪拌棒，附著在攪拌棒上的蛋白霜尖端呈堅挺不下垂的打發狀態。

奶油泡芙麵糊（pâte à choux）可以說是糕餅界的小引擎。把一匙的奶油泡芙麵糊放進烤箱，當它逐漸膨脹起來，你幾乎可以聽到它在歡唱：「我可以，我辦得到！」如果你的烤箱有窗戶，肯定可以看著它長大，看到它因熱度而充滿了力量。這麵糊充氣，每一次充氣進而膨脹，直到變成原始尺寸的三倍大。膨起且變成金黃色，有了柔軟的外皮，光亮閃耀，中心是一個孔洞，空心處柔軟，溼潤且香氣四溢。這就是用來製作享有盛名的奶油泡芙糕點，像是：閃電泡芙（第9頁）、薄荷泡芙佐熱巧克力醬（135頁），和聖多諾黑蛋糕（21頁）基底的麵糊。

　　當奶油泡芙麵糊一完成就應該立刻使用。但是，一旦擠出或舀出形狀，就可以冷凍。當你準備要烤焙時，不需要解凍，直接將烤焙時間增加3~5分鐘即可。

- ½杯（125克）全脂牛奶
- ½杯（125克）水
- 1條（4盎司；115克）無鹽奶油，切成8塊
- ¼小匙砂糖
- ¼小匙鹽
- 1杯（140克）中筋麵粉
- 5枚大顆雞蛋，室溫

1. 在開始混合泡芙麵糊前，先檢查需要使用的食譜，以獲得預熱烤箱並準備烘焙容器與擠花袋的詳細資訊。

2. 將牛奶、水、奶油、糖和鹽，在一只厚底湯鍋裡以中火加熱到滾。待整鍋滾得飛快，把麵粉一次全加進來，轉中火，並且毫不猶豫的，開始以木匙瘋狂般的攪拌麵糊。麵糊會很快成團，並且鍋底會有點結皮，但你必須繼續攪拌－大力地－再攪2~3分鐘好讓麵團收乾。完成的時候，麵團會非常的光滑。

麵糊足夠做出約30個大泡芙；或50個小泡芙；或22個閃電泡芙；或超過所需份量聖多諾黑蛋糕的基底。

**KEEPING 保存**：你可以把麵團擠出來，立刻烤焙或冷凍起來。如果要冷凍，把泡芙擠在舖了烤盤紙的烤盤上，並且送入冷凍庫。待泡芙澈底冷凍後，把泡芙自烤盤上取下並且密封包好。可以冷凍保存長達一個月。

3. 把麵團移到裝了槳狀攪拌棒的攪拌機裡，或者，如果你還有體力，繼續手打。一次1枚，把雞蛋加進來，打到完全融入混合。不要驚慌，在你加第1枚蛋時，可愛的麵團會產生分離現象。繼續打，等你把第三枚雞蛋加進去時，它會再度開始結合。待所有的蛋都融入拌勻，麵糊會變得厚而有光澤，並且當你把部份的麵糊舀起，它會像個緞帶般的落回碗裡。麵糊仍是溫的－這正是它應有的模樣－那麼現在就是使用的時候了。根據個別食譜的指示，把麵糊裝進擠花袋裡並且擠出來。

# SWEET TART
## DOUGH
### 甜塔皮麵團

這份麵團會做出餅乾似的塔皮，最常用在塔和迷你塔裡，但做為皮耶Pierre出眾不凡佛羅倫汀（75頁）的底層餅乾更是超級讚。它有著相當硬的質地，並帶著些許酥脆和奶油酥粒及足夠的風味，讓它變成食譜裡重要的一環，而不只是用來盛裝內餡的容器而已。如果你已經拌好了麵團，但仍可以看到一些奶油碎塊，不要管它。寧可仍殘留些奶油碎塊，也不要過度攪拌麵團。

■　這款麵團，如果你大量製作，會得到最佳質地；如果只做一個塔所需的量，會冒著過度攪拌麵團的風險。一旦完成，麵團可以先分割成個別塔皮的大小，包好後冷凍長達一個月。　■　PH

- 2½條（10盎司；285克）的無鹽奶油，室溫
- 1½杯（150克）糖粉，過篩備用
- ½杯（鬆鬆盛裝）（3¼盎司；100克）細磨的杏仁粉（265頁），或去皮磨碎的杏仁（265頁）
- ½小匙鹽
- ½小匙香草籽（請參考第279頁），或純的香草精
- 2枚大顆雞蛋，室溫，輕輕打散
- 3½杯（490克）中筋麵粉

以電動攪拌機製作甜塔皮麵團：

將奶油放入攪拌缸，電動攪拌機裝上槳狀攪拌棒，以低速打成乳霜狀。不停機，繼續採低速一邊攪拌一邊加入糖粉、杏仁粉、鹽、香草籽和雞蛋，直到所有材料都混在一起，中間可能要停下來，把沾附在攪拌棒上和攪拌缸邊緣，打不到的部份刮下來再繼續打。麵團可能看起來有點花，沒關係。不停機仍然以低速攪拌的同時，把麵粉分3~4次加入，僅需攪拌到形成一個溼潤而有光澤的麵團即可，有可能在數秒間即完成。不要過度攪拌。

以大容量食物調理機製作甜塔皮麵團：

把奶油放在裝好金屬刀片的食物調理機裡，先用瞬間跳打鍵（pulse鍵）按壓幾下後，改用一般攪打模式，偶爾停機把邊邊沾附的刮下來再繼續，直到呈乳霜狀。加入糖粉，打到混合均勻。加入杏仁粉、鹽和香草籽並繼續打到光滑，需要的時候就停機把沾黏在四周的刮下來。加入雞蛋打到均勻的程度。加入麵粉，用瞬間跳打鍵（pulse鍵），打打停停打到剛好快要成團。當麵團開始形成帶有光澤感的花花狀、開始出現小碎塊、開始要成團時，停！－你不想過度攪拌它。麵團會非常軟，可以任意曲折，像個玩具黏土一樣，比起派皮麵團（pie dough），它更像你最喜歡的奶油餅乾麵團－這正是它應該有的模樣。

## TO SHAPE AND CHILL 整型和冷卻

不管你用哪種方法製作麵團，把它塑成一個球狀，然後分割成3~4塊：分三塊可做成三個直徑10吋（26公分）的塔皮、分四塊可做成四個直徑9吋（24公分）的塔皮。（你當然也可以把麵團壓成一張大圓盤狀，每次切下所需的份量。）把每塊麵團都輕柔地壓成圓盤狀，個別用保鮮膜包起來。讓麵團在冰箱冷藏至少四小時或者長達二天，直到你準備擀開並烤焙前。（在此階段，麵團可以密封包起來並且冷凍長達一個月。）

## TO ROLL AND BAKE 擀開和烤焙

1. 替每個塔在舖了烤盤紙的烤盤上，準備一個塗了奶油的塔圈（tart ring），放在手邊備用。一次只操作一份麵團，其餘的保存在冰箱。

2. 檯面（大理石質地的最理想）撒上薄層麵粉，把麵團擀成介於 1/16 吋和 1/8 吋（2~4公厘）厚度的圓，不時把麵團掀起來確認麵團和檯面之間，一直維持著撒有薄層麵粉的狀態。（因為這個麵團屬於高成份麵團，可能很難擀，但工作檯若撒些粉會讓過程容易些。如果你是初學者，可能會發現在檯面和麵團上各舖張保鮮膜，隔著保鮮膜來擀會比較簡單。如果你這麼做，要記得不時把最上面那張保鮮膜撕開來，這樣它才不會產生摺痕，並且被擀進麵團裡。）以擀麵棍把麵皮捲起來，再以相反的方向把它舖放在塔模上。麵皮和塔模的底部、邊緣都整理成貼合狀態，然後用你的擀麵棍，在塔的頂層邊緣來回擀動，好把多出來的塔皮切掉。如果麵皮在這過程裡裂開（這是有可能的，因為麵皮很柔軟易破），不要擔心，用碎片麵皮把裂縫補起來（把邊緣沾溼，黏合），並且不要去拉扯鋪在塔模裡的麵皮（你現在拉扯延展的部份，之後會回縮）。用叉子的鋸齒在塔皮上戳洞（除非這個塔之後會填上流質如卡士達的內餡，那就不必戳洞），並且放冰箱冷藏或冷凍至少30分鐘。

3. 當你準備要烤塔皮時，預熱烤箱到華氏350度（約攝氏180度）。在塔皮上覆蓋一張足以蓋住整個塔皮的烤盤紙或鋁箔紙，在上面填入乾燥的豆子或米粒。

4. 對需要初步上色的塔皮，烤18~20分鐘或直到輕微上色就好。如果需要烤到全熟的塔皮，在此時把烤盤紙和豆子拿開，繼續再烤3~5分鐘，直到呈金黃色。將塔皮自烤箱取出，移到架子上冷卻備用。

足夠做出三個直徑10吋（26公分）；或四個直徑9吋（24公分）的塔皮。

KEEPING 保存：甜塔皮麵團可以冷藏保存最多二天，或用保鮮膜密實包起來冷凍長達一個月。冷凍圓盤狀的麵團在一般室溫下，費時約需45~60分鐘可退冰到適合擀開的程度。烤好的塔皮，在不包裝的情況下可在室溫約八個小時。

# CHOCOLATE-ALMOND
# PÂTE SABLÉE
## 巧克力杏仁沙布烈塔皮

**法文說沙布烈 Sablée，或英文說沙質的 sandy，為這款塔皮的迷人質地做了詮釋。**沙布烈塔皮饒富奶油風味，柔軟（而且濃郁）到足以在你口裡化開來，但又易碎且帶著酥脆－這就是它沙質的部份。絕對的巧克力風味，微微的杏仁香，和各種內餡搭配都是完美。單吃也很棒－如果你有剩下一些不完整的麵團，把它們擀開來烤成餅乾，就是親手烘焙的美好獎勵。

　　這份食譜足夠做出三個大塔皮，有可能大於多數時候你所需要的量，但是，爲了保持它的質地，最好多做一點好過不夠。好消息是沙布烈麵團可以完美地冷凍長達一個月，而且從解凍到擀開只需約一個小時。

- 2½ 條外加 1 大匙（10½ 盎司；300 克）的無鹽奶油，室溫
- ½ 杯外加 1½ 大匙（60 克）糖粉，過篩備用
- ½ 杯（略微隆起）（3½ 盎司；105 克）細磨杏仁粉（265 頁）或去皮磨碎的杏仁（265 頁）
- ½ 小匙鹽
- 3 枚大顆雞蛋，室溫
- ½ 杯（50 克）荷式處理可可粉，偏好法芙娜（Valrhona）
- 2¾ 杯（385 克）中筋麵粉

以電動攪拌機製作麵團：

將奶油放入攪拌缸，電動攪拌機裝上槳狀攪拌棒以低速打成乳霜狀。一樣一樣來，以低速一邊攪拌一邊加入糖粉、杏仁粉、鹽和雞蛋，直到所有材料都混在一起，中間可能要停下來，把沾附在攪拌棒上和攪拌缸邊緣打不到的部份刮下來再繼續打。麵團可能看起來有點花，沒關係。不停機仍然以低速攪拌的同時，加入可可粉，拌到吸收進去，把麵粉分 3~4 次加入，僅僅打到形成一個柔軟而溼潤的麵團即可，有可能在數秒間即完成。不要過度攪拌。

以大容量食物調理機製作麵團：

把奶油放在裝好金屬刀片的食物調理機裡，用瞬間跳打鍵（Pulse鍵）來打，必要時停機把邊邊沾附的刮下來再繼續，直到呈乳霜狀。加入糖粉，以一般攪打模式打到充份混合。加入杏仁粉和鹽繼續打到光滑，必要時停機把沾黏在邊邊的刮下來，再加入雞蛋打到混勻。加入可可粉，以瞬間跳打鍵（Pulse鍵）拌勻後加入麵粉，以瞬間跳打鍵（Pulse鍵）打打停停，打到剛好快要成團。當麵團開始形成帶有光澤感的花花狀、開始出現小塊狀、開始要成團時，停！－你不想過度攪拌它。這麵團會非常軟，可以任意曲折，像個玩具黏土一樣，比起派皮麵團（pie dough），它更像你最喜歡的奶油餅乾麵團－這正是它應該有的模樣。

## TO SHAPE AND CHILL 整型和冰涼

不管你用哪種方法製作麵團，把它塑成一個球狀，然後分割成3塊（你當然也可以把麵團壓成一張大圓盤狀，每次切下所需的份量。）把每塊麵團都輕柔地壓成圓盤狀，個別用保鮮膜包起來。讓麵團在冰箱冷藏至少四小時或者長達二天，直到你準備擀開並烤焙前。（在此階段，麵團可以密封包起來並且冷凍長達一個月。）

## TO ROLL AND BAKE 擀開和烤焙

1. 替每個塔在舖了烤盤紙的烤盤上準備一個塗了奶油的塔圈（tart ring），放在手邊備用。一次只操作一個麵團，其餘的保存在冰箱。

2. 在一個撒薄層麵粉的檯面上（大理石質地的最理想），把麵團擀成介於⅟₁₆吋和⅛吋（2~4公釐）厚度的圓，不時把麵團掀起來，確認麵團和檯面之間一直維持著足夠撒有薄層麵粉的狀態。（因為這個麵團屬於高成份麵團，可能很難擀，但工作檯若撒些粉會讓過程容易些。如果你是初學者，可能會發現在檯面和麵團上各舖張保鮮膜，隔著保鮮膜來擀會比較簡單。如果你這麼做，要記得不時把最上面那張保鮮膜撕開來，這樣它才不會產生摺痕，並且被擀進麵團裡。）以擀麵棍把麵皮捲起來，再以相反的方向把它舖放在塔模上。麵皮和塔模的底部、邊緣都整理成貼合狀態，然後用你的擀麵棍，在塔的頂層邊緣來回擀動，好把多出來的塔皮切掉。如果麵皮在這過程裡裂開（這是有可能的，因為麵皮很柔軟易破），不要擔心，用碎片麵皮把裂縫補起來（把邊緣沾溼，黏合），並且不要去拉扯舖在塔模裡的麵皮（你現在拉扯延展的部份，之後會回縮）。用叉子的鋸齒在塔皮上戳洞（除非這個塔之後會填上流質如卡士達的內餡，那就不必戳洞），並且放冰箱冷藏或冷凍至少30分鐘。

可供足夠做出三個直徑
9~10吋（24或26公分）
的塔皮

KEEPING 保存：這個
麵團可以冷藏保存最多
二天，或用保鮮膜密實
包起來冷凍長達一個
月。冷凍圓盤狀的麵
團在一般室溫下，約
需45~60分鐘可退冰到
適合擀開的程度。烤好
的塔皮在不包裝的情況
下，可在室溫保存約八
個小時。

3. 當你準備好要烤塔皮時，預熱烤箱到華氏350度（約攝氏180度）。在塔皮上覆蓋一張足以蓋住整個塔皮的烤盤紙或鋁箔紙，在上面填入乾燥的豆子或米粒。

4. 對需要初步上色的塔皮，烤23~25分鐘或直到輕微上色就好。如果需要烤到全熟的塔皮，在此時把烤盤紙和豆子拿開，繼續再烤3~5分鐘，直到塔皮固定並呈均勻的棕色。將塔皮自烤箱取出，移到架子上冷卻備用。

# INSIDE-OUT
## PUFF PASTRY
### 裡外顛覆膨起的酥皮麵團

**沒有比酥皮麵團更優雅、更奢華的麵團，在你第一次完成它的準備工作後，也沒有麵團會**比酥皮麵團更具有吸引力。一來由於它是如此的戲劇性－在高溫下，夾在層層堆疊裡的冰涼奶油融化，奶油裡的水份轉化成蒸氣，蒸氣推擠麵團往上膨起，到令人目炫神迷的高度；二來，則是因為你知道正在製作一項傳說中的糕點。好幾世紀以來，糕點主廚和糕餅舖的名聲，因為他們所做的千層派（也有人叫它拿破崙派），那種以層層酥餅夾著奶油霜做成的經典糕餅的品質，而上升或隕落。

　　Pierre 皮耶的酥皮麵團顛覆了傳統的配方。傳統中，麵粉加了水的麵團包覆著塊狀奶油，整份麵團先擀開再折疊六次，直到做出成所謂的 mille feuilles，或說一千層。在這份食譜裡，裡外顛覆。大部分的奶油在外層；內裡的麵團混合了麵粉、水和融化的奶油；加以擀開和折疊二遍，而非單次，這是因應紮實麵團而生效的妙招。

---

■　　因為奶油在外層，這款麵團其實比傳統酥皮麵團來得容易操作。然而總結來說，這款裡外顛覆膨起的酥皮麵團做出來的酥餅，既入口即化又酥脆，柔弱而易碎。　■　PH

---

## THE FIRST MIXTURE 第一份麵團

- 3½條（14盎司；400克）的無鹽奶油，室溫
- 1¼杯（175克）中筋麵粉

奶油用裝了槳狀攪拌棒的電動攪拌機，打到平滑就好。加入麵粉，拌到材料剛好混合即可。總是會有一些麵粉殘留在底部，用橡皮刮刀把它拌入奶油裡。把這份很軟的麵團刮下來，倒在一張大的烤盤紙或蠟紙上，用一把切麵板（板狀切麵刀），將它整型成一塊6×6吋的方形（約15×15公分）。把第一份麵團包好，冷藏至少一個半小時。

## THE SECOND MIXTURE 第二份麵團

- ¾杯（185克）水
- 2小匙鹽
- ¼小匙白醋
- 3杯（420克）中筋麵粉（或者再多一些些）
- 1條（4盎司；115克）無鹽奶油，融化後冷卻

把水、鹽和醋混合在一起，置旁備用。把麵粉放進攪拌缸裡（你可以用之前第一份麵團使用的那個攪拌缸，不需洗過），裝上槳狀攪拌棒。開中低速，把融化的奶油加進來，打到麵粉潤澤。麵團會看起來結團成塊，好像水果奶酥（fruit crisp）上面的顆粒狀＊，電動攪拌機仍然開中低速，把之前混合好的液體以一次一些些，從鍋邊倒入的方式加進來。要加的很慢，並保留一些些備用－因為不同的麵粉有著不同的吸水性，很難預估你是否需要把全部的水加入。繼續攪拌的同時、適時的刮缸、加水，直到麵團成團，攪拌盆光滑乾淨。麵團會很軟，很像一塊有彈性的塔皮麵團，這樣是可以的。如果麵團不能成團，可能需要視情況再加多一些些麵粉－麵粉最多只能再加1大匙，用撒的加入－或者加1~2大匙的水。把麵團自攪拌缸裡取出，放在烤盤紙或蠟紙上並整形成方形，約比第一份奶油團的方形小約1~2吋（2.5~5公分）。包好冷藏至少一個半小時。

## TO ROLL AND TURN 擀開和折疊

I. 把冰涼了的第一份麵團，放在一個充份撒上薄麵粉的工作檯面上（大理石的很理想），第一份麵團的表面也撒粉。如果第一份麵團還很硬無法擀開，用你的擀麵棍壓它以製造出一排平行的凹槽，如此可以軟化麵團有助工作進展。把麵團擀成一個約12×7吋（30×18公分）的長方形，朝四個方向擀開且正反兩面都要擀，擀的過程裡要確實把麵團拿起來並調換方向；必要的時候再度在工作檯面和麵團上撒粉。擺上已經冰涼了的第二份麵團，讓它蓋住這個已經擀開的第一份麵團的下半部。把已經擀開的第一份麵團的上半部，往下摺蓋住第二份麵團，並緊壓邊緣整齊封成像個"包裹"。確認第二份麵團被包進第一份麵團的每個角落。必要時，用你的手指把第二份麵團推進每個角落，讓這個"包裹"更厚實平均。以你的擀麵棍輕敲麵團的每個角落，把麵團整成正方形（每邊大概是7~8吋／18~20公分。）把這完成的麵團以保鮮膜包好，進冰箱冷藏至少一小時。

＊譯註：水果奶酥（fruit crisp）上面的顆粒狀，有點像把奶酥麵包裡的奶酥餡翻鬆了的樣子。

2. 進行第一次的雙重折疊（double turn），把麵團放在一個充份撒粉的工作檯面上，麵團表面也撒粉。再一次把麵團朝四個方向擀開且正反兩面都要擀，小心不要擀到邊緣，並且保持工作檯面和麵團上都撒有適當份量的麵粉，擀到差不多長是寬的三倍，約7~8吋寬（18~20公分），長約21~24吋（52~60公分）。（不要擔心，如果你的麵團不是如此的尺寸。當你擀的時候麵團會變寬－這是自然的。重要的是把它擀成原本寬的三倍長，不管它原本有多寬－在手邊準備一把尺。如果擀的時候麵團裂開，只要儘可能的修補它並且繼續擀。製造所謂的雙重折疊或錢包折疊（wallet turn），把麵團底部的¼往上折到中間，接著把麵團頂部的¼往下折到中間。現在，把麵團往中間對折成一半，你有了一個四層的麵團。把任何多餘的麵粉刷掉，然後把麵團包好。再次冷藏至少一小時。

3. 第二次的雙重折疊，放好麵團位置，看起來像書背的那邊在你的左手邊，重覆上面擀和折疊的步驟，永遠保持工作檯面和麵團撒了適量的麵粉。再次完成雙重折疊後，刷掉多餘的麵粉。用保鮮膜把麵團包好，再度冷藏約一小時。（麵團可以在進行到這個程度時，進冰箱冷藏保存達八小時。事實上，在這個階段，讓麵團鬆弛超過三小時是好的。）

4. 要使用這份麵團那天早上，或者在你需要用到麵團的不久前，進行最後折疊，單次折疊（single turn）。這麼做，看起來像書背的那邊在你的左手邊，和之前一樣再次擀開。這次，把麵團折成像一封商業書信。把底部⅓往上折，讓它蓋住麵團中間的⅓部份，再把頂部的⅓往下折，它就會接到已經折起部份的邊緣。（事實上如果麵團的長是寬的三倍，這樣折疊會折成一個正方形；如果不是，也沒關係。）刷掉任何多餘的麵粉。把麵團包好並冷藏至少30分鐘，再把它擀開運用在任何食譜裡。如果可以，最好讓它冰得更久。然後，在根據所需食譜把麵團擀開後（你可能會把大塊的麵團加以分割，只擀其中的一部份），讓擀好的麵團冷藏30分鐘，才進行分割和烤焙。最好的安排是把麵團擀開，移到烤盤上，蓋好，放在烤盤上冷藏，接著，直接在烤盤上分割已經冰好的麵團。

約2⅓磅（1135克）酥皮麵團

**KEEPING 保存**：酥皮麵團冰箱冷藏可以保存約三天，從你準備好麵團那天算起，到把它做成一份甜點。你可以擀好麵團、把它包好、讓它留在冰箱幾個小時，而不是「至少冷藏一個半小時」－它可以根據你的行程再擀開。酥皮麵團一旦完成，可以分割成數份，密實包好，放冰箱冷凍長達一個月。解凍方式是，保持包好的狀態，放冷藏室隔夜，第二天才擀開、分割和烤焙。

# 巧克力酥皮麵團

和經典的酥皮麵團（classic puff pastry）一樣－但又和Pierre皮耶「裡外顛覆膨起的酥皮麵團」（241頁）不完全相同－巧克力酥皮麵團以兩種麵團製成，一個以奶油爲主，摻了一些可可粉，另一個主要是麵粉和少許奶油。然後，再一次和經典酥皮麵團一樣，但和「裡外顛覆膨起的酥皮麵團」不同，油酥麵團包在麵粉麵團裡，再擀開成既長且薄，折疊成三等份像一封商業書信，然後在每次重覆擀開和折疊之前，轉四分之一方向。每次擀開、折疊和轉向統稱一個回合折疊，皮耶的酥皮麵團，如同大多數的，需要六個回合折疊和一段時間的冰箱冷藏鬆弛，在每個回合與回合之間，酥皮麵團更臻完美。完成充份擀開和轉向後，麵團需要在冰箱冰至少六小時，才可以烤焙。就像很多糕點一樣，製程很短，但等待過程很長－但絕對是值得的。

你可以把巧克力酥皮麵團，運用在任何需要使用酥皮麵團的食譜裡－和酥皮麵團的用法一樣；巧克力口味並不會改變酥皮麵團擀、整型或烤焙的方法。

## THE DOUGH 麵團

- 3杯（420克）中筋麵粉
- 大約¾杯（185克）冷水
- 2小匙鹽
- 5大匙（2½盎司；70克）無鹽奶油，融化後冷卻

將麵粉放在一只大鉢盆裡，並且挖出一個凹槽。將¾杯（185克）的水和鹽混合，攪拌到鹽溶解後，倒入凹槽中。使用一把橡皮刮刀或叉子，從麵粉中的凹陷處開始攪拌，把麵粉拌到水裡。當大部份的粉已和水拌合在一起，將融化的奶油倒在麵粉團上並且繼續攪拌。如果麵團很乾－而且它可能會很乾－多拌入2~3大匙的水，一次一點點。不要期待完美－在你多加了水以後，這麵團會看起來很糟，溼溼的，而且不會完全拌合均勻。以手伸入盆裡輕揉麵團一分鐘左右，好讓它再次混合。把麵團取出放在一張薄撒麵粉的工作檯面上，並且塑形成一個邊長6吋（15公分）的正方形。以保鮮膜將麵團包好，並且冷藏至少二小時。

## THE BUTTER PACKET 奶油團

- 3¾條（15盎司；425克）無鹽奶油，室溫
- ½杯（50克）荷式處理可可粉，偏好法芙娜（Valrhona），過篩備用

以裝了槳狀攪拌棒的攪拌機，或在一只缽盆裡以大支的橡皮刮刀，將奶油打到光滑但不打發。加入可可粉並且拌到剛好和奶油混合在一起就好。將奶油團刮出來到一個薄撒麵粉的工作檯面上，並塑形成比麵團小約1~2吋（2.5~5公分）的奶油團。以保鮮膜將奶油團包好，並且冷藏至少二小時。

## TO ROLL AND TURN 擀開和折疊

1. 把冰涼了的麵團放在一個充份薄撒麵粉的工作檯面上（大理石的很理想），並且在麵團表面撒粉。如果麵團還很硬無法擀開，用你的擀麵棍壓它，以製造出一排平行的凹槽，如此可以軟化麵團有助工作進展。把麵團擀成一個約⅓吋（1公分）厚，12×7吋（30×18公分）的長方形，朝四個方向擀開且正反兩面都要擀，擀的過程裡要確實把麵團拿起來並調換方向；必要的時候在工作檯面和麵團上再次撒粉。

2. 將奶油團自冰箱裡取出。理想上，這奶油團的質地應該和麵團一樣－但當它從冰箱拿出來時，註定會比較硬－所以要不以你的擀麵棍輕敲，要不就放進微波爐約10秒。將已經略微軟化的奶油團（但仍是冰涼的）擺在麵團上，讓它蓋住已經擀開麵團的下半部。把已經擀開的麵團的上半部往下摺，蓋住奶油團並且緊壓麵團接口，整齊地封起來像個"包裹"。確認奶油團包在方形麵團的每個角落。必要時，用你的手指把奶油團推進每個角落，讓整個"包裹"厚實平均。以你的擀麵棍輕敲麵團的每個角落，把麵團整成正方形（邊長差不多是7~8吋／18~20公分）。如果麵團不會太軟，你可以進行第一回合折疊。然而，如果它似乎有些變軟－或者如果你想謹慎點－用保鮮膜把麵團包起來，並且讓它在冰箱冷藏鬆弛一小時。

3. 進行第一回合折疊（first single turn），將麵團放在充份薄撒麵粉的工作檯面上並在麵團上撒粉。再一次朝各個方向、兩面將麵團擀開，小心不要擀超出邊緣，並且視需

要保持檯面和麵團充份撒粉，把麵團擀到長邊是寬邊的三倍－約7~8吋（18~20公分）寬，21~24吋（52~60公分）長。不要擔心，如果你的麵團不完全符合這樣的尺寸。當你擀開時，麵團會變寬－這只是自然的－重要的是把麵團擀成三倍寬，不論它原先是多寬；準備一把尺在手邊。（如果擀的時候麵團裂開，只要儘可能的修補它；如果有些奶油跑出來，輕拍麵粉－這些都是小問題，而且不會阻礙進行。然而，如果麵團太軟了，那就該停下來－把麵團放在砧板上，覆以保鮮膜，把它冰一下再繼續擀。

4. 當麵團的長是寬的三倍時，把麵團折成像封商業書信：把底部⅓往上折，讓它蓋住麵團中間的⅓部份，再把頂部的⅓往下折，它就會接到已經折起來麵團的邊緣。你已經做出一個三層的麵團，並且完成第一回合折疊。刷掉任何多餘的麵粉，以保鮮膜將麵團包好，做個筆記記錄已完成第一回合，把麵團拿去冰至少二小時。

5. 在一個充份薄撒麵粉的工作檯面上，將麵團放在你面前，且讓麵團像是書背的那邊在你的左手邊，"可以翻開頁面的那邊"在你的右邊。保持這個方向重覆擀開和折疊的步驟，把麵團擀成長是寬的三倍，然後把它再次折成像封商業書信。當你完成第二回合折疊，刷掉任何多餘的麵粉，以保鮮膜將麵團包好，做個筆記你已經完成第二回合，把麵團再冰二小時。

6. 把你的麵團當成一本書，書背永遠在你的左邊，再進行四回合，總共六回合折疊。如果你完成三回合後，發現麵團仍然很硬，擀起來很好擀，你可以試著進行第四回合－在這個回合時，麵團會開始看起來像個巧克力麵團－在進行冷藏之前。同樣地，冷藏後，你或許可以在不經中途冷藏鬆弛的情況下，就可以直接擀第五和第六回合。然而，只要你開始覺得麵團變軟，或看到奶油破洞，或麵團在任何其它情況下太難操作－讓它進冰箱冰一段長時間。記得，永遠要記錄你已經完成幾回合，在每個回合間，永遠都要讓麵團冰至少二小時。

7. 當你已經完成六回合，讓麵團冰至少六小時。（如果這樣比較方便，你可以讓它冷藏最多二天，或者冷凍長達一個月。）一旦冰好，可以擀開並且運用在任何配方裡。

約2¾磅（1250克）的
巧克力酥皮麵團

KEEPING 保存：這份巧克力酥皮麵團，在冰箱冷藏可以保存約三天，從你準備好兩份麵團那天算起，到你把它做成一份甜點為止。可以擀好麵團、包好、讓它留在冰箱幾個小時，並不侷限於「至少二小時」－它可以配合你的行程再擀開。巧克力酥皮麵團一旦完成，可以分割成數份，密實包好，放冰箱冷凍長達一個月。解凍方式是，保持包著，放冷藏室隔夜，第二天才擀開、分割和烤焙。

# CARAMELIZED
# PLAIN PUFF
# PASTRY

## 焦糖原味酥皮

**這是一個非常簡單的技巧，可以讓製作千層派（mille-feuille），或稱為拿破崙派**（napoleons）所使用的酥皮，酥脆的特質加倍且更形出色－而且它適用於你自己在家製作或商店買來的現成酥皮。使用的方法不過是在進烤箱烤焙前，才在擀開的酥皮表面撒上砂糖，接著，在它快烤好時，將它轉向並撒以糖粉。這樣重覆兩次的撒糖，可以呈現出一個沒有光澤，非常酥脆焦糖風味的糖衣底層，以及平滑、光亮且帶有酥皮糕點獨特特質，一碰即碎的表面頂層。

- 14盎司（400克）原味酥皮，自製（比241頁配方的⅓份再多一些），或現成購自商店
- 1½大匙砂糖
- 2大匙糖粉

1. 把烤盤紙裁成可以覆蓋一張烤盤，或蛋糕卷用深烤盤（jolly-rill pan）的大小，約18×12吋（45×30公分）。以西點專用毛刷沾了水以後輕刷潤過這張烤盤紙。準備另一張相同大小的烤盤，或深烤盤在手邊，和另一張一樣大小的烤盤紙，還有和烤盤一樣大小的冷卻架。全部都暫時置旁備用。

2. 在一個撒了麵粉的工作檯面上，把酥皮麵團擀成一個約10×14吋（26×35公分），⅛吋（4公厘）厚的長方形。以擀麵棍把麵團捲起來，再鬆開鋪放在鋪好濕潤過烤盤紙的烤盤上。用保鮮膜把麵團蓋起來，冰箱冷藏1~2小時，這是麵筋鬆弛所需的時間，好讓酥餅之後在烘烤的熱氣下可以平均地膨起，且保持它的尺寸和形狀。

3. 放進一個冷卻架在烤箱裡，並預熱到華氏450度（攝氏230度）。

4. 把烤盤從冰箱裡取出，拿掉保鮮膜，在酥皮表面撒上砂糖。把烤盤送入烤箱，關上烤箱門，立刻把溫度轉為華氏375度（攝氏190度）。烤焙8~10分鐘，在這段時間裡酥

皮會膨起且開始上色。輕輕地把冷卻架放在酥皮上面－這會讓酥皮不致於膨得太劇烈－再烤10分鐘。把烤盤自烤箱裡取出,把溫度轉到華氏475度(攝氏245度)。

5. 把酥皮上的冷卻架拿開,冷卻架放旁邊。用先前準備好的烤盤紙蓋住酥皮,再蓋上另一張烤盤或深烤盤。小心翼翼把整個酥皮翻過來後,放在工作檯面上。拿掉第一張烤盤和烤盤紙;你會看到的是原味的,還沒蘸上焦糖的那面酥皮。在這面酥皮上平均地撒上糖粉。

6. 把烤盤送入烤箱烤到糖粉平均、光滑且變成焦糖,大約5分鐘－小心留意著以防把表面或底層燒焦。把烤盤自烤箱裡取出,放在一只冷卻架上冷卻至少一小時。

可以做出足夠6個千層派的酥皮

**KEEPING** 保存:和所有的酥皮一樣,上了焦糖的酥皮最好在烤好後很短的時間裡使用;當然也要在完成當天享用。

# CARAMELIZED
## CHOCOLATE
## PUFF PASTRY

## 焦糖巧克力酥皮

就像它的手足－原味酥皮，巧克力酥皮可以藉由焦糖化，增添另一層風味和質地。但是，不同於原味酥皮，巧克力酥皮只在單面上焦糖，而且只使用砂糖，這會讓酥皮帶點粗糙感但光澤的外觀，甚至更酥脆的質地，以及一些甜美的焦糖風味，與巧克力是完美拍檔。

- 14盎司（400克）巧克力酥皮麵團，自製（約245頁配方的⅓份），完成狀態
- 1½大匙砂糖

1. 把烤盤紙裁成可以覆蓋一張烤盤，或蛋糕卷用深烤盤（jolly-rill pan）的大小，約18×12吋（45×30公分）。以西點專用毛刷沾了水以後輕刷潤過這張烤盤紙。準備另一張相同大小的烤盤，或深烤盤在手邊，和另一張一樣大小的烤盤紙，還有和烤盤一樣大小的冷卻架。全部都暫時置旁備用。

2. 在一個撒了麵粉的工作檯面上，把酥皮麵團擀成一個約10×14吋（26×35公分），⅛吋（4公厘）厚的長方形。以擀麵棍把麵團捲起來，再鬆開鋪放在鋪好濕潤過烤盤紙的烤盤上。用保鮮膜把麵團蓋起來，冰箱冷藏1~2小時，這是麵筋鬆弛所需的時間，好讓酥餅之後在烘烤的熱氣下可以平均地膨起，且保持它的尺寸和形狀。

3. 放進一個冷卻架在烤箱裡，並預熱到華氏450度（攝氏230度）。

4. 把烤盤從冰箱裡取出，拿掉保鮮膜，在酥皮表面撒上砂糖。把烤盤送入烤箱，關上烤箱門，立刻把溫度轉到華氏375度（攝氏190度）。烤焙8~10分鐘，在這段時間裡酥皮會膨起且開始上色。輕輕地把冷卻架放在酥皮上面－這會讓酥皮不致於膨得太劇烈－再烤10分鐘。

5. 把酥皮上的冷卻架拿開，冷卻架放旁邊。用先前準備好的烤盤紙蓋住酥皮，再蓋上另一張烤盤或深烤盤。小心翼翼把整個酥皮翻過來後，放在工作檯面上。拿掉第一張烤盤和烤盤紙；你會看到的是沒上焦糖的那面酥皮。

6. 把烤盤送入烤箱烤3~5分鐘，剛好讓上了焦糖的底層有均勻平滑的外觀就好。把烤盤自烤箱裡取出，放在冷卻架上冷卻至少一小時。

可以做出足夠6個千層派的酥皮

---

**KEEPING** 保存：和所有的酥皮一樣，上了焦糖的巧克力酥皮最好在烤好很短的時間內使用；當然也要在完成當天享用。

# SIMPLE SYRUP

## 簡易糖漿

可做出大約⅓杯
（150克）的糖漿

**KEEPING** 保存：這款
糖漿經冷卻後可立即使
用，也可以密封罐裝起
來蓋上蓋子，在冰箱冷
藏保存數月之久。

**一款混合糖與水，煮到沸騰再冷卻的糖漿，是許多雪酪（sorbets）和糖煮水果（poaching）**的基礎。

- ⅓杯（70克）砂糖
- 6大匙（70克）冷水

將糖和水置於厚底深鍋裡拌勻，以中火加熱到滾。一滾沸就立刻自爐上移開。冷卻至室溫備用。

**這款醬汁有著恰到好處的苦甜，恰如其分的光澤，使它成為冰淇淋最理想的佐料、泡芙表**層的絕佳選擇、蛋糕和塔美好的淋醬，也是鏡面巧克力Chocolate Glaze(254頁)的必備材料。

- 4½盎司(130克)苦甜巧克力，偏好法芙娜瓜納拉(Valrhona Guanaja)，切到細碎
- 1杯(250克)水
- ½杯(125克)法式鮮奶油(Crème fraîche)，自製(請參考270頁)或購自商店，或者使用高脂鮮奶油(heavy cream)
- ⅓杯(70克)砂糖

將所有材料放進一只厚底中型湯鍋裡，以中火加熱到滾，煮的過程裡不斷地加以攪拌。轉小火煨煮，以一把木匙不時地加以攪拌，直到醬汁略轉濃稠，並且會在木匙的背上沾覆一層。(它並不是真的很稠，但的確會在木匙上包覆成一層膜狀)或者，你可以用「劃一下」的方式來檢查：把木匙在醬汁裡浸一下，以手指在木匙的背面劃一下一如果手指留下的痕跡不會立刻消失，這個醬汁已經煮好了。請要有耐心一可能需費時10~15分鐘，而且不應該倉促急著完成。立刻使用，或者讓它冷卻後，冰到要使用時。覆熱時把它裝在缽盆或湯鍋裡，以隔著微滾熱水的方式加熱，或者用微波爐加熱醬汁。

約1½杯(525克)
巧克力醬

**KEEPING** 保存：這個醬汁裝在緊密封好的罐子裡，可以在冰箱冷藏保存二週，或者密封包好冷凍一個月。使用前小火覆熱。

# CHOCOLATE **GLAZE**

## 鏡面巧克力

**這是適用於各種不同糕點最理想的裝飾。它是一款很容易倒出來,而且很快就凝固定型的**
深黑色鏡面巧克力,正是你想要將大片的表面覆蓋起來時所需要的。

---

■　這款鏡面巧克力,像所有的鏡面膠,冰過後會失去光澤。以吹風機的熱風吹
幾下,就可以把它的光澤給帶回來。　■　　PH

---

約1杯(300克)
鏡面巧克力

**KEEPING 保存:**雖然
鏡面巧克力最好在完成
時立刻使用,但也可以
最多在三天前先做好,
裝在罐子裡蓋緊放進冰
箱,要用的時候再把它
裝在鍋裡,以接近小滾
的熱水隔水加熱(鍋底
不碰到熱水),或者用
微波爐以低火力,把它
加熱到適合塗抹開來的
溫度。再加熱時,不要
攪拌太多次,過多的攪
拌會使鏡面巧克力失去
它的美麗光澤。

- ⅓杯(80克)高脂鮮奶油
- 3½盎司(100克)苦甜巧克力,偏好法芙娜瓜納拉(Valrhona Guanaja),切到非常細碎
- 4小匙(20克)的無鹽奶油,室溫,切成4塊
- 7大匙(110克)巧克力醬(253頁),溫熱或室溫

1. 以小湯鍋,中火將鮮奶油加熱到滾。將鍋子自爐上移開,把巧克力一點點、一點點地分次加入,同時以杓子輕柔的攪拌。從鍋子的中央開始攪拌,並且慢慢地畫圓。當你加入更多的巧克力時,繼續輕柔的以畫圓的方式攪拌,逐漸的越畫越大圈。用立即感應溫度計測量,巧克力糊必須達到華氏140度/攝氏60度。如果溫度太低,這是常有的事,用微波爐把它加熱,或把它刮到一只攪拌盆裡或雙層加熱鍋(double boiler)*的上層,隔著接近小滾的熱水加熱,一旦溫度達到華氏140度/攝氏60度就要立刻把它自熱源上移開。如果溫度太高,要讓它冷卻到華氏140度/攝氏60度。

2. 輕柔的一邊攪拌,一邊把奶油拌入巧克力糊裡。再一次測量溫度,你的目標是華氏95~104度/攝氏35~40度,在這個溫度下,鏡面巧克力適合倒出使用。如果太涼,可以用隔水加熱的方式,或用微波爐以低火力再加熱一次。鏡面巧克力現在已經完成可以使用了。

*譯註:如果沒有專門的雙層加熱鍋,只要把攪拌盆放到另一只裝有熱水的盆或鍋上,意思就和雙層加熱鍋一樣了。

# RASPBERRY
## COULIS
## 覆盆子庫利

庫利（coulis）這個字已經從法文，變成美國的廚藝字彙，並且廣泛地使用在很多地方，從稀薄的番茄醬到濃稠的水果果泥。在這個食譜裡，庫利是一款以加了糖的新鮮覆盆子果泥製作的中度濃稠醬汁。美妙的淋在溫熱的覆盆子巧克力塔（97頁），或林茲塔（106頁）上，也巧妙地與濃郁巧克力奶油霜（224頁）搭配。

- 1品脫（220克）覆盆子
- 3大匙（45克）砂糖，或者根據個人口味再多一些

把覆盆子和糖，一起放在果汁機或食物調理機的攪拌缸裡打成漿。嚐嚐看再決定你需不需要再多加些糖。將打好的庫利以壓過網篩的方式過篩。

約1杯（265克）
覆盆子庫利

**KEEPING** 保存：可以在前一天先做好，蓋好放冰箱冷藏保存。

# CARAMELIZED
# RICE KRISPIES

## 焦糖米製脆片

這個酥脆的好滋味常用來加在甜點上，像是簡易巧克力慕斯（123頁），或巧克力米布丁
（125頁），或者壓進Pierre皮耶的牛奶巧克力獨門特點—甜美的歡愉（53頁）裡的達克瓦
茲夾層中。然而，待你把米製脆片上了焦糖，再散開在Silpat或烤盤紙上放涼後，剝成大
大小小塊狀，它們也可以像是甜味零食，簡單地拿在手上直接吃，或撒在任何口味的冰淇
淋上享用，都棒極了。這份食譜會做出比任何一道甜點所需，更多份量的焦糖米製脆片，
所以，如果你想要，可減半製作—但有些多出來的好滋味可是非常美妙。

- ½杯（100克）砂糖
- 3大匙水
- 2⅓杯（35克）米製脆片

1. 把砂糖和水放在一只中型厚底湯鍋裡煮滾。以畫漩渦的方式攪拌材料好讓砂糖溶解並
   且煮滾。之後不攪拌，繼續煮到以立即感應式溫度計測量，達到華氏248度／攝氏
   120度。（如果有砂糖黏在鍋邊，這在烹煮的一開始可能發生，以一支蘸了冷水的西點
   用毛刷，把它刷下來。）

2. 加入米製脆片，以一把木匙或木鏟，把米製脆片攪進糖裡。把鍋子自爐上移開並且繼
   續攪拌，直到脆片披上一層糖衣，費時約2~3分鐘。這時糖會呈白色，且看起來像砂
   一樣—不要期待在這個階段看到很平整的糖衣。把脆片倒出來到一只盤子上。

3. 在工作檯上舖一張矽膠墊或烤焙紙，並且準備一把金屬鏟子或煎餅鏟備用。把湯鍋洗
   淨擦乾後放回爐子上。燒熱湯鍋後加入一半份量上了糖衣的脆片。以木匙或鏟子，不
   停地將脆片加以攪拌，直到表面的糖焦糖化—目標在將糖煮成淡琥珀色；費時約4分
   鐘。把焦糖化了的米脆片倒在烤焙紙上—試著不要倒成小山似的—並且以金屬鏟子或
   煎餅鏟很快地把它們弄平。把鍋子洗淨，並且以相同的手法將剩下的脆片處理完畢。

4. 待脆片放涼到可以操作的程度，把它們剝開成不同大小的塊狀

可做出約2½杯
（150克）

**KEEPING** 保存：如果
氣候不潮溼，最多你可
以在一天前把這裹了焦
糖的米製脆片先做好。
將小塊狀的焦米製脆片
用罐子裝好，保存在陰
涼乾燥的地方。

＊譯註：Rice Krispies 是一類似玉米脆片的穀物早餐脆片的名稱，不同的是它是米做成的。可用已經爆好，還沒拌麥芽
糖做成爆米花的爆米粒取代。

# CANDIED
## CITRUS PEEL
### 糖漬橙皮

**不論你使用的是葡萄柚、柳橙或檸檬，這個食譜會帶給你厚厚的、在甜美而辛辣的糖漿裡**
充份浸漬過的糖漬橙皮。糖漬後，這果皮可以保存在它的糖漿裡，隨時可以切了用在佛羅
倫汀（75頁），風乾後拌以砂糖搭配咖啡、茶或者風乾後蘸以調過溫的巧克力（260頁）。

- 4個葡萄柚，最好是紅寶石（Ruby Red）品種，5個柳橙，或6個檸檬
- 4杯（1000克）水
- 2⅓杯（470克）砂糖
- ¼杯（60克）現榨檸檬原汁
- 10顆黑胡椒粒，磨碎備用
- 1顆八角
- 從1條飽滿潤澤的香草豆莢刮出來的香草籽（請參考第279頁）

1. 把一大鍋的水燒開，並且準備一把濾杓。用一把尖銳的刀子，把水果的蒂和底部各切
   掉一薄片，再從蒂往底的方向，切下果皮，切成約1吋（2.5公分）的寬條，要確認你
   切每一片果皮的時候，也切到一薄片的果肉。把果皮放入熱水裡加以攪拌，煮約二分
   鐘。用一把漏杓把果皮從水裡取出（不要把水倒掉－待會你會用到它。）並放在濾杓
   裡。把果皮放在流動的冷水下沖二分鐘，再重覆燙煮和沖冷水的步驟兩次。暫時放置
   一旁備用。

2. 把所有其它材料，放在一只大砂鍋裡煮滾。加入果皮，蓋上鍋蓋，控制火力讓糖漿慢
   火加熱。讓果皮小火燉煮，不時地加以攪拌，煮一個半小時，至此果皮應該已軟化並
   且澈底糖漬。把砂鍋自爐上移開，鍋蓋仍然蓋著，好讓果皮浸泡隔夜。

3. 隔天，把果皮和汁液倒入一只罐子裡冰箱冷藏保存，或把果皮攤平在一個網架上使其
   風乾。等果皮乾了，你就可以把它放在砂糖（份量外）裡拌一拌，讓它裹上一層粒狀
   糖衣。

可供12人享用

**KEEPING** 保存：浸漬
在糖漿裡的果皮，裝在
密閉罐裡，可以冷藏保
存三週。乾燥沾裹了砂
糖的果皮，裝在密閉罐
裡，可以保存四天。

# CHOCOLATE SHAVINGS
# AND CURLS
## 巧克力刨片和捲片

**在表面撒上一層巧克力刨片或捲片，可以讓蛋糕或塔有著俊俏、傳統和專業的外觀。你可**
以用任何一種巧克力來製作刨片和捲片－白巧克力、牛奶巧克力或黑巧克力、半甜巧克
力、苦甜巧克力或甜巧克力－秘訣在使用塊狀的巧克力磚（你必需有足夠操作的空間）和挑
選一把蔬果削皮刀，有著你偏好的刮法和捲度，堅固和銳利的刀片。製作時，選擇固定式
刀片最好，而不是會轉動的削皮刀。如果你想做出大片的、寬幅的、或比較開闊的刨片或
捲片，你會需要一把麵團刮刀（dough scraper）。

- **1塊巧克力磚**

1. 選擇一塊大到足以讓你以傾斜角度地握著，並且要夠長和夠寬（至少有一面），可以
   用果皮削刀往下一路刨到底，並且得到足量的巧克力。如此你才能順利削下刨片和捲
   片，而不是削出巧克力碎屑或巧克力塊，巧克力磚必須在室溫下－華氏75度／攝氏
   23度最好。如果無法讓巧克力磚處於華氏75度／攝氏23度的室溫裡，那麼你可以帶
   著巧克力磚和你的勇氣，把這塊巧克力很快地（事實上是非常非常快地）在火焰或電熱
   爐上劃過。等約二分鐘，再重覆一次這大膽的動作。至此，巧克力磚應該已經溫熱到
   足以刨下。

2. 在一張烤盤紙或蠟紙的上方，以傾斜的角度握住巧克力，以果皮削刀由上往下，在巧
   克力的一面上，刨出短而肥的巧克力捲片或小塊刨片。這個並不難，但它的確需要一
   點練習好找到適用於巧克力和削刀間正確的角度，和恰當刨的力道。（要得到較寬的刨
   片和捲片，以相同的技巧，但改以麵團刮板取代果皮削刀。）失敗的部份可以吃掉，
   或用於需要融化巧克力的食譜裡，成功的可以用麵團刮板鏟起，並且立刻使用，或以
   另一張紙蓋好，放於室溫下備用。

**KEEPING** 保存：巧克
力刨片和捲片可以放在
陰涼處或冷藏保存數
小時。

# TEMPERED **CHOCOLATE**

## 巧克力的調溫

**巧克力的調溫，是指巧克力經過融化、冷卻、再加熱的整套流程後，變為凝固、有光澤，**
並且可折斷的，這表示它可以很脆很俐落的折斷。真的，易斷和光澤是妥善調溫後巧克力
的註冊商標；這正是巧克力棒和蘸了巧克力的糖果，如此迷人的原因。

當你可以使用不需調溫的巧克力，做出大部分Pierre皮耶的配方（巧克力混入麵糊、
麵團或奶油霜，而無需調溫），你會想知道巧克力如何調溫，好製作皮耶的糖果－例如，
他的果乾與堅果巧克力（177頁），糖漬薄荷葉蘸巧克力（179頁），糖漬橙皮（257頁），與
脆皮巧克力焦糖杏仁（171頁）。而且你一定會想知道，如何調溫牛奶巧克力，以製作甜美
的歡愉（53頁）頂端那層以牛奶巧克力片裝飾的巧克力薄片。

調溫有所講究但並不困難。它需要耐心和精準，但並不需要技巧或靈巧。為巧克力調
溫，你要從優質的白巧克力、牛奶巧克力或苦黑巧克力，那些已經"調和in temper"的開
始（市售"真正"的巧克力塊或磚，已經調和完成），融化後，可可脂的晶體改變排列，變
得不穩定；冷卻，讓晶體以一種不同於原始的方式組合；接著再次加熱，讓晶體回覆到原
始穩定的狀態。一旦巧克力已完成調溫，成為液態，你可以拿它來做蘸醬，披覆或灌模，
它會呈現閃耀、平滑、而且，如果你調溫正確，它不會產生任何斑紋。

當你完整的進行第一次巧克力的調溫，有可能你的巧克力還是會在某些地方，產生斑
紋或有一些其它的不完美，第一次時難免。若真發生了，你所損失的只是一些時間－這些
巧克力可以融化，再次進行調溫後使用。

最好用多少巧克力來調溫，要給出具體數量很困難，但肯定的是大量巧克力的調溫比
小量來得容易。我們建議你用一磅的巧克力來進行調溫，但是你當然可以，採用更多份量。

- **至少1磅（450克）絕佳品質的巧克力，偏好法芙娜加勒比Valrhona Caraïbe（苦甜巧**
  **克力）、吉瓦哈 Jivara（牛奶巧克力）、或者象牙Ivorie（白巧克力），切到細碎**

I. 準備一支巧克力專用或立即感應式溫度計，並且如果你需要完成調溫的巧克力保持溫
   熱，且在一定溫度下，需要準備一塊加熱板（以毛巾包覆並整個放入塑膠袋中－保持
   乾淨）或一盞加熱燈。

2. 把巧克力放在一只缽盆裡，隔著微微滾的熱水－底部不接觸到熱水－加熱融化巧克力，或者用微波爐加熱。(如果你打算使用"種子法 seed"調溫，參考下面的步驟 3，保留 ¼~⅓ 的巧克力碎備用，不融化。)你如何融化巧克力並不很重要，最重要的關鍵是它的溫度要達到大約華氏 120 度(攝氏 49 度)。巧克力完全融化很重要，至少必須達到華氏 115 度(攝氏 45 度)。如果你用微波爐來融化巧克力，最好加熱一分鐘，攪拌一下，再加熱 45 秒，攪拌，然後以 30 秒或更短的時間，分次加熱，每次加熱後都要攪拌，直到它融化並且溫度達到華氏 115~120 度(攝氏 45~49 度)之間。

3. 把巧克力自爐上移開。巧克力在此時必須降溫到介於華氏 80~83 度(攝氏 27~28 度)。你可以把巧克力留在室溫裡，偶爾加以攪拌，直到它達到正確溫度，或者你可以加些切碎的巧克力(和你使用來調溫一樣的巧克力)到融化的巧克力裡(這稱為"播種 seeding")，加入的巧克力碎總重不能超過融化的 30%。不論你是使用讓巧克力在室溫下冷卻，或者再加巧克力碎進去的方法，留意它的溫度。當巧克力的邊緣開始凝固，你知道它已經快接近正確溫度了。

4. 最後步驟是再次加熱巧克力，並且使可可脂再次結晶。再一次，你可以這樣做，藉由把巧克力放在一只缽盆裡，隔著微滾的熱水－底部不接觸到熱水－或者把它放在微波爐裡。不管用哪一種方法，要讓巧克力以非常短的間隔加熱，而且要對溫度非常的留意，因為你並不想要把溫度升高太多。這是你的目標：苦甜巧克力應該在華氏 87~89 度(攝氏 30~32 度)間加熱，牛奶巧克力應介於華氏 85~88 度(攝氏 29~31 度)間。(如果溫度高過範圍裡的最高溫，你必需從頭重新來一次，再次加熱巧克力到華氏 120 度／攝氏 49 度，冷卻後，再次加熱它。)

5. 巧克力現在已經完成調溫可以使用了。如果你要檢查是否做得正確，以一把刀浸入巧克力中，再把刀放進冰箱冷藏室幾秒鐘－它應該會產生一層光亮、沒有斑紋的巧克力層。維持巧克力溫熱不失溫，可以把它放在包好的加熱板上，把加熱板設定在最低溫，或者把它放在一盞紅外線加熱燈下。如果你使用加熱燈，讓它距離缽盆約 1 呎(30 公分)遠，並且隨時留意一下巧克力；你不想冒著過度加熱它的風險。

# A DICTIONARY
専有名詞、技巧、設備和材料字典

## OF TERMS, TECHNIQUES, EQUIPMENT,

## AND INGREDIENTS

## Acetate 醋酸纖維板

你可能會用來做成報告封套，或用來保護粉彩素描不被弄髒的透明醋酸纖維板，提供一個讓調溫巧克力，進行最後的靜置以回覆到光亮程度的理想表面。雖然你可以把這類的巧克力糕點，像是果乾與堅果巧克力（Mendiants）或是佛羅倫汀（Florentines），放在一張烤盤紙上（或者甚至一張矽利康烤墊上）靜置和晾乾，用來做成甜美的歡愉（Plaisir Sucre）所需的巧克力薄片，只能在醋酸纖維板上凝固。當調過溫的巧克力，和醋酸纖維板完美平滑、與生俱來的不沾表面一接觸，會形成專業製作巧克力的註冊商標－平滑、帶有光澤的表面。你可以在辦公用品專賣店，買到醋酸纖維板材質的報告用封套，或者在美術用品店買到不同尺寸的醋酸纖維板。

## Almond paste 杏仁膏

杏仁膏是一種混合了磨碎杏仁、白糖粉和玉米糖漿（corn syrup）或葡萄糖（glucose）的混合物，可以在超市買到，罐裝販售的貼有 Solo 牌標籤，長條狀的則是 Odense 牌，來自一家丹麥製造商。（本書裡的食譜均經兩個品牌試作實驗，雖然多數試吃員偏好來自 Odense 牌的杏仁膏。）兩種杏仁膏都可保存於室溫下直到你要用的時候，但任何用剩的都會很快地乾掉，除非你用兩層或三層保鮮膜包好。仔細包好的杏仁膏可以冰箱冷藏保存約六個月。雖然杏仁膏比杏仁糖膏（marzipan）來得穩定，本食譜裡的配方你可以兩者互換取代使用。

## Almond powder 杏仁粉

英文又名 almond flour 的杏仁粉，就是把去皮杏仁儘可能細磨成粉狀（榛果粉也是）。你可以買市售的杏仁粉（281頁，食材購買來源指南），或者在自己家裡做出一樣好的替代品。在家裡製作杏仁粉（或榛果粉），把去了皮的杏仁（可以是整顆的，片狀或條狀的），放進裝了金屬刀片的食物調理機裡。（或者使用去皮的榛果），把食譜裡一部份的砂糖加入－砂糖有助於讓杏仁不致打成杏仁醬－再打到和麵粉一樣細，費時至少三分鐘。每隔一分鐘停機檢查你的進度，並且把沾附在缸邊的刮下來。打好後，以一把木匙，用壓的方式以中度細的網篩加以過濾。密封包好的杏仁粉可以冷凍保存二個月，所以一次做出比任何食譜需要用到的量更多一些，是值得的。

## Baking powder 泡打粉

書裡用到泡打粉的食譜在試作實驗時用的都是雙效泡打粉，一種膨鬆劑在和液體混合時會產生第一回合的膨脹作用，進烤箱一受熱會再度發揮作用。泡打粉要密實包好放在陰涼乾燥的櫥櫃裡，並且，不要管罐子上印的有效期限到什麼時候，每六個月就要把開封過的替換掉。

## Baking sheets 烤盤

本書使用的烤盤是家庭烘焙者通稱為餅乾烤盤的那種，一大張平坦的金屬烤箱，比較短的一邊或兩邊稍微高起。高起的邊讓你在把烤盤送入或自烤箱取出時有地方可以握著，長的沒有邊的那頭方便你把餅乾或塔放入烤盤或自烤盤裡取出。買烤盤時，買你能買到最大的，確認放進去後，烤盤和你的烤箱內壁還有至少1吋，最完美是2吋，的空間。因為烤盤經常使用於高溫下，買你能買到最厚重的使用起來效果才好，烤盤也才不會彎曲變形，並且買至少兩張－四張甚至更好。因為所有生的還沒烤的東西都不應放到一張熱烤盤上，擁有兩張烤盤表示其中一張正在烤箱裡烤焙時，你可以把另一批餅乾排好放在另一張烤盤上。

擁有至少一張不沾烤盤是個好主意。雖然多數時候你會在烤盤表面舖上烤盤紙，還是有些餅乾，例如瓦片，用不沾烤盤來烤效果最好。

最後，因為隔熱烤盤（insulated baking sheet），內建氣墊（air-cushioned）那種，並不適合用來烤餅乾。－它們不能讓足夠的熱直擊餅乾底部－它們用來墊在底火不需太強的長條蛋糕下烤焙很棒。你總是可以把兩張普通烤盤疊在一起，或者，如果你用火力較小的烤箱烘焙，在一張普通烤盤上放一張厚的瓦楞紙板以製造出這種保護效果，有一張多功能隔熱烤盤很好，如果可以，把它列入料理工具裡的附加項目。

## Baking time 烤焙時間

烤焙時間通常以一個範圍來標示（例如"烤焙30~35分鐘"）因為即使相同的蛋糕每一次烤焙時間也不會完全一樣。安全起見，你應該總是在標示範圍裡的最短時間時檢查蛋糕烤好了沒，（甚至再早個幾分鐘，特別是如果蛋糕或塔已經在烤箱裡烤焙30分鐘或以上），並且永遠留意外觀所提供的線索，例如：上色程度、隆起、或內縮－這些現象經常會是你最好的判斷依據。

## Batterie de cuisine 料理工具

這個法文名詞指的是所有工具、小器具、和用來準備食物的鍋碗瓢盆。

## Bench or dough scrapers 工作檯刮板或麵團刮板

麵包師傅最常用，工作檯刮板或麵團刮板也是糕點師傅的好工具。刮板的一端是一塊方形金屬板，連接著一個木頭或塑膠的把手。它不只讓帶黏性的麵包麵團變得好操作，也非常適合在擀整西點麵團後用來清理工作檯面。一旦你用這種刮板上手後，你會把它當成雙手的延伸，並且把它放在隨手可得處，好用來分割麵團、或把材料，像是切碎的水果和堅果，從砧板移到攪拌盆裡，而覺得分外方便。

有彈性的麵團刮板，或者缸盆刮板，像個山洞形狀的塑膠刮板，可以彎曲刮到碗的邊邊的部份，並且取出最後殘留的麵糊和麵團。這些小工具也很適合用來把脆弱的餅乾，像是瓦片（tuiles），自烤焙紙上取出。特別是那種邊緣略帶有斜角的彈性刮板更是如此。

## Black pepper 黑胡椒

皮耶Pierre把他的胡椒研磨器放在烘焙廚房裡隨手可取得處，使用辛辣香料可讓水果甜點激出火花，就好像那些胡椒讓杏桃、鳳梨和莓果更有個性的用法。胡椒永遠要新鮮現磨－連想都不要想從超市的香料架上買磨好的胡椒粉。皮耶最喜歡的胡椒是沙嘮越的，一種來自婆羅州的黑胡椒，他喜歡它內斂的辣法和迷人的香氣。因為它不是到處都買的到，經常是在專賣店的展示架上，Flavr Bank一家做全國性零售辛香料公司，提供2盎司塑膠管狀包裝。（請參考本書第281頁裡的食材購買來源指南）

## Blender 果汁機

大多數時候，當食譜裡說把什麼放進果汁機裡，你大可以使用食物調理機或者經常可以用手持式均質機來取代果汁機。然而，相反地倒過來就不是那麼一回事了。例如：用食物調理機來做西點麵團很棒，但果汁機就無藥可救的行不通。

## Butter 奶油

奶油沒有替代品，不論風味或質地。永遠不要使用瑪琪琳（margarine）或那些稱為"抹醬spread"的替換－結果只會慘不忍睹。多數的食譜使用的是無鹽奶油，有時被稱為"甜"奶油。但是也是有一些食譜，最常見的是焦糖，要使用含鹽奶油。如果你沒有含鹽奶油，使用無鹽奶油並加一小撮的鹽。

奶油應該保存在冰箱裡，包好並且遠離那些帶有強烈氣味的食物。密封包好的奶油，可以冷凍保存長達六個月。

本書所有食譜都以全國性超市裡都買得到的Land O'Lakes牌奶油試作實驗過。

Measuring butter 秤量奶油：視用量而定，你會發現奶油的量法分別以幾湯匙或幾條（或幾分之幾條），並且通常同時以盎司數標示出來。知道「3小匙等同1大匙（15克）」、「一條等於8大匙」是有幫助的；這些用量通常會標示在奶油的包裝紙上。每一條重4盎司（約115公克），一磅（454公克）裡有四條。

Softening butter 軟化奶油：當一份食譜裡說把奶油軟化，它指的是奶油要俱備可塑性，但不是膠黏或油滑狀的。你可以把奶油放在室溫下使之達到軟化的階段，你可以用你的手掌根（手掌心下方接近手腕那塊）或法式無手把擀麵棍兩端中的一端給它好好敲個幾下；或者你可以把它在未包裝下放在廚房紙巾上用微波爐加熱約10秒鐘（最快但也最冒險的方法）。

Buttering pans 替烤模塗上奶油：烤模必須塗上軟化而不是融化的奶油。在烤模內緣整個表面薄薄塗一層，要特別留意容易被忽略和很難塗到的角落。雖然說揉成一團的廚房紙巾也很好用，最容易塗得均勻的方法是用一把甜點專用毛刷蘸軟化的奶油來塗。另外你也可以使用植物油成份防沾噴霧來為烤模上油（像是Pam這個牌子的）來為小烤模像是瑪德蓮或費南雪模，取代奶油來薄薄上一層油，這樣更容易些。

當食譜要你爲烤模塗油撒粉時，你先在烤模的內緣如常塗上奶油，然後撒上幾匙的麵粉。搖晃烤模好讓麵粉遍佈烤模的底部，接著傾斜並輕敲烤模好讓烤模側邊也上一層薄粉。在垃圾桶上方把烤模上下顛倒，輕敲以去除多餘的麵粉。

你用來塗油撒粉的奶油和麵粉用量，從來都不包含在配方裡－它永遠是在配方份量以外的。

## Cake pans 蛋糕模

做出本書裡的食譜配方，你需要一般的蛋糕模cake pans和長條蛋糕模loaf pans、甜點dessert rings或蛋糕圈模cake rings(請見後敘說明)、和塔tart或布丁圈模flan rings(請參考278頁)。大多數構成Pierre皮耶的法式蛋糕(gâteaux)的蛋糕體若不是用甜點圈模就是用塔圈模烤焙而成。例外的是蘇西的蛋糕 Suzy's Cake，要用直徑9吋(24公分)、邊高至少2吋(5公分)的圓形蛋糕模來烤焙。

要把長條蛋糕從它們的法式規格，轉換成美國相對應的模型特別的困難，因爲我們稱爲moule à cake的法式長條模和美國的蛋糕模之間，有著很大的不同。法國的蛋糕模是細細長長，帶著經常是向外傾斜出去的兩側，而美國的蛋糕模，大多比較短、比較胖且比較直。然而，要以美式長條蛋糕模，來製作皮耶的簡易法式長條蛋糕是沒有問題的。你會需要：二個7½×3½×2½吋的蛋糕模(或一個18公分的法式長條模)，和一個9×5×3吋的蛋糕模(或一個28公分的法式長條模)。在製作長條蛋糕時，避免使用深色金屬烤模－這種蛋糕要長時間烤焙，而深色的烤模吸熱並保持溫度，會讓蛋糕邊上色太深。買不買表面經不沾處理的蛋糕模，是個人的選擇；然而，如果食譜裡說要在蛋糕模裡舖烤焙紙，你就要舖，不管蛋糕模的表面是什麼材質。

## Cake (or dessert) rings 蛋糕(或甜點)圈模

絕大多數皮耶Pierre的蛋糕以甜點或蛋糕圈模組合(部份是烤)而成，名爲甜點的圈環cercles d'entremets－是指沒有底盤的不鏽鋼圓邊，高1½吋(4公分)。大多數的蛋糕以直徑8¾吋 / 22公分的圈模組合成，一部份用直徑10¼吋 / 26公分的圈模。

把一個圈模當個"模型"來組合一個蛋糕，每一次你都會做出一個有著直邊、光彩、專業外表的蛋糕。使用一個圈模比徒手填餡和疊起一層層來得容易多了(而且比較整齊)。如果你從來沒用過圈模，第一次把一個圈模拿開(請參考吹風機273頁)，只需看一眼你的多層蛋糕、奶油醬、慕斯或水果，排得像軍隊一樣工整，會令你興奮不已－而且使用蛋糕圈模比徒手填餡，和堆疊蛋糕來得容易多了(也會更整齊)。

既然甜點或蛋糕圈模(塔圈模或餡餅圈模請參考278頁)是歐式和專業設備裡的必要配備，丈量單位以公分和英吋同時標示。真的，在很多商店裡你會發現只有列出公制尺寸，事實上，如果可以，你最好依公制尺寸來買這些圈模。甜點圈模可以在專業烘焙和餐飲供應商那買到，還有供貨充足的居家用品店(請參考281頁食材購買來源指南)。圈模一個大約要美金10~15元，而且有1~2個直徑8¾吋 / 22公分，或直徑10¼吋 / 26公分的圈模在手邊是值得的，特別是如果你計畫一次端上不只一個蛋糕。不要受那些可以從很小調整到"大到超過你實際需要"的「可調整圈模」所引誘。那些使得這種圈模可以調整大小的環扣，也會在你的蛋糕側邊留下凹痕。同時，不要買任何黑色金屬的圈模－它會讓奶油醬和內餡變成不討喜的顏色，並且讓任何酸的東西產生出走樣的氣味。

如果你沒有甜點圈模，你可以用一個適當尺寸的活動蛋糕模來代替，但你永遠不會做出完美平整的側邊，那是甜點圈模的註冊商標。

## Candy thermometer 煮糖溫度計

又名sugar thermometer的煮糖溫度計，可以量出高達華氏400度(攝氏200度)的溫度。當一支立即感應式溫度計(273頁)已適用於本書裡多數的食譜，一支煮糖溫度計是針對操作砂糖所特別設計，並且在你製作糖漿和焦糖時最有用。煮糖溫度計的水銀槽安裝在高於溫度計的底部之上。這意味著你可以把它插進鍋裡，碰到鍋底，並且不必擔心量出來的溫度，反應的是鍋底的溫度而不是鍋子裡混合物的溫度。而且，大多數的煮糖溫度計附有別針，讓你可以把它固定在鍋邊，就可以一直不必動手只用眼睛看，也可以讀到溫度。如果你打算認真製作糖果，這是你廚房裡必要準備的工具，但要記住的是，一支煮糖溫度計用來測量巧克力溫度並不恰當，因爲它量不出低於華氏100度（攝氏38度）的溫度。

## Cardboard cake rounds 厚紙板蛋糕圓盤

如果你手邊有一疊厚紙板蛋糕圓盤可隨手取用會讓你在糕點廚房裡的許多小任務變得容易許多。這種圓盤，可以在烘焙材料行、專賣店、和以郵購（請參考281頁食材購買來源指南）的方式買到，是以瓦楞厚紙板製成，有一面是平整潔白的紙質，有著不同的尺寸，直徑10吋（25公分）是最方便的尺寸因爲夠大而適用於任何蛋糕，還可以把它裁成需要的尺寸。所有要用到甜點圈模和塔模組合而成的食譜最好是在一個厚紙板蛋糕圓盤上組合完成。然而，如果你不想買這種圓盤，你可以使用活動式有花邊的金屬塔模或活動蛋糕模的底盤。

## Chocolate 巧克力

雖然有各式各樣不同的巧克力，從"苦到一口就會令你發抖"，到"甜到令你生膩"，顏色範圍從桃花心木到象牙色都有。所有的巧克力從巧克力漿開始，磨碎的可可豆的尖端。巧克力漿（chocolate liquor）是純的巧克力－它是約一半的可可脂和一半的可可所組成－是無糖巧克力（unsweetened chocolate）的全部，無糖巧克力在美國有時稱爲烘焙用巧克力（baking chocolate）。把純巧克力從苦甜巧克力變成半甜巧克力到甜巧克力，要加糖，並且通常成份裡會含更多的可可脂（特別是用來融化或沾覆的巧克力），有時候還要再加些可可粉。既然巧克力漿決定巧克力風味的深淺－巧克力味的濃淡－巧克力漿的比例越高，巧克力味就會越濃，也越不甜。

在美國，巧克力裡的可可漿的最低含量（但沒有最高含量）由食品藥物管理局（FDA）決定。因此，某家的苦甜巧克力可能嚐起來像另一家的半甜巧克力（FDA讓這兩個名字變成沒有區別），兩者都必須含有至少35%的巧克力漿。甜巧克力，經常被大型商業美式製造商指定使用，標示至少含有15%巧克力漿，牛奶巧克力必須含有至少10%。

大多數，美國巧克力，尤其那些超市買得到的受歡迎品牌，比上等品質的進口巧克力甜很多，巧克力味也比較淡。數字上顯示甜多少、巧克力味淡多少？誰知道呢？製造商並沒有被要求列出他們的產品裡含有巧克力漿的比例。事實上，這比例只在少數非常高品質的進口巧克力的包裝上有列出來，像是法芙娜（Valrhona），第一家公開標示巧克力漿、可可脂和可可比例的公司。

法芙娜，法國製造，是皮耶Pierre用於甜點的巧克力首選，所有的巧克力食譜都以法芙娜做測試並進而建議了數種你可以使用的法芙娜巧克力。如果你從來沒有嚐過法芙娜巧克力（或其它類似上等品質和高可可漿比例的巧克力），你可以爲了驚喜而試試。它們是如此的巧克力，以至於在嚐到的第一口可能都感覺不像巧克力。它們最棒的地方在於有著如此多層次的風味，而會令人聯想到通常用來描述紅酒的詞彙。所以一如紅酒，你應該使用你最喜歡的。皮耶對這點很堅持。他說「最好的巧克力是你喜歡的那個。」如同他指出來的，你可能覺得含70%可可漿的巧克力嚐起來一點也不苦，因爲它含有更多的可可脂和更少的可可。百分比只是一個標示，是一個顯示出巧克力深度相當好的指標，特別是當你正要開始踏上通往優質巧克力之途。

把事情弄得再複雜些，百分比不是全部。可可豆來自哪裡也影響了巧克力的風味。行家認爲來自中南美洲和加勒比海的克里奧羅（criollo）和千里塔里奧（trinitario）巧克力豆比起來自非洲和巴西，香氣較弱（且產量較大）的福拉斯特洛（forestero）可可豆來得品質優良。找出什麼會取悅你的方法是，品嚐、品嚐、再品嚐更多。以下是皮耶食譜裡用到的法芙娜巧克力：

| | |
|---|---|
| 瓜納拉 Guanaja | 70.5%可可 |
| 加勒比 Caraïbe | 66.5%可可 |
| 孟加里 Manjari | 64.5%可可 |
| 黑美食 Noir Gastronomie | 61%可可 |
| 吉瓦哈牛奶巧克力 Jivara Milk | 40%可可 |
| 象牙白巧克力 Ivoire White | 35%可可 |

這些巧克可以在專門的店裡買到，也可以直接跟法芙娜（Valrhona）買。（請參考本書第281頁食材購買來源指南）

Storing chocolate巧克力的保存：最好把巧克力放在

陰涼、乾燥的櫥櫃裡，遠離光源。事實上，巧克力會因包裹在鋁箔紙裡而受惠，那不只是隔絕光線而已，也會讓巧克力免於吸收異味。和奶油類似，巧克力會吸收附近食物的味道。不要把巧克力儲存在冷藏室或冷凍室裡－你在冒著讓它和它的天敵－溼氣，接觸的危險－也不用擔心如果它出現"白花現象"，混濁或灰灰的外觀。"白花現象"不吸引人，它是個提示，表示你把巧克力存放在一個溫暖處，也是一個指標，顯示巧克力裡的可可脂已經分離了－但它並不會影響巧克力的風味，或者是否可以恰當的融化。事實上，當巧克力融化後，可可脂會自行再度結合，白花現象會消失無蹤。保存恰當的巧克力，無糖、苦甜和半糖巧克力都可以保存一年或一年以上。

Melting chocolate融化巧克力：巧克力隔熱水加熱或用微波爐加熱，可以安全地融化的很平均。不管你使用哪一種方法來融化巧克力，你都應該從先把巧克力切成平均小碎塊開始。

隔熱水融化巧克力，把巧克力放在一只耐熱碗裡，並且把這碗放進一只加了小量微滾，非大滾，熱水的湯鍋裡－要確認裝巧克力的碗的底部不會碰到熱水。（你也可以把巧克力放在雙層鍋的上層，隔著微滾的熱水）維持很小的火力並且時常攪拌巧克力。一旦巧克力已經融化，立刻把它從爐上移開；攪拌到變平滑爲止。

用微波爐融化巧克力，把巧克力碎片放進一只可安全使用於微波爐的容器裡。以中火加熱1分鐘，攪拌巧克力，再繼續每隔30秒加熱一次，直到融化。（如果你一次要融化4盎司約115克或超過4盎司的巧克力，你可以從一次加熱2分鐘開始，並且中間間隔較短的時間。）持續地檢查巧克力很重要，因爲微波爐有辦法讓巧克力仍維持原狀，即使它已經完全融化。－一個可能讓你報廢一整批巧克力的騙局。避免發生這種不測，要壓壓看巧克力以檢查是否融化。

不論你用隔水加熱或微波爐來融化巧克力，切記水是巧克力的敵人。即使只是一滴的水濺到在融化過程裡的巧克力，都足以令它緊縮且變暗淡。然而，如果一份食譜指定把巧克力和液體一起融化（例如：奶油），不用擔心－只有在融化過程裡跑進的水份才會給你帶來問題。

巧克力調溫的相關訊息請參考260頁。

## Cinnamon肉桂

就法國甜點主廚而言，皮耶 Pierre 算是個異數，因著他那可媲美美國人般對肉桂的熱愛。並不特別受法國人青睞的肉桂，棒狀或粉末狀，都是皮耶覺得有吸引力並經常使用的香料。皮耶偏好的肉桂來自錫蘭，如果還不能在你的超市架上找到，可以透過 Peney's 的目錄郵購取得（請參考第282頁的購買來源指南）。根據皮耶的說法「那些說不喜歡肉桂味的人在嚐過錫蘭的肉桂後會改變他們的想法。」他把這歸功於錫蘭肉桂溫和的味道。

市面上多數的肉桂來自中國，但事實上並不是真的肉桂，而是肉桂的堂兄妹，桂皮（cassia）。桂皮的顏色比較深、比較甜，味道比肉桂來得重。本書裡所有的食譜你都可以使用任一種肉桂來製作，但如果你可以取得來自錫蘭的肉桂，做個味道上的比較實驗吧－你會發現結果很有意思。

肉桂棒（sticks），法文或英文也稱作肉桂管（quills），可以在室溫下無限期保存*；肉桂粉，和所有磨成粉的辛香料一樣，在罐子裡會漸漸失去它的味道和香氣。最好每六個月就把開封後的肉桂粉給換掉。

＊譯註：作者所述意指在美國的室溫與氣候下）

## Cocoa powder可可粉

本書的食譜均以荷式處理可可粉（Dutch-processed cocoa powder）實驗試作過，那是經鹼化處理的可可粉。荷式可可粉的顏色比一般可可粉來得深，也比未經鹼化處理的可可粉來得不酸。當書裡的配方提到可可粉時，指的永遠都是無糖可可粉。

譯註：荷式處理可可粉指的是十九世紀由荷蘭巧克力商發明的一種可可粉，特色是經鹼化處理以中和酸性。在台灣，請使用純度高、不含糖的優質高脂可可粉，勿使用防潮可可粉於烘焙，或作爲巧克力產品的製作材料，防潮可可粉僅適用於表面裝飾。

## Coconut椰子

本書所有使用到椰子的食譜，都是指必須使用無糖細磨乾燥椰子。在部份超市可以買到，無糖椰子，很容易在健康食品店或天然食材商店找到。在法國，乾燥椰子細磨到快成粉末狀。把美國的乾燥椰子做這樣的最佳處理：用食物調理機或攪拌機把乾燥椰子和少量砂糖一起打碎（一份食譜差不多用1滿匙的砂糖）。

## Coconut milk 椰奶

濃郁而黏稠，罐裝的椰奶可以在多數超市和亞洲食品店買到。永遠使用不加糖的椰奶，並且不要把它和椰漿（coconut cream）混為一談（市面上看得到的多數是Coco Lopez牌的），那個可以用來做椰子、鳳梨和白蘭姆酒調酒（piña coladas），但不適用於西點製作。

## Cooling racks 冷卻架

帶有細間隔金屬網的冷卻架是糕點廚房裡的必要裝備。不管你買什麼尺寸的冷卻架，要確認它們很堅固並且有腳架，讓它可以距離檯面至少半吋（1.5公分）高－你需要空間，好讓空氣在冷卻架上的蛋糕或西點間循環流通。有三個圓形冷卻架用來冷卻蛋糕和派塔；和至少一個大的長方形冷卻架用來冷卻餅乾是很好的。

## Coulis 庫利

Coulis是一個法文詞彙，發音：庫利，意指用水果果泥或蔬菜泥做成的醬汁；想像一下覆盆子庫利的樣子。

## Cream 鮮奶油

鮮奶油是讓甜點更濃郁、柔滑和輕盈（打發以後）的材料。本書所有食譜使用的鮮奶油是高脂鮮奶油（heavy cream），但如果你所在的市場只進用來打發的鮮奶油（Whipping cream）（因為美國有些地區是這樣），就買這個來做吧。這兩種鮮奶油的區別在於它們的乳脂含量。高脂鮮奶油含36~40%的乳脂，打發用鮮奶油含30~36%，這樣細微的差別無妨。不同於低脂鮮奶油（light cream），高脂鮮奶油和打發鮮奶油都可以用來打發。

　　Whipping cream 打發鮮奶油：鮮奶油在冰涼時打發效果最好。鮮奶油在碗和攪拌棒都處於冰涼的狀態下也較容易打發。如果你使用的是電動攪拌機，以低速開打，等鮮奶油略變濃稠後再提高轉速。因為完美打發鮮奶油（那種打發到瀕臨要變成奶油般的鮮奶油）和打過頭的鮮奶油之間的界線很細微，最好是永遠把鮮奶油打發到比所需的硬度再軟一點點，再以手持打蛋器打個幾下，以手工完成。雖然打發鮮奶油最好在使用前的最後一分鐘才打好，需要時，打好的可以放著一下下－只要把它冰起來，並且有確實用保鮮膜包好，不然打發好的鮮奶油就像磁鐵一樣，會吸附冰箱的異味。

譯註：鮮奶油打發至五分發（medium peaks 微微下垂）已經不具流性，但還不到很硬的發泡或堅挺的程度，攪拌器尖端的鮮奶油還呈下垂狀，也有人形容成鷹嘴狀。七分發（medium-firm 微微尖挺）。

　　Crème fraîche 法式鮮奶油：法式鮮奶油（或稱：微酸鮮奶油）是酸奶油（Sour cream）的法國堂兄妹。它有著酸奶油柔滑黏稠的質地和濃郁的風味，但和酸奶油不同的是，它可以加熱而不會產生油水分離現象，而且可以如同鮮奶油一樣的打發。商業製造出來的法式鮮奶油在美國不容易找到，且就算找得到也很貴。慶幸的是法式鮮奶油很容易，而且花費不多的在家裡自己做出來。做出1杯法式鮮奶油，只要把1杯（250克）高脂鮮奶油倒進1只乾淨的罐子裡，加上1大匙的白脫牛奶（buttermilk），把罐子緊密蓋好，搖動罐子約一分鐘。把這罐子留在工作檯上約12~24小時，或者直到法式鮮奶油略變濃稠。這混合物多久會變濃稠，取決於你的室內溫度－越溫暖下它就越快變濃稠。當它變濃稠後，把這法式鮮奶油放進冰箱冷藏到完全冰涼再使用它。法式鮮奶油在蓋好的情況下在冰箱冷藏室裡可保存約二週，而且隨著它的老化會變得越來越濃郁。

## Decorating combs 裝飾齒梳刮板

用來裝飾披覆了甘那許，或霜飾蛋糕的側邊，或頂層表面最簡單的方法是，以一把叉子齒尖的部份劃過蛋糕表面。但如果你想要做出完美的齒痕，會想把叉子換成一把裝飾用齒梳，一把金屬或塑膠材質，通常是長方形，但有時是正方形，至少有一邊是鋸齒狀。齒痕有不同形式－有些齒痕很細，彼此間距很近，有些鋸齒間分得很開，有些可能有一面平坦處，鋸齒狀，接著是另一塊面平坦處，如此反反覆覆。無論哪一種設計，這種裝飾齒梳會比叉子來得精準，因為它們的設計經過良好切割和定位。保持這些齒梳乾乾淨淨，每次用完要把霜飾擦掉，那麼每次都可以不費力氣的完成俐落的裝飾。我們會建議使用一把裝飾用齒梳來完成法布石板路Faubourge Pavé的側邊。

## Decorating turntable or decorating stand 裝飾轉盤

這是那種你會認為用不著的玩意，直到曾經用過一次後，你會下定決心從此不能沒有它。一個好的裝飾轉檯（Ateco出了一款很好用的）就像拉陶時的轉輪具有一樣的關鍵性。它有一個沈重的鑄鐵底座，上面是一個厚重的，直徑12吋

（30公分）圓鋁盤，可以轉動地既滑順又平均，讓你可以替蛋糕鋪上一層完美的甘那許或霜飾，或者為蛋糕的側邊拍上烤過的杏仁。

## Dried fruits 水果乾

不管水果乾有哪些名堂，它永遠必須是柔軟且溼潤的。如果你一開始用的是硬的水果乾，它不會在你把它拌入麵糊、麵團或奶油醬後變軟變溼潤；取而代之的是它會破壞你的作品。如果你的水果乾不是柔軟溼潤的，你可以藉由把它放在一只有洞的濾碗裡，再放在滾水上來"發"它。把這水果乾蒸個一小段時間－有時候只需1分鐘－直到它變軟且漲起來。把它自爐上移開，用廚房紙巾輕拭擦乾，然後繼續進行你的食譜製作。

## Eggs 雞蛋

本書食譜是以美國分級標示為A級的大顆雞蛋實驗試作，好和皮耶Pierre在巴黎使用的雞蛋尺寸儘可能接近，重60克的雞蛋裡，蛋白佔30克，蛋黃20克，蛋殼10克。

雞蛋應購自可信賴的市場並以尊敬的態度對待，因為已經有證據顯示，雞蛋可能含有沙門氏桿菌，一種會引起不適、類似流行性感冒病情的細菌。沙門氏桿菌對健康的人們很少造成足以致命的威脅，但對非常年幼的，非常老的，生病中的，孕婦和任何免疫系統虛弱的人，足以造成威脅，所以當你在為他們烘焙時，你應該要特別小心。然而，如果你處理雞蛋恰當，應該永遠不會有問題。以下是一些需注意的事項：

- 永遠在會一直把蛋放在冰箱的市場，買你要用的雞蛋。
- 家裡的雞蛋要一直冰在冰箱裡。如果食譜指明要使用室溫的蛋－本書大部份的食譜是這樣－在使用前20分鐘才將蛋從冰箱裡取出。永遠不要把蛋放在室溫下超過兩個小時。
- 永遠不要使用一枚蛋殼有裂痕的雞蛋。
- 料理完雞蛋後要洗手，並且確實刷洗你的工作檯面和器具。

Separating and whipping egg whites 分蛋和打發蛋白：蛋在冰涼時最容易把蛋白和蛋黃分開，但是蛋白在室溫下或再溫暖些可以打出最大的體積，所以最好是在蛋一從冰箱取出就先分蛋，接著等個幾分鐘待蛋白不這麼冰了再打它。讓蛋白快速回覆到適合打發的良好溫度的方法，把它們放進一只微波爐適用的碗裡，以微波爐加熱約10秒鐘，攪拌一下，再以每次5秒的方式加熱到蛋白達到華氏75度（攝氏24度）。如果稍微有點過熱，也沒關係。

蛋白必須裝在一只絕對潔淨且乾燥的碗裡打發－即使是一絲絲不管來自哪的油，包括一滴的蛋黃，足以阻礙蛋白打發到最大程度。當許多烘焙者堅持蛋白要裝在銅鍋裡打發－銅和蛋白間有一種作用，可促使蛋白發到最大體積－以裝了網狀攪拌棒的攪拌機，就可以漂亮地、輕易地將蛋白打發。打發蛋白的關鍵是不要過度。打發的過程裡要格外留意質地和光澤上的變化。你理想的"打發到堅挺穩定（firm peaks）*"的蛋白霜是，真的是這樣－潔白，平滑並有光澤的。當你的蛋白霜變黯淡，表示你已經打過頭。同樣的打過頭還包括蛋白破碎成泡芙和雲朵狀。當你以攪拌器蘸取一些蛋白霜後舉起，蛋白霜尖端應該高高挺起，而最高的頂峰部份，雖然可能略往下彎－非常輕微地－應該能維持住，好像上過漆一般。雖然這蛋白霜頂峰是如此穩定和值得誇耀，它只是顯示了：打發的蛋白是軟弱的－以最輕的壓力就足以使它崩毀。把這記在腦海裡，當你要把蛋白霜拌入其它處，密度比較重的混合物裡－要使用一把有彈性的橡皮刀加上非常輕柔的手勢，並且在一混合好時就要立刻停止。

Combining yolks and sugar 混合蛋黃和糖：你需要把蛋黃和糖一起打的次數會很多，經常要打到顏色變白、質地變濃稠為止。記住，一旦你把糖加進蛋黃裡，你必須立刻開始攪打－否則蛋黃會"被燙熟 burn"，這是烘焙上用來形容「當糖加進蛋黃因沒立即攪拌而產生結塊」的用詞。

＊譯註：蛋白霜打發成濕性發泡（soft peaks），舉起攪拌棒，附著在攪拌棒上的蛋白霜尖端呈略下垂的打發狀態。乾性發泡（firm peaks），舉起攪拌棒，附著在攪拌棒上的蛋白霜尖端呈堅挺不下垂的打發狀態。

## Flour 麵粉

本書所有食譜都是以中筋麵粉（all-purpose）試作實驗過，也就是，經漂白且強化過的麵粉，那種你可以在超市找到，貼有全國性品牌商標，像是金牌（Golden Medal）和菲爾斯伯瑞（Pillsbury）。可可蛋糕Cocoa Cake，做為法布石

板路Faubourg Pavé和黑森林蛋糕Black Forest Cake
的蛋糕體，用的是低筋麵粉，一種蛋白質特別低的麵粉。
（中筋麵粉每杯含有10~12克的蛋白質，低筋麵粉約只含
8克。）

不管你使用哪一種麵粉，你應該把它裝在密封罐裡，存
放在陰涼乾燥的櫥櫃裡。保存適當的白麵粉應該可以保存長
達約六個月。

大部份的時候，中筋麵粉不需過篩。不像低筋麵粉經常
結塊，因此必須先過篩才加進麵糊裡。在Pierre皮耶的食譜
裡，麵粉要先秤量好再過篩。

永遠使用"舀起後掃平"的方法來量麵粉（請參考食譜第
275頁）。

## Folding 拌合

當你接到指示要把一項材料拌入另一項－通常是把一項輕
盈、包含氣體的材料，像是蛋白瑪琳霜或打發的鮮奶油－拌
入一項比較沈重，像是麵糊或者經常是安格列斯奶油醬－你
必須非常輕柔地來做這件事。這是一項很容易失敗的演出，
最容易完成的方法是使用一把有彈性的橡皮刀、一只大容量
的碗，加上輕柔的手勢。

如果麵糊特別地濃稠和沈重，這會是個好主意：把較輕
的材料先拌一些到較重的麵糊裡，再把剩下的拌入。不論你
把什麼拌到什麼裡，這個動作永遠一樣。把一部份，不管是
什麼你準備要拌進來的，放在裝著碗裡的另一項混合物的上
面，接著用你橡皮刀的邊邊往下切開兩樣混合物。當你碰到
碗底時，做三件事－1. 把碗轉向四分之一 2. 同時輕輕轉
動你的手腕（好讓橡皮刀轉向） 3. 橡皮刀貼著碗底由下往
上拖拉到邊緣，結束於橡皮刀的邊，把混合物最上的表面切
開。繼續這樣的動作直到兩樣結合在一起－就停止不再繼續
拌下去。如果你是拌的新手，把它拌到剛剛好可能會令你
很開心，因為你有可能過度攪拌－試著忍住那樣的衝動，
不要過度攪拌。

## Food processor 食物調理機

擁有一台食物調理機在你的工作檯面上就好像擁有一位助
理。這是你應當使用的工具，當你要磨碎堅果或把椰子乾磨
成粉，並且它還是一個製作西點麵團的傑出工具。如果你第

一次要買食物調理機，買你所能負擔下最好（它們可以用上
個好幾年）、容量最大的。當你在做西點時，擁有一個大的
料理盆是關鍵。

## Freezing 冷凍

皮耶Pierre的許多蛋糕、塔和餅乾可以冷凍起來，在它們
完成到某個階段後或者已經是完成的甜點。你會在食譜裡或
者在食譜最後"保存Keeping"的註解裡找到可否冷凍（才恰
當）的明確資訊。不管在哪個階段你要冷凍什麼，你一定要
確保把它冷凍於密封狀態下。裝在兩層塑膠袋裡，或用保鮮
膜並且最後以鋁箔紙再包一層並不會太超過。冷凍裝飾好的
蛋糕時要用一下你的判斷力，很多時候最好是蛋糕先不包裝
凍到硬，之後再密封包裝起來。如果有時間，解凍一個蛋糕
最好的方法是用最慢的方法；包裝著放在冷藏室裡從容不迫
地隔夜靜置。這是特別適用於解凍慕斯和鮮奶油蛋糕的好方
法－不致於如同放室溫下那般太急速解凍，而且你也不用冒
著令人不悅地意外風險，諷刺地發現似乎很柔軟和美味的蛋
糕，結果裡面比外層冰冷且硬。

## Ganache 甘那許

總是帶有巧克力味並且永遠濃郁，傳統、簡單的甘那許是融
化了的巧克力和鮮奶油的混合物。（有些甘那許裡還含有雞
蛋和奶油。）視巧克力和鮮奶油的比例而定，甘那許可以濃
稠到足以作為蛋糕的夾層填餡，或稀薄到可以淋在蛋糕上作
為鏡面巧克力。因為甘那許是一種必要的乳霜，好像美乃滋
（mayonnaise），皮耶Pierre建議你用和打美奶滋一樣的方
法來混合它，慢慢且輕柔地。當你把熱的鮮奶油加入巧克力
裡以做出傳統的甘那許，把一些鮮奶油加進裝著巧克力的碗
中央，並且以畫小圈的方式來攪拌混合它；然後，隨著你加
進更多的鮮奶油，以逐漸擴大畫同心圓的方式繼續輕柔地
攪拌。

## Gelatin 吉利丁

在法國的糕點廚房裡，吉利丁在瑪琳蛋白霜及打發鮮奶油
中，以非常小的量做為穩定劑使用。（如此少量以致它們在
口感上幾乎不受注意，並且在口味上澈底不被查覺），吉利
丁是賜予羽毛般輕盈的慕斯，有足夠力量成為精緻法式蛋糕
的夾層、吉布斯特奶油醬足以撐起的組織、和安格斯奶油醬

作為夾餡，所需筋度的秘密武器。雖然皮耶Pierre和大部份其它專業糕點主廚使用片狀吉利丁（看起來像光亮塑膠的片狀吉利丁），本書的食譜是以更容易取得的吉利丁粉完成試作。（使用的吉利丁粉品牌是Knox。）

還原吉利丁：最容易把要和甜點混在一起的吉利丁準備好的方法是一把吉利丁粉撒在特定份量的水面上，讓它靜置到軟化（大約1分鐘左右），然後再送入微波爐加熱約15秒好讓它溶解。也可以用非常小的直火來加熱溶解它。

如果你使用的是吉利丁片，在冷水中泡軟後再擠掉多餘的水份，如果不是直接將軟化的吉利丁片加入熱的混合液中攪拌均勻，若需要加入的混合液是冷的，那麼就把吉利丁片加入少許的水中，以微波爐加熱溶解再加入。

## Hairdryer 吹風機

這是皮耶Pierre最喜歡的廚房設備之一，而且也會變成你的，一旦你看到它如何縮短甜點圈模脫模的工時。幾乎所有皮耶的蛋糕和甜點，是以甜點圈模所建構成再冰涼或冷凍，這樣的過程不管甜點的邊邊是什麼質地，都會黏在圈模上。以一把刀延著圈模劃過，是脫模的方式之一，但它不是最好的方法，因為你會損毀甜點光滑、平坦的邊－使用圈模的理由。藉由一點熱風繞著圈模外圍吹一下，你會把圈模和甜點的邊緣稍加熱到足以讓你很乾淨的把圈模提起、取出。這是完成這個工作的完美工具。

吹風機並非只有單一用途。你會因手邊有著這麼一台而開心，當你要刨出巧克力捲片、蛋糕方塊、或乾烤一下在冰涼蛋糕邊邊裡的堅果。以些許熱氣打在蛋糕上，還有堅挺的慕斯、奶油醬和亮光膠的邊邊，就會變成帶有黏性的模具。而且如果你的甘那許或鏡面果膠看起來有點黯淡，給它上一點（且非常輕柔地）熱氣然後看它發光。所有這些工作都可以用一把旅行用的迷你吹風機來完成，尺寸小剛好可以收在廚房抽屜裡。

## Hazeluts 榛果

榛果，經常被稱為榛子，特別是在西北部，栽種出它們的地方，可以買到整顆或切碎的，通常是連皮的。已經去皮的榛果或榛果粉可以購自特定的供應商（281頁， 食材購買來源指南）

榛果去皮的方法：榛果有一層深色的外皮，必須使一點力道才能把它去掉。傳統的脫皮或去皮的方法，是把它們放進蛋糕卷烤盤上，以華氏350度（攝氏180度）烤焙10~12分鐘（參考275頁），直到它們充份烤焙後倒在一條廚房毛巾上，用毛巾把它們包起來。等幾分鐘後，趁榛果還熱熱的，以毛巾搓揉榛果好把皮搓掉。（你可能會想帶著廚房手套來完成這個步驟。）建議你：不管你搓得多用力，你不可能把所有的皮都去掉－要做到完美無缺對這些堅果來說是不可能的。

或者，你可以把榛果放在一夸脫（一升），加了6大匙（約40克）小蘇打粉的滾水裡。滾沸4~5分鐘－水會變為黑色－取一顆榛果出來測試。如果皮很輕易地就滑落，這些榛果已經準備好了。把它們移到一只過濾用的網籃裡，置於冷水下沖洗，把皮脫掉。用毛巾把榛果擦過，並且以蛋糕卷烤盤盛裝後烤乾。

把榛果變成榛果粉的方法請參考杏仁粉的部份，第265頁。

## Immersion blender 手持式均質機

沒有這台漂亮的機器你還是可以在一個糕點廚房裡存活，但一旦你擁有一台，你會發現它具備了多功能。手持式均質機可以完成傳統果汁機的工作，但它方便移動－用來攪拌的刀片裝在一個的可握住的把柄的尾端（法國人管叫這款機器"長頸鹿"因為它有著長長的脖子），這表示你可以把裝在碗裡或鍋裡的混合物直接攪拌、打碎、打成泥、或打成液態（想想你可以省掉多少事後清理的工作！）手持式均質機很適合用來進行巧克力飲品的攪拌；製作庫利和醬汁和把任何狀況外的玩意再度弄成平滑狀。除了糕點廚房用得到，你還會發現它也是料理湯的巫師－你可以把裝在鍋裡的湯直接變成泥狀。

## Instant-read thermometer 立即感應溫度計

你手邊永遠需要一把隨手可得的溫度計。工作時，你會用到它來測量融化的巧克力、安格列斯奶油醬、糖漿、蛋糊或任何半成品的溫度。所有這些以及巧克力的調溫－完全和溫度相關－都可以用立即感應溫度計完成。最簡單的立即感應溫度計裝有一支標準的5吋（12.5公分）長金屬探針，另一頭連接類似刻度表。這種溫度計可以用來測量安格列斯奶油醬和巧克力甘那許，但因為它最多只能量到華氏220度（攝氏104度），它不能用來量糖漿和焦糖。第二種的構造和第一種完全相同，但刻度表以數字顯示，並且可以測出的溫度最高到華氏302度／攝氏150度（有的只能到華氏220度／攝氏104度）。最後一種是Polder出品的立即感應溫度計（可在Williams-Sonoma、New York Cake、Baking Distrubutors買到；請參考 281頁的食材購買來源指南）。以技術層面來說並非立即感應式溫度計，而是比較像可以持續讀到數字標示的那種。這種溫度計的探針連接到一條長而有彈性的金屬線，這金屬線再連接到一個數位顯示器，一個夠大且很容易讀取數據的玩意。探針和顯示器是分開的設計（探針連接金屬線的部份是微捲曲的）表示你可以不必用手拿著溫度計就可以量出溫度：當你攪拌卡士達時可以把探針擱在鍋子裡就好。此外，在用了一段時間後，你可以把這個可愛的儀器就留在那裡，或者，更重要的是，當你的混合物已經達到所需溫度，你可以把這溫度計留在裡面－這是個加碼的優點，尤其你在一邊等待巧克力冷卻的同時，一邊在做別的事。

## Jelly-roll pans 蛋糕卷烤盤

專業烘焙師傅稱它為平盤烤盤（sheet pans），這種蛋糕卷烤盤呈長方形，和烤盤不一樣的地方在於有著高起的邊。他們很適合用來烤平的片狀蛋糕和蛋糕卷用蛋糕（名稱由此而來）；把麵團從工作檯面移到冰箱裡；乾烤堅果和其它類似的工作。然而，它們不是很適合用來烤餅乾或塔圈模裡的塔皮－它們的邊使得把東西裝進或拿出變得困難。（當然，如果你只有蛋糕卷烤盤，你還是可以用它。鋪以烤盤紙，當你完成烤焙，以移動烤盤紙的方式把餅乾或塔皮原位不動的移到冷卻架上。）蛋糕卷烤盤可以是10½×15½×1吋（26×37×2公分）或12½×17½×1吋（30×42×2公分），而且可以買到表面經防沾處理的。

## Marble 大理石

高成份、富含奶油的糕餅麵團（最好的一種）在擀整時可以是很難搞的，但你可以藉由把它在一個平滑而低溫的檯面上擀開而搞定；大理石就是你可以找到最平滑、最低溫的工作檯面之一。（不鏽鋼的、拋光過的瑪瑙石，和花崗石的也很好。）理想上，你應該有一大塊可以放進或自冰箱取出的大理石板，如此一來，如果，當你在擀麵團，而它變得有點軟，或者倒過來，有點笨重擀不開時，你可以把它冰一下來個快速降溫，這是搞定它的秘密。（如果你有機會去到石頭或大理石供應商那裡，訂做一塊大理石板，和你冰箱裡置物架的尺寸完全符合）當然，任何工作檯面都可以藉由把一只烤盤裝滿冰塊，並且把這烤盤底部貼在你要用來擀整的工作檯面來加以降溫。

## Marzipan 杏仁糖膏

杏仁糖膏（Marzipan音譯：瑪斯棒）比杏仁膏稍微軟一點，也稍微甜一點，但這兩項材料可以互相替換使用。密封包好，杏仁糖膏可以放在冰箱保存長達六個月。

## Measuring 秤量

精確的計量是成功做出本書或任何其它食譜的基石－烘焙並不是那種這個一些些、那個一些些的手藝。皮耶Pierre的食譜，原本是以公制重量單位寫成，之後被改寫成美國的計量系統，也就是以容量為基準、而不是重量。這是為什麼會有一些怪怪的量，像是「¾杯外加2大匙」或者「1杯減掉1大匙」。換算成公制的量已標示在以體積標示計量之後。最適合以量匙來秤量的材料都以量匙來標示。美式的1大匙等同法國的1湯匙（cuillère à soupe）；美式1茶匙（1小匙）等同法國的1咖啡匙（cuillère à café）；美式3小匙等同法國的1湯匙（cuillère à soupe）。

為了計量精準，你需要有用來量液體材料和乾性材料的精準量杯和量匙。

液體要用透明有刻度的玻璃量杯來量。最能確保測量精準的方法是：把量杯放在一個平坦的檯面上，彎下身讓刻度和你的視線同高，再倒入液體。不要把量杯舉到眼睛高度－這會讓刻度歪掉；彎下身去看。如果你要量少於¼杯的液體，用量匙會量的比較好。

乾性材料應該用金屬量杯和量匙來量。你的料理工具應該包括可以量出¼、⅓、½和1杯的量杯；可以量出⅛杯和2杯的量杯可視情況決定增添與否，但有的話也很棒。至於量匙你應該有可以量出¼、½和1小匙，還有1大匙的量匙。事實上，能擁有量杯和量匙各兩套是最好的。

不管你在秤量什麼，很重要的是，除非有特別標示"滿滿"，像是"滿滿1杯"，所有材料（乾性材料）應該裝到平平的1量杯或1平匙。例如，食譜說½杯砂糖，你應該以½杯的量杯伸進砂糖袋裡，舀出隆起的1杯，再以平尺（可使用一把刀的刀背或一把尺）刮掉多餘的部份，把它鏟平。最重要的是，永遠不要使用比你所需要的量來得大的乾性材料量杯－你會沒有辦法把它鏟平。

秤量麵粉時，最好是在開始秤量以前先用叉子把罐子裡的麵粉翻鬆。不只麵粉，還有所有的乾性材料，你應該使用"先舀，後鏟平"的方法－舀起足夠超過杯子的量，再以平尺，把多餘的麵粉掃掉，鏟平到和杯緣等高，特別要小心不要緊壓麵粉（那真的會量得一點也不精準）。在這本書裡的食譜，如果麵粉需要過篩，要先秤量完再加以過篩。

砂糖的量法和麵粉一樣；黃砂糖，是個例外，裝進量杯後要服貼壓緊。糖粉在量好後要加以過篩，因為它永遠都會結塊。

## Milk 牛奶

本書所有食譜均以全脂牛奶試作。

## Mixers 攪拌機

一台可負擔大份量的桌上型攪拌機是廚房裡的無價工具，特別是當你在製作需要靠著雞蛋打發形成膨脹和組織的蛋糕；以糖漿來加熱瑪琳蛋白霜，然後要打至冷卻；或者甜點有好幾個組成元素或步驟必須在同時間或很快速的完成。

使用直立式攪拌機來製作皮耶Pierre的精緻配方，會比較容易也比較快可以完成，雖然用重型手持攪拌機也可以。直立式攪拌機很貴，但品質好的可以使用好多年，而且會讓困難的工作變簡單。（本書裡的食譜都是以一台機齡21年，且從沒故障的KitchenAid攪拌機，搭配5夸脫／5公升容量的攪拌缸做出來的。）可能的話最攏好有兩只攪拌缸，搭配你的直立式攪拌機（通常可以跟製造商加買攪拌缸，而且它會成為你廚房裡不貴但非常實用的配件。）、和一台品質良好的手持攪拌機，用來處理些輕快的任務，並運用在那些必須同時攪打兩樣材料的時候。

## Mixing bowels 攪拌缸

為你自己添加一組（或兩組）大大小小疊成套的不鏽鋼攪拌缸－在所有的居家用品專賣店都可以找到，甚至許多超市也有賣－那麼你就會擁有你所需要用來攪拌本書食譜的攪拌缸。雖然你可以用塑膠或玻璃碗，擁有至少一只可以安穩地架在（最好是2夸脫的）湯鍋上，作為雙層加熱鍋的上層的金屬攪拌缸是很重要的。

## Nuts 堅果

堅果可以為甜點增添無與倫比的風味與質地，但它們必須小心處理。令堅果因而美味的油脂也可能讓它們帶有油耗味，所以在購買前要先試吃（如果可能的話），並且在烤焙前再試吃一次。為了讓新鮮的堅果保持新鮮，最好是密封包好存放在冷凍室裡，冷凍室裡它們可以保存好幾個月。使用冷凍過的堅果前不需先解凍。

烤堅果的方法：把堅果以單層不重疊的方式鋪在烤盤或蛋糕卷烤盤上，並且放入預熱至華氏350度／攝氏175度的烤箱烤10~12分鐘，或者學皮耶Pierre這樣做：用華氏300度／攝氏150度的烤箱乾烤個18~20分鐘。以較低的溫度乾烤堅果一段較長的時間，可以確保堅果整個過程裡烤得很平均。（長時間低溫烤焙也意味著堅果比較不致於烤焦。）

## Oven thermometers 爐內溫度計

即使你才剛斥巨資買了台全新的烤箱，而且你是世界級閃亮主廚，在你開始烘烤任何東西以前，先用一個可信賴的水銀爐內溫度計來檢查這台烤箱的溫度吧。事實上，把這溫度計變成你的烤箱裡的一個永久固定裝置，對你是有好處的－高個幾度或低個幾度，你的蛋糕就可能烤焦或產生厚皮現象。

## Parchment paper 烤盤紙

專業糕點師從來不會用蠟紙－他們仰賴取而代之的烤盤紙，通常表面會上一薄層的矽利康，並且經常以事先分割好的一大張、一大張販售。（烤盤紙可以從專賣店裡買到，或透過 King Arthur Flour Baker's Catalog 買到，請參考281頁的食材購買來源指南）。烤盤紙最適合用來舖在烤盤上，特別是當你用沒有底盤的甜點圈模或塔圈模來烘焙時，而且它是最佳承接用紙，當你在過篩或刨絲時。在你把麵粉過篩或把果皮刨下來後，例如：你只需提起烤盤紙並且把邊邊稍微提高，你就有了個讓你可以很輕易地把材料，從工作檯面移到攪拌缸裡的漏斗。

## Pastry bags and tips 擠花袋和擠花嘴

製作外觀專業的手指餅乾和圓盤、瑪琳、和蛋糕裝飾時，需要一只擠花袋和花嘴。擠花袋，甜筒杯狀，有大大小小不同的尺寸，尼龍或塑膠材質（拋棄式塑膠擠花袋可在烘焙供應商處買得，請參考281頁食材購買來源指南），並且可以裝上金屬或塑膠花嘴，可能是素面的，可能是有花樣的。至少，你應該有兩只擠花袋，一只約18吋（45公分）長，另一只約10吋（25公分）長；一個直徑¼吋（7公厘）圓孔擠花嘴；一個直徑½吋（1.5公分）圓孔擠花嘴；和一個星形擠花嘴－但如果你對蛋糕裝飾有興趣，你當然會想要收集擁有成組的擠花嘴。除非是拋棄式的，不然擠花袋每次用過一定要內外翻轉並以肥皂水確實清洗、沖乾淨後掛起來瀝乾。

## Pastry brush or feather 西點用毛刷或羽毛刷

鬃毛刷，不論購自烘焙材料行或五金店，要買橫面偏細窄的才好（寬約½吋 / 1.5公分）用來塗刷蛋液或亮光膠，橫面偏寬的（約1吋 / 2.5公分寬）是用來刷掉糕點麵團上多餘的麵粉，或者用來把軟化的奶油塗到烘焙圈環或烤模的內緣。至於非常細緻的工作，像是為小尺寸的法式精緻糕點上亮光膠，能有一把羽毛刷是好的。1~2根羽毛以羽毛纖管綁在一起。無論是毛刷或羽毛刷，很重要的是每次使用過都要澈底清洗乾淨並自然風乾。

## Pie or pastry weights 派或糕點重石

派或糕點重石用來空烤一個派皮，也就是，沒有填餡。以烤盤紙或鋁箔紙舖在派皮上，接著再把重石填入派底底部，好讓派皮在烤焙過程裡不會膨起。當我們想對一個派皮施加壓力時，一些些是好的，再多一些就不好了。皮耶 Pierre 對他不贊成市售重石這點非常堅定，那種金屬或陶磁做成的小圓球：「它們太重了。它們會在派皮上留下坑洞。它們摧毀了糕點的質地。「而且， 」他還加上，唯恐他的論點不夠清楚似的，「...它們很糟糕」。不使用重石，皮耶建議你用舊米（不貴）或乾的豌豆豆仁。準備一罐米或豆子專門用來壓派皮－當你把烤盤紙或鋁箔紙從塔皮上移開時，等米或豆子冷卻後再把它們放回罐子或其它容器裡，就可以一次又一次重覆使用。但不要把這些米或豆子再拿來做成晚餐－一旦烤過了它們再也不能挪作它用，除了當重石以外。

## Piping 擠花

擠花這個詞用來形容把某種東西－經常是麵糊或糖霜－從擠花袋裡擠出來這個動作。

## Rolling dough 擀整麵團

擀整麵團的關鍵在低溫、低溫、更低溫。永遠確保你的麵團，不論是塔皮麵團、肉桂麵團、餅乾麵團或泡芙麵團，在你開始擀整前是澈底冰涼的，而且如果在你擀整時它的溫度上升變暖，停止擀整並把麵團放回冰箱再冰一次（而且如果有需要，就再一次）。

你將比較容易把麵團擀成平均厚度（對塔和其它糕點很重要），如果麵團在你開始擀整前質地是正確的。你想要麵團有足夠的堅固程度才不會黏在工作檯面，但又有一定的柔軟度可以輕易地以擀麵棍將之捲起移動。（麵團的邊邊在你一開始擀整就裂開，表示它太冰涼以至太硬。）在你開始擀整前讓麵團處於室溫下一會兒，然後，當你開始擀整，麵團擀不開，你可以用擀麵棍輕壓它；只要在麵團上像是要壓出平行凹槽一樣輕輕連壓個幾下，就可以讓它軟化到可以擀開。如果麵團在擀整過程裡軟化太多，在你繼續擀下去以前，把它放回冰箱再冰一次。

因為皮耶的麵團特別的"短 short"（用來形容含高奶油成份麵團的詞），它們可以是很難擀好的。永遠在一個薄撒過麵粉的工作檯面，外加一只輕撲過麵粉的擀麵棍來擀整麵團。在你開始擀整前，在麵團的表面輕輕撒些麵粉（非常地輕），一邊擀整的同時，偶爾把麵團自檯面上拿起來，輕撒點麵粉到它下方的工作檯面上。當你把麵團自檯面上拿起時，應該順便把它轉換個方向－給麵團來個⅛個圓的轉向，有助於它保持圓形，因為擀麵是從中央往外擀開。在把麵團裝進烤模或送入烤箱前，永遠都要把多餘的麵粉刷掉。如果你有時間，擀好麵團裝進模以前，如果能把麵團放進冰箱再稍冰個一下下會是個好主意。

把麵團服貼的裝進圈模裡的方法是：用擀麵棍以擀麵團的相反方向，把麵團捲起來，在圈模上方以反過來，像是要解開麵團的方式把麵團放下。輕柔地把麵團壓整至底部及圈模邊緣均服貼的狀態，要小心的是不要拉扯到麵團。記住：你拉扯到的部份，表面會在烤箱裡縮起來。在烘烤前，把麵團留在圈模裡再冰一次。

## Rolling pin 擀麵棍

糕點廚房裡擀麵棍的首選，公認為是法式擀麵棍。直徑2吋（5公分）（垂直的量它的直徑，它的兩端並沒有變尖）、重1¼磅（681公克），並且沒有把手。事實是因為它沒有把手所以好控制，它的重量很理想－因為不會輕到迫使你必需施加壓力，也不會重到變成是把麵團壓扁而不是把麵團擀開。只有在擀酥皮酵母麵團時才需動用到更重的擀麵棍。

## Rotating pans 調盤

如果你在兩層烤架上分別放兩個烤盤，或甚至一層烤架上放兩個烤盤，最好在烤到一半時把烤盤調換一下位置，好彌補你烤箱裡有任何地方溫度特別高或不一致的缺失。事實上，你應該來個兩次調盤：前後對調（如此烤模原本面對烤箱門那邊，改成面對烤箱背部），並且，如果它們是分置在兩層烤架上，把它們的位置對調，原本放在上層的換到下層，下層的換到上層。如果你有兩個塔或蛋糕放在同一層上（這個是可行的，只要烤模之間有足夠的氣流空間），把烤模前後對調，左右交換。當然，如果有什麼糕點是只會在烤箱裡烤個10分鐘的，那麼，最好把它平靜地留在烤箱裡，而不是打開門來進行對調烤盤這動作，以至烤箱珍貴的熱氣逃逸。

## Salt 鹽

當我們問一個甜點師傅食品儲藏室裡什麼最重要，鹽可能不是頭一個跳進腦海裡的答案，但卻是皮耶 Pierre 非常認真對待的材料。皮耶的首選是給宏德鹽之花（fleur de sel de Guerande）。Fleur de sel，望文生義，乃鹽中的花朵；而 de Guerande 的意思是這鹽來自布列塔尼崎嶇海岸以出產鹽而聞名的小鎮：給宏德。當成調味料時，鹽之花很濕潤、顆粒比較粗，並且比一般的鹽不鹹。它未經漂洗、不加碘或化學防潮添加物，它是富含礦物質且取得不易的天然鹽。鹽之花是浮在鹽池表面最細緻的鹽，它以手工收成而且並非永遠可以取得。鹽之花是否會出現在鹽池表面取決於季節、陽光、風、溼度，以及…你必須相信，鹽神的心血來潮。它的味道很突出且美味地引人入迷－－旦你嚐過它，你可能會幹出和部份法國人一樣的事：隨時帶著"存糧"準備撒在餐廳裡任何少了那特定不管你叫它什麼的菜餚上。並不令人意外地，鹽之花很貴，在很多專門店也買不到，雖然它可以郵購取得（請參考本書第281頁裡的食材購買來源指南）。當然，餐桌用鹽和品質良好的海鹽都可使用在這本書的配方中。

## Saucepans 湯鍋

你的廚房裡至少要有一只厚底、2夸脫（2公升）的湯鍋是很重要的。你會用到它來做安格列斯奶油醬和甜點奶油霜、牛奶糖和糖漿。當你要用它來隔水加熱，或做出雙層鍋效果來融化巧克力時，它也很好用。然而，你也會發現有一只更大的湯鍋也很好——一只你可以用來製作焦糖或當成隔水加熱鍋（bain-marie）來製作更大的份量－還要有一只迷你尺寸的，最好有附嘴，用來煮沸小量糖漿好倒入瑪琳蛋白霜或卡士達醬裡。

## Scale 秤

雖然所有皮耶Pierre的食譜都已換算成美國以體積來計量的量，有一台可以用來秤像是巧克力和水果，這類體積較大食物的廚房用秤還是好的。不管你買的是彈簧秤還是電子秤（更精準、更多樣性因為它通常可以輕易的在英制和公制間轉換），目標在最小刻度可以精確量出¼盎司或5公克的。

## Silpat and other silicone baking mats 矽膠烘焙墊和其它的矽利康烤墊

法國製，並且最常見的品牌標示為Silpat和Exopat，這些薄薄的，有彈性的烤墊以橡皮盤的矽利康製成，且一面略微粗糙不平，另一面很平滑－把烘焙品放在平滑的那一面。這種烤墊可以買到 16½×11½ 吋（41×29公分）的尺寸，用來舖在烤盤和平盤蛋糕模非常完美，但也買得到更大的尺寸。在烤盤或蛋糕模裡舖上一張矽膠烘焙墊，你就有了完美的不沾表面，可以用來烤焙易碎的餅乾或具黏性的麵包，或者把焦糖倒於其上。因為完全沒有東西會黏在這種烤墊上，之後的清潔工作也是勝券在握的省事。這種烤墊很貴－一張烤墊的要價差不多等同於舖它的烤盤價格－但是，根據製造商的說法，一張烤墊可以使用至少兩千次，並且耐高溫達華氏500度（攝氏260度），所以你應該有機會覺得物有所值。

## Spatulas 鏟子（橡皮刀／抹刀）

你會需要橡皮和金屬兩種材質的鏟子以完成本書裡的食譜。購買橡皮材質的橡皮刀時，要買商用級的－它們更有彈性，更耐用，並且通常比多數超市販售的橡皮刀有著較大的片狀表面。理想上你應該擁有小型、中型和大型的橡皮刀各兩把。

你會使用金屬材質的抹刀，以填充和完成蛋糕，把麵糊裝進甜點模或塔模裡並加以抹平，或者把餅乾自烤盤或冷卻架上鏟起。用短而薄的抹刀來完成小任務；長的用來做霜飾；寬的用來把東西鏟起來；還有不同長度和寬度的抹刀，用在把東西抹平時。家用物品專賣店和餐飲設備供應商，是選購高品質金屬鏟的最好來源，特別是抹刀，那種刀片在略低於手把下有個彎度，好像用來將煎餅翻面鏟子的那種抹刀。

## Sugar 砂糖

如果食譜裡提到"糖"這個字，你要用的是白砂糖／砂糖（granulated sugar）。皮耶Pierre食譜裡用到不同的糖只有淡色黃砂糖（light brown sugar）和細白糖粉（confectioners' sugar或稱10-X）。白砂糖應該用"舀起後掃平"的方法來計量（請參考食譜275頁），黃砂糖永遠都應該用量杯或量匙以緊壓的方式來計量，細白糖粉量好後一定要再過篩後使用，因為它們總是結塊。

\* 譯註：不論是黃砂糖或淡色黃砂糖，台灣的讀者請直接用黃砂糖（又稱貳號砂白）即可。

## Tart or flan rings 塔模或餡餅圈模

所有的派塔食譜都是用塔或餡餅圈模來試作實驗，而不是塔模（tart pans）。塔圈模是一種沒有底盤的金屬圈環，用的時候會放在舖了烤盤紙的烤盤上（舖了盤紙的烤盤就變成它的底盤）；這圈模扮演著模型的角色、或者作為塔皮麵團的烤模。塔圈模有著直直的邊，並且只有¾吋（2公分）的高度，比塔模來得矮。要做出本書裡的食譜，你會需要至少一個直徑8¾吋（22公分），直徑9½吋（24公分），再加上10¼吋（26公分）的塔圈模。

當你要把塔皮麵團放進圈模並使之緊貼吻合時，最好是把這圈模放在一張烤盤上，而不是四周有高度的蛋糕卷烤盤上。如此一來塔皮烤好時，你可以讓它從烤盤上輕輕滑下來，而不必把它往上提起－塔皮一般說來都很脆弱易碎，而且因爲沒有底盤支撐它就更易碎了。緊要關頭時，你可以使用一個有著活動底盤的花邊金屬塔模來取代圈模，但因爲塔模比圈模來得高，你的成品會有所不同（內餡相對於塔皮的比例可能在某些時候會顯得有點少）。人們這麼說，最好是烤個塔即使它的比例有點不一樣，總還是比沒烤來得好。

## Temperature conversions 溫度換算

這本書的所有食譜裡你需要的溫度都以華氏和攝氏爲你標示出來。如果你有換算需要，方法如下：

攝氏換算成華氏： 溫度×9÷5+32

華氏換算成攝氏： （溫度－32）×5÷9

## Vanilla 香草

香草是 Pierre 皮耶最喜歡的味道和香氣之一，並且他常用到香草，最常用的是香草莢，做爲主角或配角兩種都有。直到不久前，Pierre 皮耶的香草首選一直是大溪地，但在目前因爲產量非常有限而且價格極高，所以這個少見的材料也就更少見了。在所有香草豆莢的來源地裡最容易取得的是來自馬達加斯加或波本，它們也適用本書所有食譜或其它食譜。然而，如果你能找到墨西哥香草莢（請參考本書第281頁裡的食材購買來源指南），用這個。和大溪地香草豆莢很像，墨西哥香草豆莢比馬達加斯加或波本香草莢昂貴，且有著更濃烈更突出的花香調香氣。如果可以，試試看不同的香草豆莢後再選出你自己最喜歡的。

不管你選用哪一款香草莢，他們必須是飽滿、潤澤、柔韌、並且，想當然爾，充滿香氣。通常是豆莢裡面那些柔軟、泥狀、充滿香氣的香草籽是你所要的，但豆莢也是一個香氣的媒介，每份食譜會告訴你要用到香草莢的哪一部份和怎麼用。如果有一份食譜說香草豆莢要"縱向切開後，刮出籽來"，表示你要以一把尖銳的小刀把香草豆莢從蒂頭朝蒂尾對半切開。你會發現如果你把香草豆莢平放在一個砧板上比較容易辦到。一旦豆莢切了開來，用刀的尖端把裡面的籽刮出來。如果你要把一個液體浸泡出有香草味，你要把豆莢和刮出來的籽一起放進液體裡，待液體浸泡完成，把豆莢瀝乾。不要把這些豆莢丟掉，把它們洗乾淨並澈底晾乾（可以烤箱開低溫來完成，或放在架子上室溫下陰乾）並且用它們來爲砂糖增添風味。你可以把它們埋在砂糖裡或用食物調理機把它們和砂糖一起打碎。

## Zest and zesters 果皮和果皮刮刀

果皮指的是柑橘類水果外緣有顏色的那層。不論食譜裡指明要用到寬條果皮或果皮細屑，你都應該永遠避免刮到棉絮狀部份，那在果皮表面下面，白色帶苦味貌似骨髓的部份（譯者註：以下以"中果皮"稱呼）。當你需要用到寬條果皮時，你會的，如果你想爲一個液體注入果皮的明亮風味，你可以用一把帶有旋轉式刀片的蔬菜削皮刀或一把銳利的小刀取下果皮。但當你需要薄細帶狀或切到細碎的果皮，最快、最乾淨、最優雅的方式以取得這些細條果皮（之後可以再切碎）是用一把果皮刮刀，一種簡單的工具包含了一個把手，木質或塑膠的，上面裝了一片頂端有五個圓孔的薄金屬片。握住這果皮刮刀好讓頂端的洞靠著水果上，然後延著水果的邊緣朝下刮，握住刮刀的手在延著水果往下刮時輕施壓力。繞著水果再來一次，果皮刮刀會自動認定還沒刮到的部份－成果是好多好多的果皮，沒有中果皮，非常地有效率。

# SOURCES GUIDE

## 食材購買來源指南

Bazzini 339
Greenwich Street
New , NY 10013
212-334-1280
各種各式各樣的堅果，包括粉末狀的。

Bridge Kitchenware
214 East 52nd Street
New York, NY 10022
800-274-3435
www.bridgekitchenware.com/
擁有大規模庫存，專業高品質的烘焙、糕點、裝飾和烹飪設
備和配件，包括：塔和甜點圈模、烘焙紙和蛋糕圈模。有目
錄可索取。

Dean & Deluca
560 Broadway
New York, NY 10012
212-226-6800
www.deananddeluca.com
大眾化和專門的烘焙與烹飪用具；包括巧克力和各式香料在
內等特殊食材。

ECM, Inc./Valrhona
1901 Avenue of the Stars, Suite 1800
Los Angeles, CA 90067
310-277-0401
www.valrhona.com
法芙娜巧克力，有目錄可索取。

Flavorbank
4710 Eisenhower Boulevard, #E-8
Tampa, FL 33614
800-825-7603
包括沙嘮越胡椒粒在內的各種辛香料。

King Arthur Flour Company
The Baker's Catalogue
P.O. Box 876
Norwich, VT 05055
800-827-6836
www.kingarthurflour.com
目錄提供多樣不同的材料和工具，包括鹽之花、香草莢、溫
度計和秤。

The Native Game Company
800-952-6321
是零售經銷商，販售來自 Perfect Purée of Napa Valley 超

過四十種以上的水果果泥。烘焙業者可以直接從這裡訂購：
Perfect Purée of Napa Valley, 975 Vintage Avenue,
Suite B, St. Helena, CA 94574; 800-556-3707。
www.perfect-puree.com

**New York Cake & Baking Distributors**
**56 West 22nd Street**
**New York, NY 10010**
**212-675-2253**
**www.nycake.com**
家用和專門的烘焙、糕點、裝飾設備和配件，包括：塔和甜
點圈模、烤盤紙和蛋糕圈模；大包裝巧克力；可可脂。有目
錄可索取。

**Penzeys Ltd.,**
**P.O. Box 933**
**Muskego, WI 53150**
**414-574-0277**
**www.penzeys.com**
天然辛香料和香草莢。有目錄可索取。

**Sur la Table**
**1765 Sixth Avenue South**
**Seattle, WA 98134**
**800-243-0852**
**www.surlatable.com**
家用烘焙、糕點、裝飾設備和配件，包括：塔和甜點圈模。
有目錄可索取。

**Williams-Sonoma**
**Mail Order Department**
**P.O. Box 7456**
**San Francisco, CA 94120**
**800-541-2233**
**www.williams-sonoma.com**
家用烘焙、糕點、裝飾設備和配件，包括：塔和甜點圈模、
還有溫度計。可店舖販售以及郵購。

**Wilton Industries,**
**2240 West 75th Street**
**Woodridge, IL 60517**
**800-323-1717**
特選烘焙、糕點、裝飾設備和配件。有目錄可索取。

**Zabar's**
**249 West 80th Street**
**New York, NY 10024**
**800-697-6301**
**www.zabars.com**
家用烘焙、糕點設備和配件，包括：塔和甜點圈模、溫度
計、秤、烤盤紙和蛋糕圈模；還有特殊材料，包括：歐特家
果膠（Oetker Glaze）在內的特殊材料。有目錄可索取。